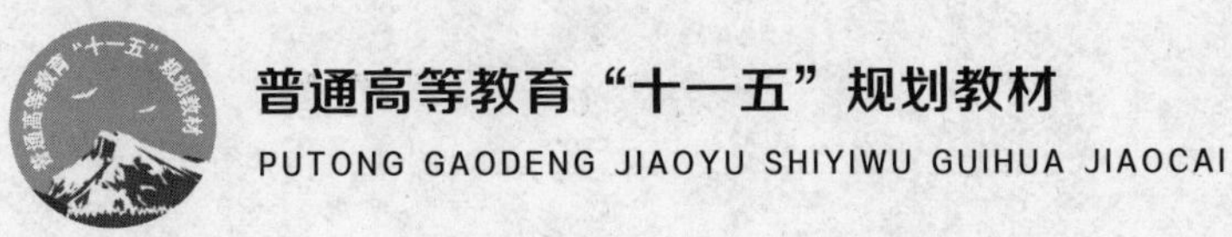

普通高等教育"十一五"规划教材
PUTONG GAODENG JIAOYU SHIYIWU GUIHUA JIAOCAI

电气绝缘与过电压（第二版）

DIANQI JUEYUAN YU GUODIANYA

屠志健　张一尘　编
朱子述　主　审

中国电力出版社
CHINA ELECTRIC POWER PRESS

内 容 提 要

本书为普通高等教育“十一五”规划教材。

全书共分8章，主要内容包括电介质的极化、电导和损耗，电介质的击穿特性，线路和绕组中的波过程，雷电及防雷设备，输电线路的防雷保护，发电厂和变电所的防雷保护，内部过电压，电力系统的绝缘配合。为利于学生学习，每章都配有内容提要、内容小结和复习思考题与习题。

本书主要作为普通高等学校电气工程及其自动化专业和其他电类专业的教材，也可作为电力系统工程技术人员的参考用书。

图书在版编目(CIP)数据

电气绝缘与过电压/屠志健，张一尘编．—2版．—北京：中国电力出版社，2009.9（2019.10重印）
普通高等教育“十一五”规划教材
ISBN 978-7-5083-9136-6

Ⅰ．电… Ⅱ．①屠… ②张… Ⅲ．①电气绝缘-高等学校-教材 ②过电压-高等学校-教材 Ⅳ．TM21 TM86

中国版本图书馆CIP数据核字(2009)第120379号

中国电力出版社出版、发行
(北京市东城区北京站西街19号 100005 http://www.cepp.sgcc.com.cn)
北京雁林吉兆印刷有限公司印刷
各地新华书店经售
*
2005年8月第一版
2009年9月第二版 2019年10月北京第九次印刷
787毫米×1092毫米 16开本 11印张 266千字
定价 **28.00** 元

前　言

为贯彻落实教育部《关于进一步加强高等学校本科教学工作的若干意见》和《教育部关于以就业为导向深化高等职业教育改革的若干意见》的精神，加强教材建设，确保教材质量，中国电力教育协会组织制订了普通高等教育“十一五”教材规划。该规划强调适应不同层次、不同类型院校，满足学科发展和人才培养的需求，坚持专业基础课教材与教学急需的专业教材并重、新编与修订相结合。本书为修订教材。

本书是参照普通高等学校电气工程及其自动化专业“高电压技术”课程大纲中绝缘与过电压的内容要求，结合编者长期从事本课程教学与教学改革的经验编写的。

电气工程及其自动化专业是电气信息类的宽口径专业，“电气绝缘与过电压”是该专业必修的主要专业课程之一。从知识结构与内容衔接上看，应在“电路”、“电子技术”、“电机”、“电力系统分析”、“电气主系统”等专业基础课和专业课之后讲授。

本书编写时，按照既阐明基本概念、原理、方法，又结合应用实际的原则，在内容上突出概念、简化理论公式的推导，同时增加一些新技术与应用的介绍，并与最新的国家标准与行业标准相一致。本书编写时，力求讲义化，可使学生在听课时少记笔记，以便集中精力理解讲授的内容和便于增大每课时中讲授的信息量。

本书第四、五、六章由张一尘编写，其余各章由屠志健编写。全书由屠志健统稿。

本书承蒙上海交通大学朱子述教授审稿，朱教授为本书的编写及初稿修改提出了许多建设性的宝贵意见，特此表示衷心感谢。

限于编者水平，书中难免有不妥和疏漏之处，恳请读者对本书提出宝贵的批评和建议。

编　者

2009 年 5 月于上海电力学院

目 录

第 1 章 电介质的极化、电导和损耗

本章提要

本章讨论电介质在非强电场下的特性。学习本章要求对电介质以及电介质的极化、电导、损耗、击穿的概念应着重予以理解，对表征这四个物理过程的物理量——介电系数 ε、电导率 γ（或电阻率 ρ）、介质损失角正切 $\mathrm{tg}\delta$、击穿电场强度 E_F 和表征具体电介质绝缘特性的参数——绝缘电阻、泄漏电流、吸收比、极化指数以及电介质在直流电压作用下所发生的吸收现象应予以重点掌握。

§1-1 电介质的基本概念

根据导电的难易程度，物质可分为三类：容易导电的导体、不导电的绝缘体和介于导体与绝缘体之间的半导体。为了把不同电位导体间的电压（电位差）保持住，就要采用绝缘材料在不同电位导体之间进行电气上的隔离，这就是电气绝缘。用作电气绝缘的材料称为绝缘介质或电介质（Dielectrics）。

电介质按其化学性质可分为无机电介质（如电瓷、云母等）和有机电介质（如聚乙烯、环氧树脂等）；按形态可分为气体电介质、液体电介质和固体电介质。使用最多的气体电介质是空气，例如架空输电线路各相导线对地以及各相导线之间，除了采用固体电介质（绝缘子）外，还利用了空气作为绝缘介质。SF_6 气体作为一种绝缘性能优良的气体电介质被广泛用于断路器、气体绝缘封闭组合电器 GIS（Gas Insulated Switchgear）中。在液体电介质中，使用最多是变压器油、电容器油和电缆油，除用作为绝缘介质外，液体电介质还兼作冷却（在油浸式电力变压器中）或灭弧（在油断路器中）介质。电气设备的绝缘材料，固体电介质用得最多，这是因为固体电介质除了用作绝缘外，还起到必须的支承带电导体作用。常用的固体电介质有绝缘纸、绝缘纸板、塑料薄膜、云母（都作设备内绝缘）、环氧树脂（用于干式变压器绝缘）、电瓷、（钢化）玻璃和合成材料如硅橡胶（用于外绝缘）。在实际应用中，常将不同形态的电介质组合起来使用，如油浸纸绝缘就是液体、固体电介质的组合。

当作用于电介质上的电压，更确切地说是当电介质中的电场强度增大到某个临界值时，流过电介质的电流就会急剧增大，说明此时电介质已失去绝缘性能而成为导体，电介质由绝缘状态突变为良好导电状态的过程称为击穿（Breakdown）。发生击穿时的临界电场强度(kV/cm)称为击穿场强或绝缘强度（其值与电介质的材料有关），发生击穿时的临界电压称为击穿电压（kV）（其值与电介质的材料及厚度有关）。固体电介质一旦击穿，将永久性丧失绝缘性能。而气体、液体电介质击穿后则只引起绝缘性能的暂时性失去，击穿后撤去电压，其绝缘性能能够自行恢复，例如 SF_6 断路器灭弧室内 SF_6 气体，在断路器分闸引起的电弧熄灭后，能自行恢复原来的绝缘性能。液体、固体电介质有一个不同于气体电介质的特点，就是在运行（即受电压作用）过程中会逐渐出现老化，使它们的物理、化学性能及各种

电气参数发生改变，从而影响电气绝缘强度与绝缘寿命。

本章讨论当作用电场强度不高（相对于击穿场强）时，在电介质中所进行的极化、电导、损耗这三个物理过程。电介质的击穿过程将在第2章中讨论。

§1-2 电介质的极化

一、极化的概念与电介质的相对介电系数

1. 电介质的极化（Polarization）

极化是电介质在电场（气体、液体、固体电介质加上电压后就存在电场）作用下发生物理过程的一种。此物理过程虽在电介质内部进行，但可通过此物理过程的外在表现来证实极化过程的存在。图1-1中两个平行平板电容器，它们的结构尺寸完全相同。图1-1（a）电容器极板间为真空，而图1-1（b）电容器极板间为固体电介质。实际表明，由于极间介质的不同，两者电容量是不同的，而且尺寸结构相同的电容器，真空电容器的电容量是最小的，即图1-1（b）电容器的电容量要大于图1-1（a）电容器的电容量。图1-1（a）中，在极板上施加直流电压U后，两极板上分别充上电荷量为Q_0的正、负电荷。此时

$$Q_0 = C_0 U \tag{1-1}$$

$$C_0 = \frac{\varepsilon_0 A}{d} \tag{1-2}$$

式中 ε_0——真空的介电系数；

A——金属极板的面积；

d——极板间距离；

C_0——极板间为真空时的电容量。

然后，在极板间放入一块厚度与极板间距离相等的固体电介质，就成为图1-1（b）所示的电容器，此时电容器的电容量变为C，极板上的电荷量变成Q，有

$$C = \frac{\varepsilon A}{d} \tag{1-3}$$

$$Q = CU \tag{1-4}$$

式中 ε——固体电介质的介电系数。

由于$C>C_0$，而U不变，所以$Q>Q_0$。这表明放入固体电介质后，极板上的电荷量有所增加。通过下面的分析可看出这是由于固体电介质在极板之间的电场作用下发生了极化所导致的。

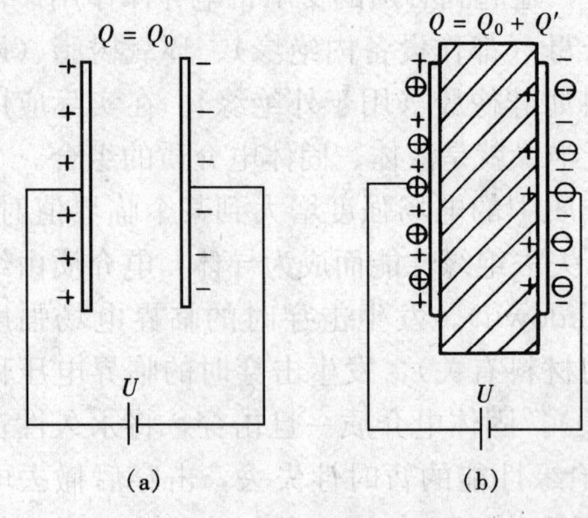

图1-1 电介质的极化

（a）极板间为真空；（b）极板间为固体电介质

电介质放入极板间，就要受到电场的作用，电介质原子或分子结构中的正、负电荷在电场力的作用下向两极分化、位移，但仍束缚于原子或分子结构中而不能成为自由电荷。其结果使介质靠近极板的两表面呈现出与极板上电荷相反的电的极性来，即靠近正极板的电介质表面呈现负的电极性，靠近负极板的电介质表面呈现正的电极

性，这些仍保持在电介质内部的电荷称为束缚电荷（极化电荷）。正由于电介质靠近极板两表面出现了束缚电荷，根据异极性电荷相吸的规律，就要从电源再吸取等量异极性电荷 Q' 到两极板上，这就导致了 $Q=Q_0+Q'>Q_0$。所以，极化是电介质在电场作用下沿电场方向的电介质两表面呈现电极性（或出现束缚电荷）的过程。

2. 相对介电系数（Relative Dielectric Constant）

对于上述平板电容器，放入的电介质材料不同，电介质极化的强弱程度也不同，极板上的电荷量 Q 也不同，因此 Q/Q_0 就表征了在相同条件下不同电介质的不同极化程度，即

$$\frac{Q}{Q_0}=\frac{CU}{C_0U}=\frac{C}{C_0}=\frac{\frac{\varepsilon A}{d}}{\frac{\varepsilon_0 A}{d}}=\frac{\varepsilon}{\varepsilon_0}=\varepsilon_r \tag{1-5}$$

式中　ε_r——电介质的相对介电系数，简称介电系数。

ε_r 是表征不同电介质在电场作用下极化程度的物理量，其物理意义表示金属极板间放入电介质后电容量（或极板上的电荷量）为极板间真空时电容量（或极板上的电荷量）的倍数。

ε_r 值由电介质的材料所决定。气体分子间的间距很大、密度很小，因此各种气体电介质的 ε_r 均接近于 1。常用的液体、固体介质的 ε_r 大多在 2～6 之间。不同电介质的 ε_r 值随温度、电源频率的变化规律一般是不同的。在工频电压下 20℃时，一些常用电介质的介电系数见表 1-1。

表 1-1　　常用电介质的介电系数和电导率

材料		名称	介电系数 ε_r（工频，20℃）	电导率 γ（20℃，$\Omega^{-1}\cdot cm^{-1}$）
气体介质		空气	1.000 59	—
液体介质	弱极性	变压器油	2.2	10^{-15}～10^{-12}
		硅有机油	2.2～2.8	10^{-15}～10^{-14}
	极性	蓖麻油	4.5	10^{-13}～10^{-12}
		氯化联苯	4.6～5.2	10^{-12}～10^{-10}
固体介质	中性	石蜡	1.9～2.2	10^{-16}
		聚苯乙烯	2.4～2.6	10^{-18}～10^{-17}
		聚四氟乙烯	2	10^{-18}～10^{-17}
	极性	松香	2.5～2.6	10^{-16}～10^{-15}
		纤维素	6.5	10^{-14}
		胶木	4.5	10^{-14}～10^{-13}
		聚氯乙烯	3.3	10^{-16}～10^{-15}
		沥青	2.6～2.7	10^{-16}～10^{-15}
	离子性	云母	5～7	10^{-16}～10^{-15}
		电瓷	6～7	10^{-15}～10^{-14}

二、极化的基本形式

虽然极化的结果都是使电介质沿电场方向两表面呈现电的极性或者说是出现束缚电荷，

但由于不同电介质分子结构的不同，极化过程所表现的形式也不同。极化的基本形式有电子式极化、离子式极化、偶极子极化和夹层式极化四种。

1. 电子式极化

图 1-2 为电子式极化示意图，其中图 1-2（a）为极化前电介质的中性原子（假设只有一个电子），图 1-2（b）为极化后的原子。从图中可看出电子的运动轨道发生了变形，并且有相对于原子核正电荷的位移。这样，负电荷的作用中心（椭圆的中心）与正电荷的作用中心不再重合，这种由电子轨道位移所形成的极化就称为电子式极化。

电子式极化的特点为：

（1）极化所需时间极短。极化时间约为 $10^{-15}\sim10^{-14}$s，这是由于电子质量极小的缘故。因此，这种极化在各种频率的外电场作用下均能产生，也就是说，ε_r 不随频率而变化。

（2）极化时没有能量损耗。这种极化具有弹性性质，即在外电场去掉后，由于正、负电荷的相互吸引而又自动恢复到原来的状态，所以在极化过程中无能量损耗。

（3）温度对极化的影响极小。

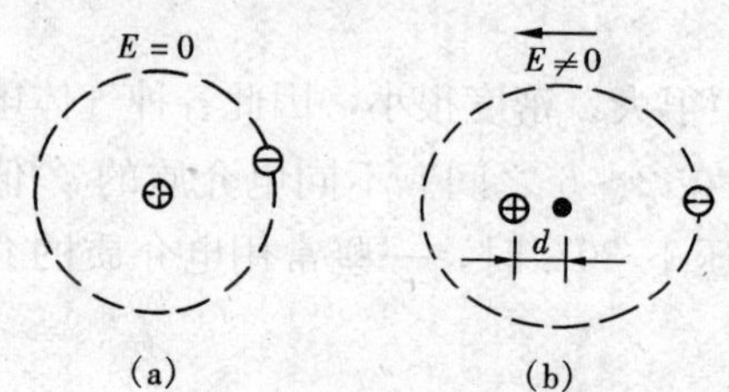

图 1-2　电子式极化示意图

（a）极化前；（b）极化后

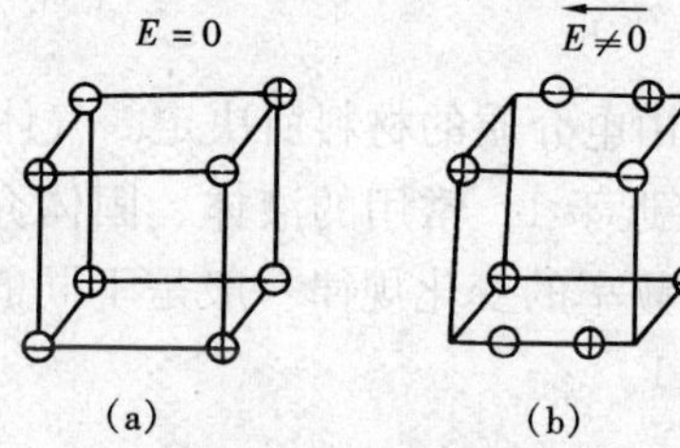

图 1-3　离子式极化示意图

（a）极化前；（b）极化后

2. 离子式极化

无机化合物（如云母、玻璃、陶瓷等）类固体电介质的分子结构多数属于离子式结构，其分子由正、负离子构成。在无外电场作用时，每个分子中正离子的作用中心（将所有正离子集中于此点时作用效果相同）与负离子的作用中心（将所有负离子集中于此点时作用效果相同）是重合的，故每个分子不呈现电的极性，如图 1-3（a）所示。在外电场 E 作用下，正、负离子作有限的位移，使两者的作用中心不再重合，如图 1-3（b）所示。这种由正、负离子相对位移所形成的极化就称为离子式极化。

离子式极化的特点为：

（1）极化过程极短。极化过程约为 $10^{-13}\sim10^{-12}$s，故极化（或 ε_r 值）也不随作用电场频率的不同而变化。

（2）极化过程中无能量损耗。这是因为这种极化也具有弹性性质。

（3）温度对极化有影响。温度升高时，离子间的结合力减弱，使极化程度增加；而离子的密度又随温度的升高而减小，使极化程度降低。综合起来，前者影响大于后者，所以这种极化随温度升高而增强，即 ε_r 具有正的温度系数（ε_r 值随温度升高而增大）。

3. 偶极子式极化

有些电介质的分子，如蓖麻油、氯化联苯、松香、橡胶、胶木等，在无外电场作用时，其正、负电荷作用中心是不重合的，这些电介质称为极性电介质。组成这些极性电介质的每一个分子就成为一个偶极子（两个电荷极）。没有外电场作用时，由于偶极子不停地热运动，排列混乱，如图 1-4（a）所示，故电介质靠电极的两表面不呈现电的极性。受外电场作用时，偶极子受到电场力的作用而发生转向，顺电场方向作有规则的排列，如图 1-4（b）所示，这样靠电极两表面就呈现出电的极性。这种由于极性电介质偶极子式分子的转向所形成的极化就称为偶极子式极化。

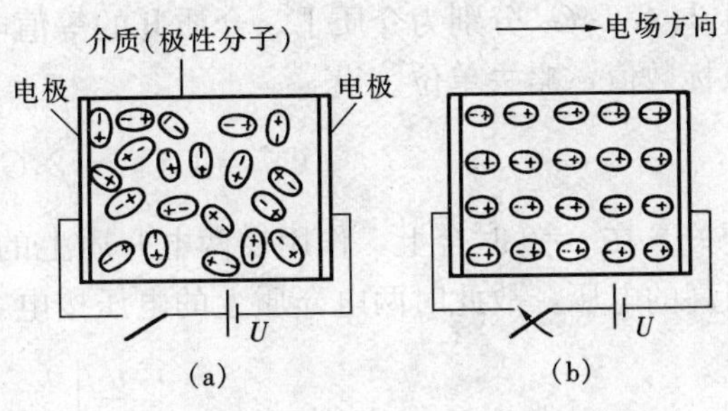

图 1-4　偶极子式极化示意图

（a）无外电场时；（b）有外电场时

偶极子式极化的特点为：

（1）极化所需时间较长。约为 $10^{-10}\sim10^{-2}$s，故极化与作用电场频率有较大关系。频率很高时，由于偶极子的转向跟不上电场方向的改变而极化减弱。

（2）极化过程中有能量损耗。这种极化属非弹性性质，因偶极子在转向时要克服分子间的吸引力和摩擦力而要消耗能量。

（3）温度对偶极子极化的影响很大。温度高时，分子热运动妨碍偶极子顺电场方向排列的作用明显，极化减弱；温度很低时，分子间联系紧密，偶极子转向困难，极化也减弱。以氯化联苯为例，其 ε_r、f、t 三者的关系如图 1-5 所示。

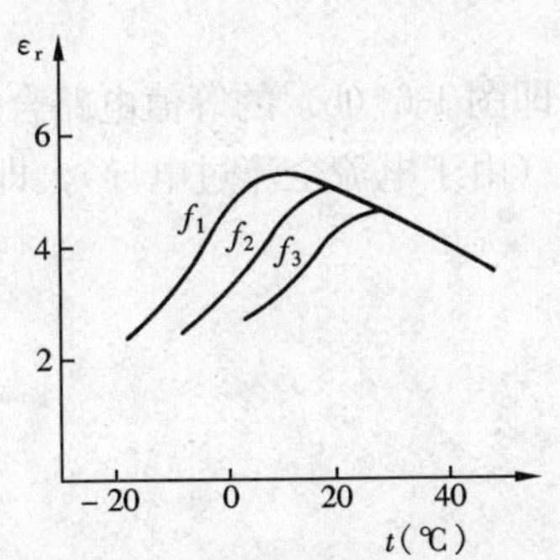

图 1-5　氯化联苯的 ε_r 与温度 t 的关系（$f_1<f_2<f_3$）

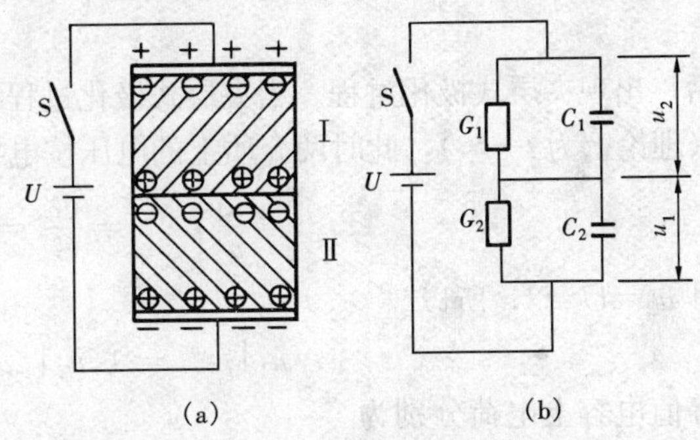

图 1-6　夹层式极化物理过程示意图

（a）示意图；（b）电路分析图

4. 夹层式极化

在实际中，高压电气设备的绝缘常采用由几种不同电介质组成的复合绝缘。即便是采用单一电介质，由于密度的不均匀，也可以看成是由几种不同电介质组成，所以讨论这种夹层情况下的空间电荷极化更具现实意义。

下面以平行平板电极间的双层电介质为例来说明夹层式极化物理过程。如图 1-6（a）所示，当开关 S 合上，两种电介质在电场作用下都要发生极化。根据此电压的极性，在两电介质交界面的电介质Ⅰ侧，积聚正束缚电荷，而在交界面的电介质Ⅱ侧积聚负束缚电荷。在开关 S 合上瞬间，交界面两侧的束缚电荷量是相等的，因为此时电压按电容量分配。但暂态过程结束时，电压应按电导分配，此过程即夹层式极化过程。发生夹层式极化后，交界面两侧的束缚电荷量不相等。

夹层式极化的过程可用图 1-6（b）所示的等值电路作具体解释。在等值电路中，C_1、

C_2 与 G_1、G_2 分别为介质Ⅰ、介质Ⅱ的等值电容与等值电导，为了说明简便起见，全部参数只标数值，略去单位。设

$$C_1=1, C_2=2, G_1=2, G_2=1, U=3$$

开关 S 在 $t=0$ 时合上，作用在两电介质上的总电压突然从零升至 U，这相当于施加一频率很高的电压，故此时两电介质上的电压按电容分压（由于容抗远小于电阻），即

$$\left.\frac{u_1}{u_2}\right|_{t=0^+}=\frac{C_2}{C_1}=2 \tag{1-6}$$

由于 $u_1+u_2=U=3$，所以

$$u_1\big|_{t=0^+}=2, u_2\big|_{t=0^+}=1$$

此时两等值电容上电荷分别为

$$Q_1\big|_{t=0^+}=C_1U_1=2, Q_2\big|_{t=0^+}=C_2U_2=2$$

等值总电容为

$$C\big|_{t=0^+}=\frac{Q}{U}=\frac{2}{3} \tag{1-7}$$

这表明加压瞬间，两电介质分界面两侧的正、负束缚电荷相当，分界面上并不呈现电的极性。

之后，出现夹层式极化过程。当夹层式极化过程结束，即图 1-6（b）的等值电路合闸后达到稳态（理论上为 $t\to\infty$），此时两介质上的电压按电导分压（由于电流全流过电导），即

$$\left.\frac{u_1}{u_2}\right|_{t\to\infty}=\frac{G_2}{G_1}=\frac{1}{2} \tag{1-8}$$

由于 $u_1+u_2=U=3$，所以

$$u_1\big|_{t\to\infty}=1, u_2\big|_{t\to\infty}=2$$

此时两等值电容上电荷分别为

$$Q_1\big|_{t\to\infty}=C_1U_1=1, Q_2\big|_{t\to\infty}=C_2U_2=4$$

等值总电容为

$$C\big|_{t\to\infty}=\frac{Q}{U}=\frac{4}{3} \tag{1-9}$$

由此可见，由于夹层式极化，使两电介质分界面两侧的正、负束缚电荷不相等（在此例中夹层分界面上呈现三个正电荷的电极性）以及等值电容增大。

对于这个具体例子，夹层式极化过程就是 C_1 上电压从 2 降至 1，C_2 上电压从 1 升至 2 的过程。而使这种电压升与降的充、放电过程都是通过 G_1、G_2 进行的。由于电介质的电导非常小（电阻非常大），则对应的时间常数非常大，所以夹层极化过程非常缓慢，一般为几秒到几十分钟，甚至有长达几小时的，因此，这种极化只有在作用电场频率不太高时才有意义。显然，夹层式极化过程中有能量损耗。

既然分界面上电荷的积聚过程是缓慢的，那么一旦作用电压撤去后此电荷的释放过程也将是缓慢的，为此，具有夹层绝缘的设备断开电源后，应短接进行彻底放电，以免残余电压危及人身安全。对于大容量电容器，退出运行后要短接也是因为此原因。

三、极化过程中电介质的等值电路

电子式极化和离子式极化都属于无损极化，极化过程所需时间极短，所以发生这种极化过程时电介质可以用一纯电容 C_0 来等值，如图 1-7（a）所示。偶极子式极化和夹层式极化都属有损极化，而且完成极化过程需要一定的时间，所以发生这种极化过程时电介质就要用 r_a 与 C_a 相串联的电路来等值，如图 1-7（b）所示，其中 r_a 反映了极化过程中的能量损耗，而 r_aC_a 则反映了极化过程时间的长短。

实际情况中，电气设备的绝缘常采用几种电介质的组合，即相当于夹层电介质的情况。即便是采用单种电介质而且出现电子式或离子式的极化，由于介质均匀程度的不同，或由于含有一些杂质（如气泡）等因素；在极化时也或多或少存在损耗，这样在极化过程中，电介质一般就都采用如图 1-7（c）所示的电路来等值。

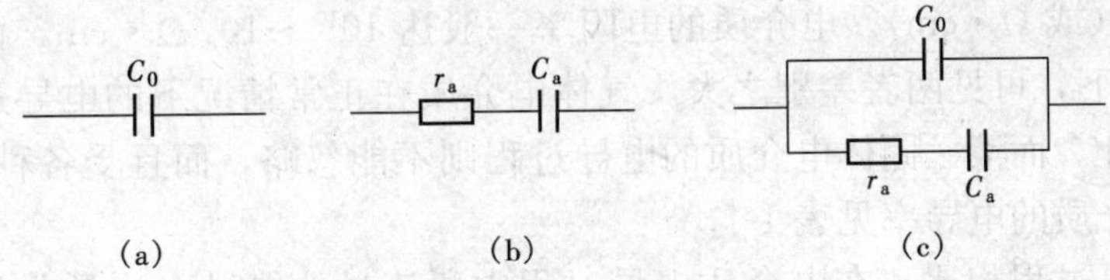

图 1-7　极化时电介质的等值电路

（a）无损极化时；（b）有损极化时；

（c）兼有无损、有损极化时

根据此等值电路，通过电路分析可知：在直流电压作用下，经过一定时间后极化过程就结束；而在交流电压作用下，极化过程随电压极性的周期性改变而反复进行（交替进行正向极化与反向极化）。

四、相对介电系数在工程应用上的意义

1. 选择合适介电系数值的电气设备绝缘材料

选择电容器的绝缘材料时，要选 ε 值大一些的材料，这样所制造电容器单位电容量的电容器质量和大小尺寸就可以减小。而选择一般电气设备绝缘材料时，一般选 ε 值小一些的材料。例如：采用 ε 值小的绝缘材料作交流电力电缆的绝缘可减小充电电流以及可降低因极化引起的发热损耗；在电机定子绕组出槽口以及套管等场合，选用 ε 值小的绝缘材料则不易出现沿这些绝缘介质表面的放电。

2. 采用组合绝缘时选择介电系数合理搭配的绝缘材料

通常高压电气设备的绝缘常由几种绝缘介质组合而成。在交流电压作用下，多层串联电介质中的电场强度与介电系数成反比，因此要注意各电介质 ε 值的合理搭配，以使各电介质中的电场强度比较合理。例如，若固体电介质中存在气泡，由于 $\frac{E_{气}}{E_{固}}=\frac{\varepsilon_{固}}{\varepsilon_{气}}$，使气泡中的电场强度可达数倍于固体电介质中的场强而导致在气泡中出现放电（局部放电）现象。再例如，因电缆绝缘中越靠近线芯地方的电场强度越大，所以电缆绝缘采用多层不同绝缘材料时，选用 ε 值大的内层绝缘（相比于外层绝缘）就可以改善电场分布的不均匀程度。

3. 通过测量 ε 值来判断绝缘材料的受潮情况及含气泡的多少

ε 很大（ε 值为 80）的水分侵入绝缘材料后，可使其 ε 值增大。同样绝缘介质中有气泡时，由于夹层极化的缘故而介电系数也增大。

§1-3 电介质的电导

一、电介质电导（Conduction）的概念与电导率（Conductivity）

电介质的基本功能是将不同电位的导体分隔开，它应是不导电的，但这种不导电并非绝对不导电，而只是导电性能非常差。电介质加上电压后也会有微小的电流流过，这是因为在电介质内部还是存在数量很少的带电粒子，这些带电粒子在电场（由所加电压引起）作用下就会不同程度地作定向迁移而形成微小的传导电流（电导性电流），这就是电介质的电导过程。电介质绝缘性能与电导性能的表现刚好相反，导电性能越差则绝缘性能越好。

表征不同电介质电导过程进行程度强弱的物理量是电导率 γ（或其倒数为电阻率 ρ），单位为 $\Omega^{-1}\cdot cm^{-1}$（或 $\Omega\cdot cm$）。电介质的电阻率一般达 $10^{10}\sim10^{22}\Omega\cdot cm$，而导体的电阻率在 $10^{-2}\Omega\cdot cm$ 以下，可见两者差别之大。气体电介质在正常情况下的电导过程是极其微弱的而常被忽略不计。而液、固体电介质的电导过程则不能忽略，而且受各种因素影响很大。常用液、固体电介质的电导率见表 1-1。

与导体的导电过程相比，在电介质电导过程中所流过的电导电流是非常小的，一般以 μA（$10^{-6}A$）为单位来计量，此电导电流称为泄漏电流（Leakage Current）（以比喻电流非常之小）。泄漏电流可以通过在电介质上加直流电压后直接测量（交流电压作用下所测电流中还包括极化电流）。泄漏电流所对应的电阻称为绝缘电阻，这样，直流电压、泄漏电流、绝缘电阻三者符合欧姆定律。电气设备绝缘的绝缘电阻是很大的，一般以 MΩ（$10^6\Omega$）为单位来计量。显然，在电导过程中电介质可用其绝缘电阻来等值。

二、电介质电导的特性

1. 离子性电导

电介质的电导过程与导体的导电过程之间的差别不仅在于形成的电导电流（这取决于带电粒子数量的多少）差别很大，而且电导的本质也是截然不同的。电介质中形成电导电流的带电粒子主要是少量离子，所以电介质电导为离子性电导。而金属导体的电导性质为电子性电导，即形成电导电流的带电粒子为金属中的大量自由电子。

2. 温度的影响

电介质电导与温度有密切的关系。温度越高，离子的热运动越剧烈，就越容易改变原有受束缚的状态，因而在电场作用下作定向移动的离子数量和速度都会增加，使电导随温度升高而增大。电导增大的规律近似于指数规律。温度为 t℃时的电导率和电阻率分别为

$$\gamma_t = \gamma_{20}e^{\alpha(t-20)} \tag{1-10}$$

$$\rho_t = \rho_{20}e^{-\alpha(t-20)} \tag{1-11}$$

式中 γ_{20}、ρ_{20}——20℃时的电导率和电阻率；

α——绝缘材料的温度系数。

三、电介质在直流电压作用下的吸收现象（Absorption Phenomenon）

一固体电介质加上直流电压 U，如图 1-8（a）所示，然后观察开关 S1 合上之后流过电介质电流 i（此电流可测）的变化情况。结果观察到电流 i 从大变到小，随时间衰减，最终稳定于某一数值，此现象就称为吸收现象。将此电流画成曲线如图 1-8（b）所示。电流 i 的曲线也称为吸收曲线。这里的所谓“吸收”是一种比喻的说法，初看起来似乎有一部分电流

[图 1-8（b）中 I'] 被电介质“吸收”掉了。

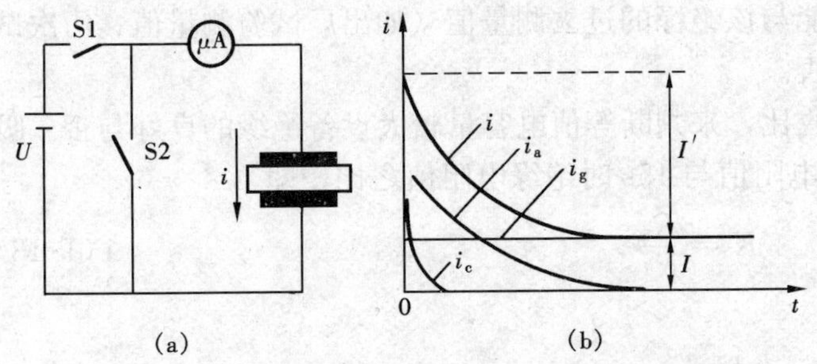

图 1-8　直流电压下流过电介质的电流及测量
（a）电路示意图；（b）电流曲线图

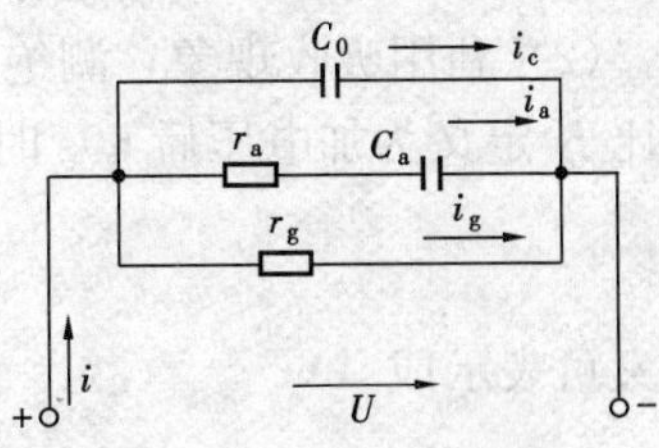

图 1-9　直流电压下电介质的等值电路

根据电介质在电压作用下发生的极化过程和电导过程，就不难解释为什么会出现吸收现象。在直流电压作用下，电介质要发生极化、电导过程，过程中电介质的等值电路如图 1-9 所示。显然，流过电介质的电流 i 由三个分量组成，即

$$i = i_c + i_a + i_g \tag{1-12}$$

式中　i_c——纯电容电流，它存在时间极短，很快衰减至零。

i_a——有损极化所对应的电流，即夹层式极化和偶极子式极化的电流，它随时间衰减，被称为吸收电流。吸收电流衰减的快慢程度取决于介质的材料及结构等因素，对于不是很大设备的绝缘，一般 1min 都衰减至零或早已衰减至零（这要取决于设备绝缘等值电容量的大小）。对于大型设备（如大型变压器、发电机）的绝缘，衰减时间可达 10min。

i_g——泄漏电流，它不随时间变化。

将上述三个电流分量 i_c、i_a、i_g 在每个时刻叠加起来就得到流过电介质的电流 i，根据叠加结果可以看到电流是从大到小随时间衰减，最终稳定于某个数值（即泄漏电流值），以上分析就说明了为什么会出现吸收现象。

根据上述分析可以看到：加上直流电压后，经过一定时间（一般小于 1min），极化过程就结束，此时仅存在电导过程，流过电介质的电流就等于泄漏电流，所对应的电阻就是绝缘电阻，这就是工程应用上测量泄漏电流和绝缘电阻的基本原理。

四、固体电介质的体积绝缘电阻与表面绝缘电阻

对于固体电介质，测泄漏电流（或绝缘电阻）时若不采取特别措施，像图 1-8（a）那样，那么测到的泄漏电流（或绝缘电阻）实际上还包括表面泄漏电流（或表面绝缘电阻），即所测泄漏电流（或绝缘电阻）为流过电介质内部的泄漏电流与流过电介质表面泄漏电流之和（或体积绝缘电阻与表面绝缘电阻的并联值）。因此当电介质表面脏污或受潮时，由于表面泄漏电流的影响使得所测到的泄漏电流偏大（或绝缘电阻偏小），这就不能根据所测泄漏电流值（或绝缘电阻值）来正确判断电介质内在绝缘性能的好坏，为此，在测量中要采取措施消除表面泄漏所造成的影响。

五、电介质电导和吸收现象在工程应用上的意义

（1）根据绝缘电阻或泄漏电流值的变化判断绝缘良好与否。比如，若绝缘存在整体性的受潮、脏污或贯通性集中缺陷，则泄漏电流会明显增大，绝缘电阻会明显下降。由于泄漏电

流和绝缘电阻值还与绝缘材料、形状、尺寸等诸多因素有关，因此不能根据它们的具体数值的大小来判断绝缘性能的好坏，而只能与该绝缘的过去测量值（如出厂试验测量值、历次试验测量值）作比较来判断绝缘良好与否。

（2）利用吸收现象，测绝缘的吸收比，来判断等值电容量较大设备绝缘的良好与否。吸收比 K 定义为加电压后 60s 时的绝缘电阻值与 15s 时绝缘电阻值之比，即

$$K=\frac{R_{60''}}{R_{15''}} \tag{1-13}$$

K 又可表示成

$$K=\frac{U/i_{60''}}{U/i_{15''}}=\frac{i_{15''}}{i_{60''}} \tag{1-14}$$

式中　$i_{15''}$，$R_{15''}$——加压 15s 时的电流和相应的绝缘电阻；

$i_{60''}$，$R_{60''}$——加压 60s 时的电流和相应的绝缘电阻。

若绝缘良好，i_g 很小，i 衰减很多后才达到稳定值 i_g，这样 $i_{15''}$ 与 $i_{60''}$ 之比较大（一般 $K\geqslant1.3$），而若绝缘劣化或有缺陷，则 i_g 较大，i 衰减不多就达到稳定值 i_g，这样 $i_{15''}$ 与 $i_{60''}$ 之比就接近于 1，因此我们就可根据所测到吸收比 K 值的大小来判断绝缘性能的好坏。对于等值电容量更大的设备绝缘，由于加压后 1min 时，吸收电流分量 i_a 远没有衰减至零，所以要根据极化指数 PI 的大小来进行判断

$$PI=\frac{R_{10'}}{R_{1'}} \tag{1-15}$$

式中　$R_{10'}$——加压 10min 时对应的绝缘电阻；

$R_{1'}$——加压 1min 时对应的绝缘电阻。

（3）利用电导率取得合理的电压分布。直流电压下多层绝缘介质的电压分布与电导成反比，这在设计直流设备时，要注意各层电介质电导率的合理搭配，使绝缘材料尽可能得到合理的电压分配；直流电压下多个电容器串联使用时，如果它们的绝缘电阻有较大的差异，就应在每个电容器上并联均压电阻，以防止电压分布不均匀引起电容器绝缘的击穿。

（4）降低表面电阻率来提高沿面闪络电压。对于绝缘电阻来讲，通常是希望阻值高一些，但也并非一定如此，例如高压套管法兰附近的绝缘表面涂了半导体釉，以及高压电机定子绕组出槽口部分的绝缘表面涂半导体漆来减小其表面绝缘电阻，则可降低这些部位表面的电场强度，以消除电晕，提高沿面闪络电压。

§1-4　电介质的损耗

一、电介质损耗（Dielectric Loss）的概念

1. 介质损耗

电介质在电场作用下（加电压后），要发生极化过程和电导过程，有损极化过程中有能量损耗；电导过程中，电导性泄漏电流流过绝缘电阻当然有能量损耗。电介质出现能量或功率损耗的过程称为介质损耗。显然，介质损耗过程随极化过程和电导过程同时进行，换句话说，由于极化、电导过程的存在才有损耗过程。电介质损耗掉的能量（电能）毫无例外地都转变成了热能，使电介质温度升高。若介质损耗过大，则电介质温度将升得过高，这将加速电介质的热分解与老化，最终可能导致绝缘性能的完全失去，所以研究介质损耗有十分重要

的现实意义。

2. 介质损耗的基本形式

电介质的损耗包括下列三种形式的损耗：

（1）电导损耗。它是由泄漏电流流过电介质而引起的。

（2）极化损耗。它是由有损极化引起的。

（3）游离损耗。它主要是指气体间隙的电晕放电以及液固体电介质内部气泡中的局部放电所引起的附加损耗。

由于气体电介质的极化、电导过程很微弱，所以气体电介质的介质损耗是极小的，在工程应用中可略去不计，但当出现电晕放电时，游离损耗就不能忽略了，这种情况在高压输电线路上是常见的，称为电晕损耗。液体、固体电介质在运行过程中的介质损耗不能忽略，介质损耗会引起电介质发热，使电介质逐渐出现老化，使它们的物理、化学性能及各种电气性能发生改变，从而影响到绝缘的电气强度和寿命，这是液、固体电介质不同于气体电介质的又一个特点。

在直流电压作用下，液、固体电介质的电导损耗始终存在，而极化损耗仅在电压施加后很短时间内存在，所以与电导损耗相比可忽略不计。而在交流电压作用下，由于电介质随交流电压极性的周期性改变而做周期性的正向极化与反向极化，极化过程引起的极化损耗便不能忽略。

二、介质损失角正切 tgδ（Dissipation Factor）

由上述分析可见，在直流电压作用下，介质损耗主要为电导损耗，因此，电导率 γ 或电阻率 ρ 既表示介质电导的特性，同时也表征了介质损耗的特性。但在交流电压作用下，三种形式的损耗都存在，为此需引入一个新的物理量来表征介质损耗的特性，这个物理量就是 $\mathrm{tg}\delta$。

1. 交流电压下的介质损耗功率

电介质在交流电压作用下，极化过程和电导过程始终进行，所以电介质的等值电路如图 1-7（a）所示。该电路可以进一步简化成由 R、C_p 并联或由 r、C_s 串联的等值电路，如图 1-10（b）、（c）所示。对于并联等值电路，画出对应的相量图如图 1-10（d）所示。令功率因数角 φ 的余角为 δ 角，从相量图可看出 δ 角越大则 I_R 越大，介质损耗功率也越大，所以 δ 角就称为介质损失角。

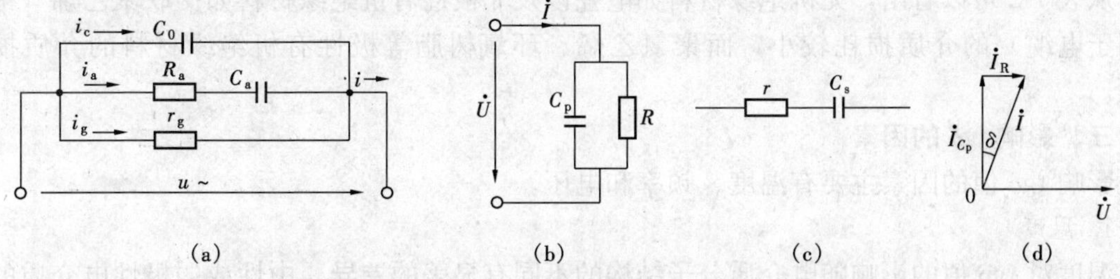

图 1-10　交流电压下电介质的等值电路及相量图

（a）等值电路图；（b）、（c）并联及串联等值电路；（d）并联电路相量图

对于并联等值电路，介质损耗功率 P 为

$$P = UI_R = UIC_p\mathrm{tg}\delta = U^2\omega C_p\mathrm{tg}\delta \tag{1-16}$$

对于串联等值电路可推导得到

$$P=\frac{U^2\omega C_s \mathrm{tg}\delta}{1+\mathrm{tg}^2\delta} \tag{1-17}$$

因为采用串联等值电路时的 tgδ、P 与采用并联等值电路时的 tgδ、P 理应相等，由此可得到

$$C_s=(1+\mathrm{tg}^2\delta)C_p \tag{1-18}$$

$$r\approx R\mathrm{tg}^2\delta \tag{1-19}$$

一般 tgδ 很小，则 $C_s\approx C_p$，$r\ll R$。

由此可见，两种简化等值电路中的等值电容接近，而串联等值电路中的电阻要比并联等值电路中的电阻小得多，这也说明为了表示方便起见，在交流电路中电介质常用等值电容（起主要作用）来表示。

2. tgδ 的物理意义

从介质损耗功率 P 的计算公式看，若用 P 来表征介质损耗的程度是不方便也是不合适的，因为 P 值与试验电压 U、试验电压的角频率 ω（$\omega=2\pi f$）、电介质等值电容量 C_p 或 C_s（取决于电介质尺寸）以及 tgδ 值有关。而若在试验电压、频率、电介质尺寸一定的情况下，那么介质损耗功率仅取决于 tgδ，换句话说，tgδ 是与电压、绝缘尺寸无关的量，它仅取决于电介质的内在损耗特性。所以，tgδ 是表征电介质在交流电压下损耗程度的物理量。在实际中，我们可以通过试验，测量 tgδ 值，并以此来判断介质损耗的程度。表 1-2 中列出了一些绝缘材料的 tgδ。

表 1-2　某些绝缘材料的 tgδ（工频，20℃）

绝缘材料	tgδ（%）	绝缘材料	tgδ（%）
电瓷	0.01～0.02	聚氯乙烯（PVC）	5～15
变压器油	0.05～0.5	聚乙烯（PE）	0.01～0.02
油浸纸绝缘	0.5～8	交联聚乙烯（XLPE）	0.02～0.05
环氧树脂	0.2～1	聚四氟乙烯	<0.02
酚醛树脂	1～10		

从表 1-2 可以看出，无机绝缘材料如电瓷以及非极性有机绝缘材料如交联聚乙烯（被广泛用于电缆）的介质损耗较小，而聚氯乙烯、环氧树脂等极性有机绝缘材料的介质损耗较大。

三、影响 tgδ 的因素

影响 tgδ 值的因素主要有温度、频率和电压。

1. 温度

温度对 tgδ 值的影响随电介质分子结构的不同有显著的差异。中性或弱极性电介质的损耗主要由电导引起，故温度对 tgδ 的影响与温度对电导的影响相似，即 tgδ 随温度的升高而按指数规律增大，且 tgδ 较小。

极性电介质（如变压器油）的极化损耗不能忽略，tgδ 与温度的关系如图 1-11 所示。当温度在 $t<t_1$ 时，由于温度较低，电导损耗与极化损耗都小，电导损耗随温度升高而略有增

大，而极化损耗随温度升高也增大（黏滞性减小，偶极子转向容易），所以 tgδ 随温度升高而增大。当温度在 $t_1<t<t_2$ 时，温度已不太低，此时分子的热运动反而妨碍偶极子沿电场方向作有规则的排列，极化损耗随温度升高而降低，而且降低的程度又要超过电导损耗随温度升高的程度，因此 tgδ 随温度升高而减小。当温度在 $t>t_2$ 时，温度已很高，电导损耗已占主导地位，tgδ 又随温度升高而增大。

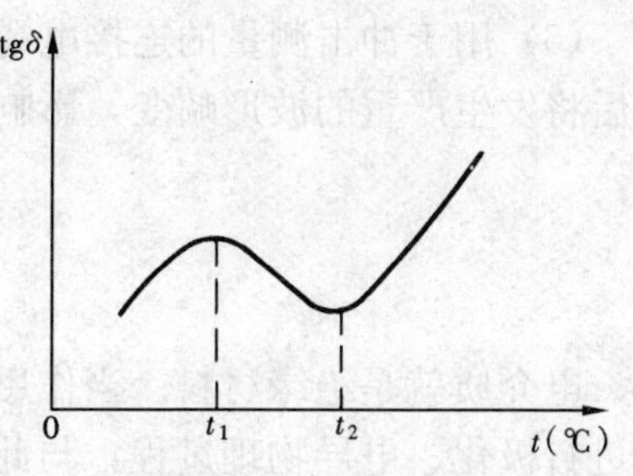

图 1-11　极性电介质 tgδ 与温度的关系

2. 频率

频率对 tgδ 的影响主要体现于频率对极化损耗的影响。tgδ 与频率的关系如图 1-12 所示。在频率不太高的一定范围内，随频率的升高，偶极子往复转向频率加快，极化程度加强，介质损耗增大，tgδ 值增大。当频率超过某一数值后，由于偶极子质量的惯性及相互间的摩擦作用，来不及随电压极性的改变而转向，极化作用减弱，极化损耗下降，tgδ 值降低。当然，在工频电压 50Hz 左右的变化范围内，频率变化对 tgδ 值基本没有影响。

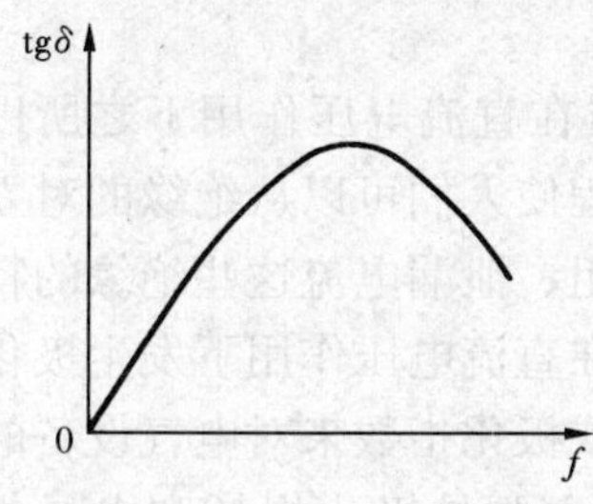

图 1-12　tgδ 与频率的关系

3. 电压

电压对 tgδ 的影响主要表现为电场强度对 tgδ 值的影响。在电场强度不很高的一定范围内，电场强度增大（由于电压升高），介质损耗功率变大，但 tgδ 几乎不变。当电场强度达到某一较高数值时，随着介质内部不可避免存在的弱点或气泡发生局部放电，tgδ 随电场强度升高而迅速增大。因此，在较高电压下测 tgδ 值，可以检查出介质中是否夹杂有气隙、分层、龟裂等缺陷。

此外，湿度对暴露于空气中电介质的 tgδ 影响也很大。电介质受潮后，电导损耗增大，tgδ 也增大。例如绝缘纸中水分含量从 4%增加到 10%，tgδ 值可增大 100 倍。然而，假如 tgδ 值的测试是在温度低于 0～5℃时进行，含水量增加，tgδ 反而不会增大，这是因为此时电介质中的水分已凝结成冰，导电性又变差，电导损耗变小的缘故。为此，在进行绝缘试验时规定被试品温度不低于＋5℃，这对 tgδ 的测试尤为重要。

四、介质损耗在工程应用上的意义

（1）在绝缘设计时，必须注意到绝缘材料的 tgδ 值。若 tgδ 值过大则会引起严重发热，使绝缘加速老化，甚至可能导致热击穿。如蓖麻油在交流电压下 tgδ 较大（20℃时，tgδ＝1%～3%；100℃时，tgδ＝20%～80%），所以不能用于制造交流电容器；而在直流电压下，其 tgδ 较小，可用于制造直流或脉冲电容器。

（2）tgδ 值既反映了绝缘的现状，又可通过测量 tgδ＝f（u）的关系曲线来判断绝缘从良好状态向劣化状态转化的进程，故 tgδ 值的测量是电气设备绝缘试验中的一个基本项目。

（3）通过研究温度对 tgδ 值的影响，力求在工作温度下的 tgδ 值为最小值而避开最大值。

（4）极化损耗随频率升高而增大，尤其是当电容器采用极性电介质时，其极化损耗随频率升高增加很快，当电源中出现较大高次（如 3 次、5 次）谐波时，就很容易造成电容器绝缘材料因损耗加大造成过热而击穿。

(5) 用于冲击测量的连接电缆，其绝缘的 $\mathrm{tg}\delta$ 值必须很小，否则，所测冲击电压通过电缆后将发生严重的波形畸变，影响到测量的准确性。

本 章 小 结

电介质就是绝缘材料。当作用电场强度小于临界电场强度（击穿场强）时，在电介质中会进行极化、电导物理过程，与此同时发生介质损耗物理过程。表征这三个物理过程进行程度强弱的物理量分别是介电系数（常数）ε、电导率 γ（或其倒数——电阻率 ρ）和介质损失角正切 $\mathrm{tg}\delta$（交流电压下的表征量）。当作用电场强度达到临界电场强度（击穿场强）时，电介质完全失去绝缘性能而成为导体，此过程称为电介质的击穿，击穿场强是表征电介质击穿特性的物理量，也称为绝缘强度。

电容器之所以能储存较多电荷（相比于真空电容器），电介质在直流电压作用下之所以出现吸收现象，都源于电介质的极化过程。研究电介质的导电过程使人们可以从绝缘的对立面——导电这个角度来审视电介质的绝缘性能，并可通过绝缘电阻、泄漏电流这些绝缘的特性参数来判断电气设备绝缘性能的良好与否。吸收现象是电介质在直流电压作用下发生极化过程和电导过程的综合结果。根据吸收现象，可通过测量吸收比或极化指数来对电气设备的绝缘性能作出判断。$\mathrm{tg}\delta$ 是表征电介质在交流电压作用下损耗（主要是极化损耗和电导损耗）特性的参数，$\mathrm{tg}\delta$ 只取决于电介质内在的损耗特性，是一个无量纲的参数。

电介质包括气体、液体、固体三种形态。气体电介质的极化、电导过程都很微弱，从而介质损耗常忽略不计。气体、液体电介质击穿过程结束后能自行恢复绝缘性能，而固体电介质则不能。液体、固体电介质因其介质损耗不能忽略，因此会出现发热、老化问题。

在工程应用上，绝缘材料的选取要根据电气设备的不同和绝缘结构的不同，综合考虑绝缘强度与电压分布（以保证电介质不击穿）、等值电容量（影响到充电电流）以及损耗发热程度（影响到电介质的老化进程）等诸多因素。

复习思考题与习题

1-1 解释绝缘电阻、吸收比、泄漏电流、$\mathrm{tg}\delta$ 的基本概念。为什么可以用这些参数表征绝缘介质的特性?

1-2 为何说电介质的击穿过程是一个质变与突变的过程? 何谓电介质的绝缘强度? 说明电动机绕组对地（铁芯）绝缘在直流电压下的绝缘强度要高于交流电压下绝缘强度的原因。

1-3 以平行平板电容器为例说明电介质介电系数的含义，介电系数在工程应用中有何意义?

1-4 何谓电介质的吸收现象? 用电介质极化、电导过程的等值电路说明出现此现象的原因。为什么可以说绝缘电阻是电介质上所加直流电压与流过电介质的稳定体积泄漏电流之比?

1-5 介质损耗为电介质的功率损耗，为何不用损耗功率 P 而要用 $\mathrm{tg}\delta$ 来表征电介质在交流电压下的损耗特性?

1-6　为何电源中存在较严重高次谐波时容易引起电气设备绝缘老化加快？

1-7　为何标准电容器（无损电容器）都采用气体电介质而不用固体电介质？

1-8　为何绝缘等值电容量较小的设备（如绝缘子）都不测吸收比与极化指数，而大型设备（如大型发电机、大型变压器）进行绝缘试验时不测吸收比而要测极化指数？为何吸收比、极化指数不需进行温度换算？

1-9　为何某些绝缘等值电容量大的设备（如电容器、电缆、大容量电机等），经直流高压绝缘试验后，接地放电时间要求长达 3～10min？

1-10　下列双层电介质串联，在交流电源下工作时，哪一种电介质承受的场强较大？哪一种电介质比较容易击穿？

（1）固体电介质和薄层空气串联；

（2）纸和油层串联。

1-11　对于变压器绝缘和 A 级绝缘电机，为何常将 70℃和 20℃时测得电容量的比值作为判断绝缘是否干燥的依据？

1-12　某平板电极空气电容器的电容量为 50pF，当极板间加入某种液体电介质后，电容量增大到 125pF，计算该液体电介质的相对介电系数大致为多少？

1-13　能否根据 $\mathrm{tg}\delta$、C 值来计算绝缘电阻，为什么？

第 2 章　电介质的击穿特性

本 章 提 要

本章讨论电介质在强电场下的电气特性。学习本章要求领会均匀、不均匀电场气体间隙的放电特性，以及液体电介质的击穿过程和固体电介质击穿的三种形式。对气体放电、游离、自持放电、巴申定律、冲击电压、伏秒特性、沿面闪络的概念应予以理解。学习本章后应能对典型电极气体间隙击穿电压、放电电压的极性效应、伏秒特性及伏秒特性的正确配合，影响气体、液体、固体电介质击穿电压的因素与提高击穿电压的措施作出判断或分析。

§2-1　气体放电的基本概念

一、气体放电（Gas Discharge）

由于受到宇宙射线以及来自地球内部辐射线的作用，通常，气体电介质如空气中总存在极少量带电粒子（约每立方米 500～1000 对正、负带电粒子）。当作用电场较弱时，因带电粒子极少而电导极小，所以气体电介质是良好的绝缘介质。

当加在气体间隙（由施加电压的电极和电极间的气体电介质组成）上的电场强度达到某一临界值后，流过气体间隙的电流（通过与间隙串联的电流表测量）会突然剧增，说明此时气体电介质已失去绝缘性能，气体电介质的这种由绝缘状态突变为良导电状态的过程就是击穿。气体电介质的击穿也称为气体放电，这是因在击穿过程中可观察到有各种形式的放电现象。使气体间隙击穿的临界电压称为气体间隙的击穿电压。

根据电源容量、电极形状、气体压力等的不同，气体间隙放电有以下几种形式：

（1）辉光放电。当气体压力低、电源容量小时，放电表现为充满整个气体间隙两电极之间的空间辉光，这种放电形式称为辉光放电。霓虹灯管中的放电就属于辉光放电。辉光放电时的电流密度较小。

（2）火花放电。在大气压力或更高气压下，电源容量不大时放电表现为从一电极向对面电极伸展的火花而不再是充满整个间隙空间，这种放电形式称为火花放电。火花放电常常会瞬时熄灭，接着又突然再出现。开关触头分离时常出现火花放电。

（3）电晕放电。不均匀电场中，在曲率半径很小的电极附近会出现紫蓝色的放电晕光，并发出"嗤嗤"的可闻噪声，这种放电形式称为电晕放电。如不继续提高电压，则这种放电就局限在较小范围内，间隙中的大部分气体尚未失去绝缘性能。电晕放电时的电流很小。高压输电导线表面出现的气体放电就是电晕放电。

（4）电弧放电。在大气压力下，当电源容量足够大时，气体发生火花放电之后便立即发展至对面电极，出现非常明亮的连续电弧，这种放电形式称为电弧放电。电弧放电可持续的时间长，甚至外加电压降至比起始放电电压还低时仍能维持。电弧放电时的电流很大，电弧中的温度很高。

电气设备中经常遇到采用大气（即设备周围的空气，压力为一个大气压）作为绝缘介质的情况，这时可能发生的是电晕放电、火花放电及电弧放电。

二、气体中带电粒子的产生

1. *游离*（Ionization）

气体电介质发生击穿或放电时已从原来绝缘状态变至良导电状态，这也说明了此时气体电介质已由原来只有极少量带电粒子（由宇宙射线和地球内部辐射线引起）发展到具有大量带电粒子，而这些带电粒子是由于气体中出现了游离而产生的。

大家知道，气体原子是由带正电荷的原子核和带负电荷的电子组成的。正常情况下，电子受原子核吸引，沿不同半径的轨道围绕原子核旋转。但在外界能量作用下，电子会从正常轨道跳到离原子核较远的半径较大的轨道上去，这称为激发。如果外界作用能量足够大，电子离原子核足够远以至于电子完全脱离原子核的吸引力，而成为自由电子，同时，原子核失去电子后成为正离子，这一过程称为游离。所以，气体中的大量带电粒子是由于气体中原子发生游离所产生。

2. *游离形式*

根据引起游离的外界能量形式的不同，游离有以下几种形式：

（1）碰撞游离。带电粒子受电场力作用加速而获得动能，同时会不断与中性原子发生碰撞。当带电粒子的动能（$mv^2/2$）足够大时，碰撞将使中性原子发生游离，这种由碰撞引起的游离称为碰撞游离。碰撞游离是气体中产生带电粒子的最重要原因。同时必须指出，气体放电中，碰撞游离主要是由电子碰撞中性原子引起的，而离子碰撞中性原子引起游离的概率要小得多。这首先是因为电子的体积小，因而其自由行程（两次碰撞之间经过的距离）比离子的大得多，所以在电场中获得的动能比离子大得多（由电场使其加速至足够大的速度）。其次，由于电子的质量远小于原子或分子，因此当电子的动能不足以使中性原子游离时，电子会遭受弹射而几乎不损失其动能；而离子因其质量与被碰撞的中性原子相近，每次碰撞时都会使其速度减小，影响其动能的积累。

（2）光游离。气体分子、原子受到光的辐射也可引起游离，这种游离就称为光游离。普通可见光因其能量小（能量正比于光的频率）是不太可能使气体游离的。能引起气体游离的光主要是各种波长很短的高能射线，如宇宙射线、χ 射线、γ 射线等。这里需指出的是，引起气体发生光游离的射线（光）可以是来自于外界，也可以来自于气体本身。当处于高能级的激发态原子回复到正常状态或者异号离子复合成中性原子时可能辐射出能导致光游离的射线（光），因此光游离在气体放电过程中也是一种重要的游离形式。

（3）热游离。由气体热状态造成的游离称为热游离。热游离时的游离能来源于气体分子本身的内能。常温下气体分子的内能远低于所需的游离能，所以只有温度很高时，如电弧放电时，弧道中的温度可达数千度，这时才发生热游离。

以上三种游离是在空间产生的，都归属于空间游离。

（4）金属表面游离。在外界各种因素作用下，阴极金属中的自由电子可从金属表面逸出而脱离金属，这称为金属表面游离。电子逸出时所需的能量称为逸出功，逸出功的大小与金属材料以及表面状况有关。金属表面电子逸出功一般比气体空间游离所需游离能小得多，这说明从金属阴极发射电子比使气体分子游离获得电子更容易。电子逸出功可以来自于不同形式的能量。例如将金属阴极加热，正离子碰撞阴极，短波射线照射以及强电场作用都可使阴极逸出电子。

三、气体中带电粒子的消失

1. 去游离（Deionization）

气体中发生放电时，除了存在不断产生带电粒子的游离过程外，同时还存在着相反的过程，即使带电粒子消失的过程——去游离。在气体放电时，游离过程远强于去游离过程，而一旦导致气体游离的原因（如作用电场）消失后，去游离过程使气体中带电粒子迅速消失而恢复绝缘性能。

2. 去游离形式

使气体中带电粒子消失的去游离主要有三种形式：

（1）带电粒子在电场作用下作定向运动，迁移到正、负电极上而形成外回路的电流。

（2）带电粒子的扩散。气体中带电粒子从浓度大的区域向浓度小的区域移动形成扩散。带电粒子的扩散是由于带电粒子的热运动造成的，其扩散规律与气体扩散规律相似，即气压越高，温度越低，则扩散越弱。当撤去电压，气体放电结束后，放电通道中高浓度的带电粒子迅速向周围扩散，从而使气体间隙又恢复到原来的绝缘状态。

（3）带电粒子的复合。正离子与负离子或电子相遇，发生电荷的传递、中和而还原为中性原子的过程称为复合，复合时会将产生带电粒子所获得的游离能以光辐射的形式释放出来，而这种光辐射在一定条件下又可引起其他中性原子或分子的光游离。因此，复合并不一定意味着对放电过程的削弱，在某些情况下，复合引起的光游离会促进放电在整个间隙中的发展。

§ 2-2 均匀电场中的气体放电

气体放电的过程与规律因气体的种类、气压和气体间隙中电场均匀程度的不同而不同，但都是从电子碰撞游离开始，并发展形成电子崩，这是气体放电的最基本阶段。本节分析均匀电场气体间隙的放电。

一、自持放电（Self-Sustained Discharge）

1. 气体间隙的伏安特性

如图 2-1（a）所示，在电极极板尺寸比极间距离大得多时，平行平板电极气体间隙中的电场可以看作为均匀电场。当电极间加上从零起始逐渐升高的直流电压后，间隙中电流 I 与极板间电压 U 的关系如图 2-1（b）所示。之所以出现这样的伏安特性，解释如下：

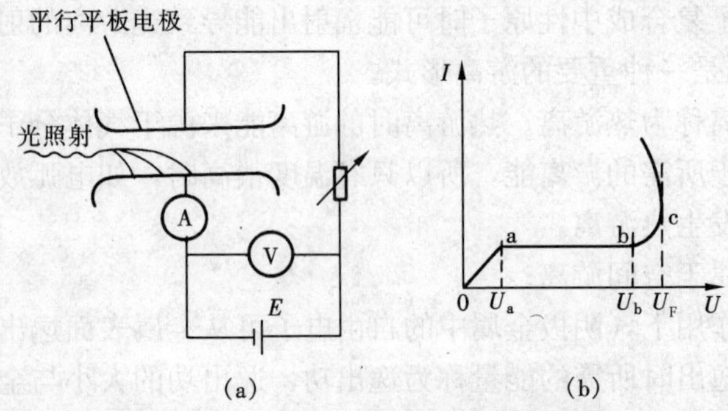

图 2-1 均匀电场中气体间隙的伏安特性

（a）实验装置原理图；（b）均匀电场中气体的伏安特性

（1）$0<U<U_a$。在此范围内，气体中由外游离因素（宇宙射线及地球内部射线）作用不断产生的少量正、负带电粒子，在电场作用下分别向两极板迁移而形成电流。电压升高，带

电粒子迁移速度加大，单位时间内到达两极板的带电粒子数目也增加，间隙中的电流也随之增大。

(2) $U_a \leqslant U < U_b$。在此范围内，电流不再随电压的升高而增大，这是因为在U达到U_a时，单位时间内由外游离因素所产生的间隙中的带电粒子已全部参加了这种定向迁移并到达极板。电压继续升高，带电粒子运动速度加大，但单位时间内到达两电极的带电粒子数目不再增加，所以电流也不再增大，也就是说在此电压范围内电流仅取决于外界游离因素而与电压无关。此时因带电粒子数极少而气体间隙仍处于良好的绝缘状态。

(3) $U > U_b$。此时又出现电流随电压的升高而增大，说明此时在间隙中出现了新的游离因素，这是因为随着电压的升高，间隙中电场强度已增强到足够大而引起电子碰撞游离，从而产生了更多的带电粒子。

(4) $U \geqslant U_F$（临界值）。电流急剧突增，气体间隙击穿并伴随有明显的外部特征，如发光、发声等，说明此时，间隙中的气体已转入良好的导电状态。

2. 非自持放电与自持放电

当$U_b < U < U_F$，间隙内出现了放电电流，此时气体本身的绝缘性能尚未完全被破坏，整个间隙尚未击穿。而且这时的电流要依靠外游离因素才能维持。如果这时取消外游离因素，那么电流就将消失，放电就将停止。因此，这种要依靠外游离因素才能维持的放电称为非自持放电。

当电压达到U_F后，情况就有了本质的变化。这时气体中发生了强烈的游离，电流剧增，同时气体中的游离过程可以只依靠自身电场的作用而不再需要依靠外游离因素来维持，这种放电称为自持放电。由非自持放电转入自持放电的电压称为放电起始电压。对于均匀电场的气体间隙，电压达到放电起始电压后，间隙即被击穿，所以其放电起始电压就等于间隙的击穿电压。在标准大气条件下，均匀电场空气间隙的击穿电压约为每厘米30kV（幅值）；而对于不均匀电场的气体间隙，表现为在放电起始电压下，电场强度大的区域中发生电晕放电，而此时整个间隙尚未击穿，所以其放电起始电压等于电晕放电起始电压而小于间隙的击穿电压。

二、汤生气体放电理论

1. 适用范围

此理论由汤生（J. S. Townseen）在20世纪初根据大量实验结果提出的较为系统的放电理论，汤生放电理论适用于$PS < 26\text{kPa} \cdot \text{cm}$的气体间隙（$P$为间隙中气体的气压，$S$为间隙的极间距离）。若$S = 1\text{cm}$，则当电极尺寸不是非常小时，间隙中的电场为均匀电场，由$PS < 26\text{kPa} \cdot \text{cm}$可得$P < 26\text{kPa}$，气压仅为0.26个大气压（1个大气压为101.3kPa），所以汤生放电理论适用于解释低气压小间隙均匀电场的放电。

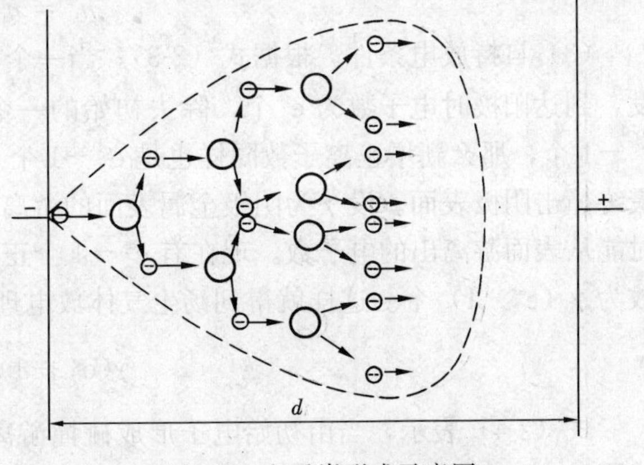

图2-2 电子崩形成示意图

2. 汤生理论解释气体放电过程

用汤生气体放电理论描述气体放电的

基本过程如下：

（1）从初始自由电子发展形成电子崩（Electron Avalanche）。图 2-2 中，阴极附近由外游离因素作用所产生的电子（初始电子）在电场作用下向阳极方向运动。当电压升高，电场强度足够大，电子动能达到足够数值，就引起气体的碰撞游离。游离产生的第二代电子和初始电子一起从电场获得动能，在气体中发生新的碰撞，产生第三代电子。就这样，电子数目一代一代倍增，如同雪崩一样，这一剧增的电子流就称为电子崩（所以汤生放电理论也称电子崩理论）。这时，带电质点按几何级数剧增，放电电流急剧上升。此时虽出现了放电但仍属非自持放电。

电子崩是电子碰撞游离的结果，游离出来的电子因其运动速度远大于游离出来的正离子的运动速度，故电子总是位于整个电子崩的头部，而且由于电子的扩散，头部半径逐渐增大。而正离子移动缓慢，电子崩中除头部之外的大部分则为正离子，电子崩整体外形如一个头部为球状的圆锥体，如图 2-2 所示。

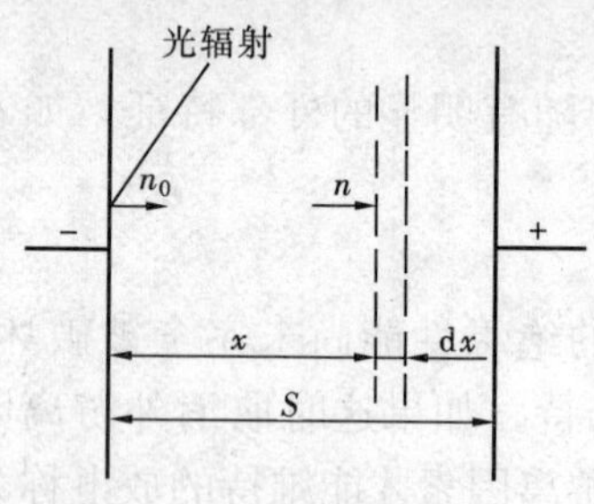

图 2-3 放电间隙中电子崩中电子数的计算

（2）电子崩发展过程中电子增长的规律。为寻求电子增长规律，引入电子碰撞游离系数 α，它表示 1 个电子在沿电场方向运动 1cm 的行程中发生的碰撞游离次数。在图 2-3 所示的均匀电场中，设在外界游离因素作用下，在阴极附近产生了 n_0 个初始自由电子。这 n_0 个初始电子在向阳极运动并不断产生碰撞游离。设到达 x 处，电子数为 n 个，再经过 dx 距离后，电子数新增 dn 个，则根据 α 的定义有

$$\mathrm{d}n = n\alpha\,\mathrm{d}x \tag{2-1}$$

将式（2-1）积分，即

$$\int_{n_0}^{n}\frac{1}{n}\mathrm{d}n = \int_0^x \alpha\,\mathrm{d}x$$

得

$$n = n_0\mathrm{e}^{\alpha x} \tag{2-2}$$

式（2-2）说明，在电子崩发展过程中，电子数随行程按指数规律增长。

当 n_0 个初始电子到达阳极时（$x=s$），则由于碰撞游离，电子数已增加至

$$n_s = n_0\mathrm{e}^{\alpha s} \tag{2-3}$$

（3）自持放电条件。根据式（2-3），当一个初始电子［即式（2-2）中 $n_0=1$］从阴极出发，到达阳极时电子数为 $\mathrm{e}^{\alpha s}$ 个，除去初始的一个电子，新增（由碰撞游离产生）电子数为 $\mathrm{e}^{\alpha s}-1$ 个，那么新增正离子数同样也是 $\mathrm{e}^{\alpha s}-1$ 个。这些正离子在电场作用下要向阴极运动并最终撞击阴极表面。设 γ 为阴极金属表面的游离系数，它表示一个正离子撞击阴极金属表面时能从表面游离出的电子数。现在有 $\mathrm{e}^{\alpha s}-1$ 个正离子撞击阴极金属表面，则能游离出的电子数为 γ（$\mathrm{e}^{\alpha s}-1$）个。这样就得到汤生气体放电理论中的自持放电条件为

$$\gamma(\mathrm{e}^{\alpha s}-1) \geqslant 1 \tag{2-4}$$

式（2-4）表示，当由初始电子形成碰撞游离所产生的正离子撞击阴极表面时，至少能从阴极表面释放出一个有效电子，该电子就可替代引起碰撞游离的初始电子，从而放电就不

需外游离因素来维持，即放电达到了自持。

三、巴申定律

根据汤生自持放电条件可以推导出间隙击穿电压 U_F 与气体压力 P 和间隙电极间距离 S 乘积的函数关系

$$U_F = f(PS) \tag{2-5}$$

此函数关系称为巴申定律，因为巴申（Paschen）早于汤生，根据实验总结出了此规律。均匀电场中几种气体间隙的击穿电压 U_F 与 PS 乘积的关系曲线如图 2-4 所示。曲线呈 U 形，每种气体在某一个 PS 值下有一个最低的击穿电压，这不难用电子碰撞游离加以解释。

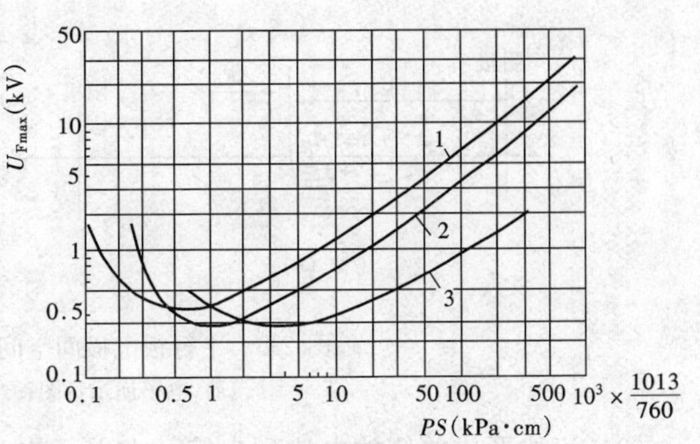

图 2-4　均匀电场中几种气体的击穿电压 U_F 与 PS 的关系

1—空气；2—氢气；3—氮气

当电极间距离固定而改变气压 P 时，若气压太低，气体密度小，电子运动中碰撞的机会太少，此时只有提高电压增加电子的能量才能产生足够的碰撞游离，使气体击穿，因此击穿电压随气压的降低而提高；若气压太高，气体密度大，虽然碰撞机会增多，但也正由于碰撞过于频繁，每次碰撞时由于电子积聚的动能不足以引起分体分子游离，此时也只有提高电压才能使气体发生碰撞游离，因此气体击穿电压随气压的升高而提高。当压力 P 一定而改变电极间距离 S 时，若距离过大，只有提高电压，才能使电场强度达到能使气体发生碰撞游离的数值；若距离太小，小到与电子自由行程相近，电子经过间隙仅发生次数很少的碰撞游离，达不到放电条件，因而也必须提高电压，增加电子的能量，才能使碰撞游离的机会增多。

击穿电压的此规律在工程中得以应用，空气断路器和真空断路器就是利用此规律来提高击穿电压和减小体积尺寸的。

四、流注放电理论

1. 适用范围

汤生气体放电理论能很好地解释 $PS<26$kPa·cm 气体间隙（即低气压小间隙）的气体放电，但用来解释 $PS>26$kPa·cm 气体间隙（如大气压力下，$PS>26$kPa·cm 的气体间隙）的放电时，发现按此解释与实际情况不符。按汤生理论，计算的击穿过程所需时间要比实际测得大气中击穿过程所需时间大得多（大 10～100 倍）；按汤生理论，气体间隙的放电与阴极材料有很大的关系，而实测情况表明，大气压力下的气体放电几乎与阴极材料无关；按汤生理论，气体间隙的放电是均匀连续发展的，但在大气中的气体击穿时，会出现有分支的明亮的通道。而流注理论就能很好地解释 $PS>26$kPa·cm 时的这些现象。须指出的是，两种理论各适用于一定条件的气体放电过程，不能用一种理论取代另一种理论。

2. 流注理论解释气体放电过程

流注理论描述气体放电基本过程如下：

(1) 从初始自由电子发展形成电子崩（称初始电子崩）。这一阶段的过程与汤生理论解释的完全相同。

（2）空间电荷对气隙电场的畸变。在汤生理论中已作说明，由于电子与正离子速度上的悬殊差异而造成电子集中于电子崩的头部而正离子集中于电子崩的中尾部，如图 2-5（a）所示。电子崩头部与正极板之间，以及电子崩尾部与负极板之间的电场都比原来的电场（E_0）大大加强，而在电子崩靠头部的中间，正、负电荷浓度最大，电场最弱，如图 2-5（b）所示。

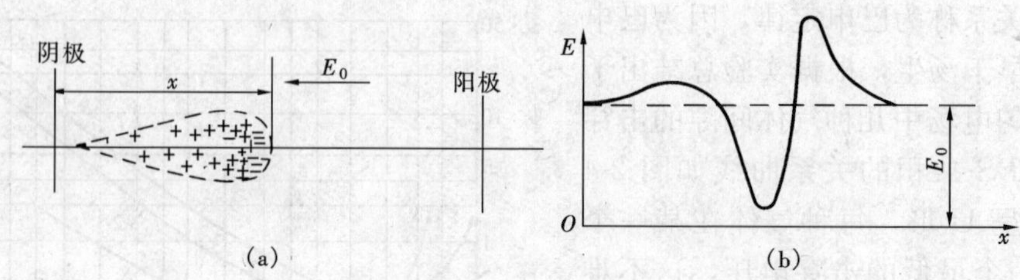

图 2-5　平行板电极间空间电荷对电场的畸变

（a）电子崩示意图；（b）合成电场

（3）流注形成并使放电达到自持。在电子崩头部前后的强电场区，有利于发生游离和激励，激励状态回复到正常状态时将放射出光子。电子崩中间靠头部的弱电场区，有利于正负带电粒子的复合，复合过程中同样也放射出光子，如图 2-6（a）所示。而这些光子又可能引起气体发生光游离而产生新的电子。这些新的电子在电场作用下又与中性原子发生碰撞游离，形成一些新的电子崩——二次崩，如图 2-6（b）所示。新形成的二次崩与原来的电子崩迅速汇合，构成正、负带电质点混合的通道，称为流注（Streamer）。流注通道的导电性很好，再加上流注发展方向（从阳极发展到阴极方向）前方又有二次崩留下的正电荷，所以前方电场强度大大加强。促使更多新的电子崩相继产生并与之汇合，从而使流注迅速发展到阴极，并最终导致整个间隙的击穿，如图 2-6（c）、（d）所示。

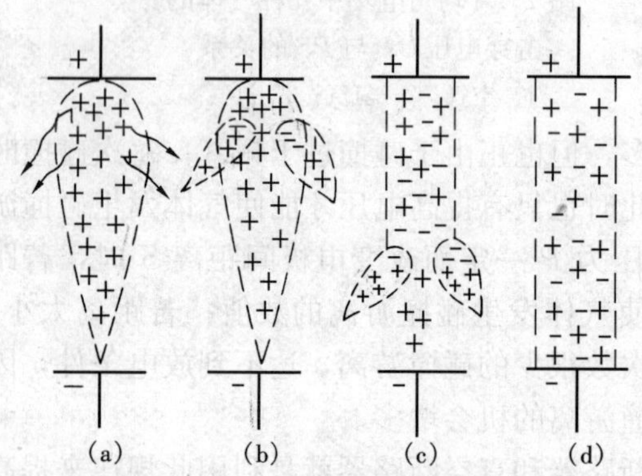

图 2-6　流注的形成及发展

（a）初始电子崩；（b）二次电子崩；（c）流注的发展；（d）完全击穿

图 2-6 中的流注是从阳极发展到阴极的，称为阳极流注。如果外施电压比间隙击穿电压高出许多，则初始电子崩不需要发展到阳极，其头部即从积累足够多的空间电荷来实现光子——光游离——二次电子崩——流注的过程，这样流注是从阴极向阳极发展，称为阴极流注。

流注的形成是以初始电子（外游离因素引起）碰撞游离之后产生的空间电荷所引起的光游离为基础的。这些由光游离所产生的大量二次电子可以替代原来需靠外游离因素产生的初始电子。这样，放电就可以自行维持下去了。可见，一旦形成流注，放电即转入自持放电。

（4）主放电。当流注通道发展到阴极（对于阴极流注为阳极）时，通道端即（前端）与阴极（或阳极）间的场强急剧升高，在这区域内发生极强烈的游离。游离出的大量电子沿流注通道流向阳极，并从电场获得动能，在碰撞中又传递给通道中的气体分子，使通道温度升高达几千度，在通道内发生热游离，放电就由流注（仅前端明亮发光）过渡到火花或电弧的形式（视电源功率大小而定），间隙击穿也就完成了。

若间隙距离很大（大于1m），且电场极不均匀，那么在流注形成至主放电、最终间隙击穿中间还有一个先导放电阶段，这将在§2-3中讨论。

综上所述，流注理论强调了空间电荷畸变电场的作用及由此引发的光游离，这对于低气压小间隙来讲，这种作用是很弱的，反而金属表面游离是维持自持放电主要途径。所以汤生放电理论与流注理论并不是两个平行理论，对某种情况气体间隙的放电，只能用其中的一个来解释。

五、在持续性电压作用下均匀电场气体间隙的击穿电压

作用电压按持续时间可分为持续性电压和非持续性电压两种类型，直流电压和工频交流电压属于持续性电压，而后面要讨论的冲击电压属于非持续性电压。气体间隙的击穿电压与所加电压的种类、电场的均匀程度、气体的种类、气体的状态（气压、温度、湿度）等因素有关。在直流或工频交流电压作用下，均匀电场空气间隙的击穿电压（峰值）U_F（kV）可用以下经验公式计算

$$U_F = 24.55\delta S + 6.66\sqrt{\delta S} \tag{2-6}$$

$$\delta = \frac{P/P_0}{\dfrac{273+t}{273+20}} = 2.89\frac{P}{273+t} \tag{2-7}$$

式中　S——间隙距离，cm；

δ——空气的相对密度，即空气在气压 P（kPa）、温度为 t℃时的密度与标准大气条件下的密度之比。

由式（2-6）可得空气间隙的击穿场强 E_F 为

$$E_F = 24.55\delta + 6.66\sqrt{\frac{\delta}{S}} \tag{2-8}$$

由式（2-8）可知，在标准大气条件（$\delta=1$）下，间隙距离为1、2、3cm时空气的击穿场强分别为31.21、29.26、28.4kV/cm。在工程应用中，均匀电场气体间隙一般都大于1cm，所以一般以30kV/cm来估算。

§2-3　不均匀电场中的气体放电

电气设备和线路绝缘结构中气体间隙的电场大多是不均匀的，与均匀电场相比，不均匀电场气体间隙的放电具有与均匀电场气体间隙放电所没有的特点，所以研究不均匀电场中气体间隙的放电特性更具实际意义。

根据电场不均匀的程度，不均匀电场可分为稍不均匀电场与极不均匀电场。它们虽同属不均匀电场，但它们的放电过程与放电特性是不同的。考虑到实际绝缘结构、电极形状的多样性，常用棒—棒，棒—板间隙的电场作为极不均匀电场（如输电导线对地、输电导线之间的电场）来研究。用球—球、球—板间隙（间距较小时）作为稍不均匀电场来研究。

稍不均匀电场中的放电特点与均匀电场中相似，在间隙上所加电压未达到间隙击穿电压之前看不到有什么放电迹象。当电压达到击穿电压时，立即出现整个间隙的击穿。在一定的

间隙距离下，击穿电压比较稳定，因此在高压实验室中常用球间隙来测量电压。

一、极不均匀电场中气体间隙的放电特性

极不均匀电场中的气体放电有两个明显不同于稍不均匀电场的特点，一是存在明显的电晕放电，二是存在极性效应。

1. 电晕放电（Corona Discharge）

极不均匀电场气体间隙中的最大场强与平均场强差别很大，对于棒—板间隙，间隙中的最大场强通常出现在曲率半径小的电极（棒电极）表面附近。随着间隙上所加电压的升高，在曲率半径小的棒电极附近空间的局部场强将先达到足以引起强烈游离的数值和达到自持放电条件，于是在这一局部区域内形成自持放电。由于间隙中其余部分的场强较小，所以此游离区不可能得以扩展，仅局限在棒电极附近的强电场范围内。伴随着游离而存在的复合和激发，发出大量的光辐射，造成在黑暗里可看到在该电极周围有薄薄的淡紫色发光层，似日月的晕光，故这种放电称为电晕放电，此发光层称为电晕层。由于游离层不可能向外扩展，所以虽然电晕放电是自持放电，但整个间隙仍未击穿。要使间隙击穿，必须继续升高电压。

电晕放电是极不均匀电场中所特有的一种自持放电形式，通常就把能否出现稳定的电晕放电作为区分极不均匀电场与稍不均匀电场的标志。电晕放电与其他形式的放电有本质上的区别，这种区别就在于电晕放电的电流强度并不取决于电源电路中的阻抗，而取决于电压高低、电极形状、极间距离、气体的性质和密度等。开始出现电晕时的电压称为电晕起始电压，它小于间隙的击穿电压，电场越不均匀，两者的差别越大。开始出现电晕时电极表面的场强称为电晕起始场强。对于输电线路的导线，其电晕起始场强 E_c（kV/cm）通常可采用下面的经验公式来估算，即

$$E_c = 30m_1m_2\delta\left(1+\frac{0.3}{\sqrt{r\delta}}\right) \tag{2-9}$$

式中 δ——空气的相对密度，见式（2-7）；

r——导线的半径，cm；

m_1——导线的表面粗糙系数，理想光滑导线 $m_1=1$，绞线 $m_1=0.8\sim0.9$；

m_2——天气影响系数，好天气 $m_2=1$，雨雪等天气（雨水的水滴使导线表面形成凸起的导电物）$m_2=0.8$。

式（2-9）表明，导线半径 r 越小，则 E_c 值越大，这很容易理解，因 r 越小则电场越不均匀，导线表面电场强度越大。另外，当 $r\to\infty$ 时（相当于均匀电场），在标准大气条件与 m_1、m_2 均为 1 时，E_c=30kV/cm，这与用式（2-8）的估算相一致。

工程上经常遇到极不均匀电场，如架空线路导线对地间的电场以及高压电气设备周围的电场，则在电场强度大的部位（如带电导线表面）就会出现电晕放电。电晕放电会带来许多危害：首先，出现电晕时，回路中将有明显的电晕电流流过，再加上发出声、光、热、化学反应都要消耗能量，所以电晕放电时、造成功率的损耗。其次，还造成对周围无线电通信和电气测量的干扰（用示波器观察时可看到电晕电流为一个个断续的脉冲）。另外，电晕放电时所产生的某些气体具有氧化和腐蚀作用。在一些环境要求比较高的场合，电晕放电时发出的噪声有可能超过环保标准。所以应力求避免或限制电晕放电的产生，例如，对于超高压输电线路，通常采用分裂导线来限制电晕，将每相输电导线分裂成几根并联的子导线，但总的截面积不变。采用分裂导线后，增大了导线的等值半径，使导线表面的电场强度减小，从而

限制电晕。当然，电晕放电在某些情况下也有可被利用的一面。例如利用电晕放电削弱线路上雷电侵入波电压的幅值与陡度，利用电晕放电净化空气（负离子发生器）、电除尘及静电喷涂等。

2. 极性效应

极性效应是指间隙的击穿电压和电晕起始电压与电极的正、负极性有关，也就是说同一气体间隙两电极的正、负极性不同时，其击穿电压与电晕起始电压是不同的。对于对称电场气体间隙（如棒—棒间隙），无电极极性不同的区分，所以极性效应是不对称极不均匀电场气体间隙的放电特性。

在棒—板间隙上加上电压，无论棒的极性为正还是为负，间隙中的电场分布总是很不均匀的。如图 2-7（c）及图 2-8（c）中曲线 1 所示，在曲率半径小棒电极附近的电场特别强。当此处的场强超过气体游离所需的电场强度时，气体开始游离，产生电子和正离子。

当棒为正极性时，正棒—负板间隙中游离产生的正空间电荷的分布如图 2-7（a）所示。在棒附近游离产生的电子首先形成电子崩。电子崩的电子迅速进入棒电极，留下来的正离子缓慢地向板极移动，于是在棒极附近就积聚起正空间电荷，这些正空间电荷使紧贴棒极附近的电场减弱，棒极附近难以形成流注，从而使自持放电难以实现，即电晕放电难以实现，故其电晕起始电压较高；而正空间电荷在放电发展前方的附加电场 E_{sp} 与原电场 E_{ex} 方向一致，由此加强了朝向板极的电场，如图 2-7（b）所示，有利于流注向整个间隙发展，故其击穿电压较低。

当棒为负极性时，负棒—正板间隙中空间电荷的分布如图 2-8 所示。棒端形成电子崩的电子迅速向板极移动，棒附近的正空间电荷缓慢地向棒极移动，正空间电荷产生的附加电场加强了朝向棒端的电场强度，从而使棒附近容易形成流注，容易形成自持放电，所以其电晕起始电压较低；在放电发展前方，正空间电荷产生的附加电场与原电场方向相反，削弱了朝向板极方向的电场强度，使放电的发展比较困难，因而其击穿电压就较高。

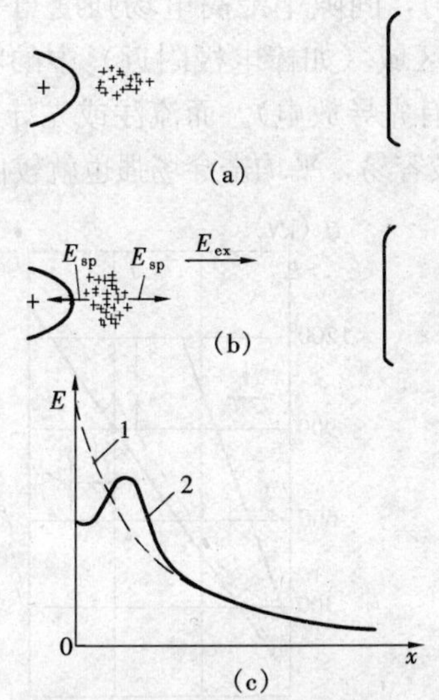

图 2-7　正棒—负板间隙中游离产生的正空间电荷对外电场的畸变作用
（a）、（b）电场中电荷的移动；（c）电场分布曲线
E_{ex}—外电场；E_{sp}—正空间电荷的电场
1—理想曲线；2—实际曲线

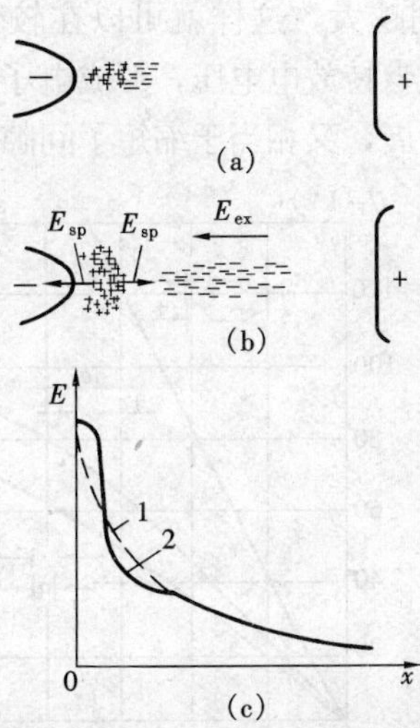

图 2-8　负棒—正板间隙中游离产生的正空间电荷对外电场的畸变作用
（a）、（b）电场中电荷的移动；（c）电场分布曲线
E_{ex}—外电场；E_{sp}—正空间电荷的电场
1—理想曲线；2—实际曲线

二、长间隙（间隙距离大于1m）极不均匀电场气体间隙的击穿过程

放电过程仍用流注理论来解释，即放电从初始电子经碰撞游离形成电子崩，再到光游离后出现新的电子崩而形成流注，使放电达到自持。当间隙上电压低于间隙击穿电压时，表现为电晕放电。但当间隙上电压达到间隙击穿电压时，因间隙距离较长，流注通道还不足以贯通整个间隙，因此在形成流注通道到最终出现强烈主放电之间，还有一个放电阶段——先导（Leader）放电。在棒—板间隙中，从棒极开始的流注通道发展到足够的长度后，将有较多的电子沿流注通道流向电极，电子在沿流注通道运动过程中，由于碰撞引起气体温度升高，通道逐渐炽热起来。由于通过通道根部的电子数最多和根部最细，根部的温度最高，可达数千度或更高，足以使气体产生热游离，于是从流注通道根部出发形成一段炽热的高游离火花通道，这种具有热游离过程的通道称为先导通道。由于先导通道中出现了新的更为强烈的游离过程，故先导通道中带电质点的浓度远大于流注通道，对应电导大、压降小。由于流注通道中的一部分转变为了先导通道，就使得流注区头部的电场增强，从而为流注继续伸长到对面电极并迅速转变为先导创造了条件。

当先导通道发展到接近对面电极时，在余下的小间隙中的场强可达到极大的数值，从而引起更为强烈的游离，这一强游离区又以极高的速度向相反方向传播，此过程称为主放电。当主放电形成的高电导通道贯穿两电极间的间隙后，间隙类似被短路，失去其绝缘性能，击穿过程就完成了。

三、在持续性电压作用下不均匀电场气体间隙的击穿电压

由于气体间隙的击穿电压与间隙距离直接有关，所以先分析平均击穿场强随电场均匀程度变化的规律。对于不均匀电场的气体间隙，电场越不均匀，平均击穿场强（击穿电压除以间隙距离）越低。例如，稍不均匀电场的平均击穿场强大约为30kV/cm，而极不均匀电场的平均击穿场强可低于5kV/cm。这是因为电场越不均匀，间隙中最高电场强度与平均电场强度差别越大，这样就可以在较低的平均场强时，局部区域（如棒电极附近）中的电场强度就已超过自持放电电压，形成电子崩和流注（长间隙中还有先导放电）。而流注或先导通道向间隙深处发展，又相当于缩短了间隙的距离，这样击穿就比较容易，平均击穿场强也就较低。

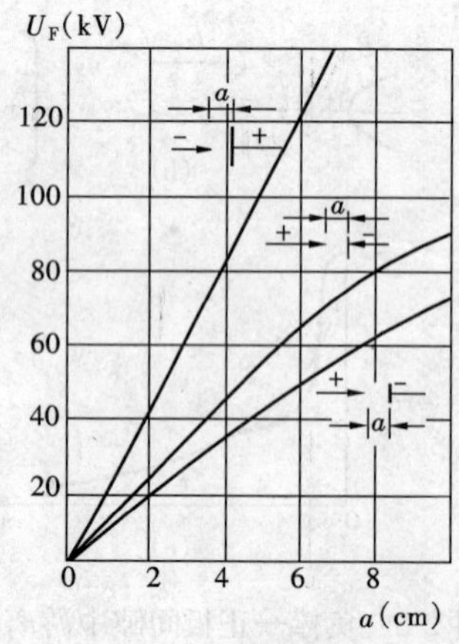

图2-9 棒—板、棒—棒间隙的直流击穿电压 U_F 与极间距离 a 的关系

a—极间距离（cm）；U_F—击穿电压（kV）

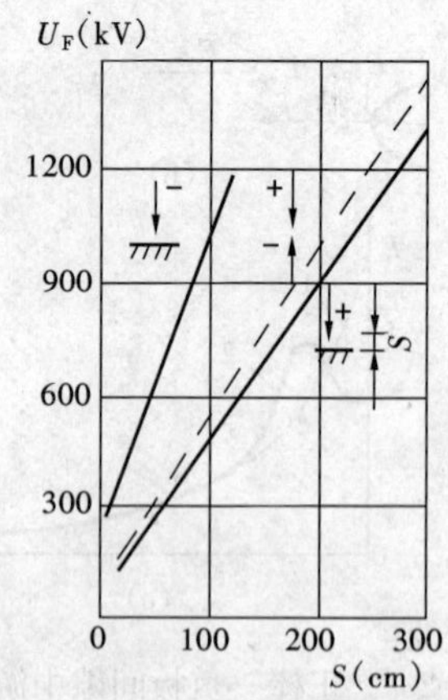

图2-10 棒—板、棒—棒长间隙的直流击穿电压 U_F 与间隙距离 S 的关系

在直流电压作用下，当电极极性不同时，棒—板与棒—棒空气间隙的直流击穿电压与间隙距离的关系如图 2-9 和图 2-10 所示，图中 U_F 为间隙的直流击穿电压，S 为间隙距离。由图 2-10 可看出，棒—棒间隙的击穿电压介于两种极性不同棒—板间隙的击穿电压之间，这是可以理解的。因为正棒—负板间隙中有正极性尖端，放电容易由此发展，故其击穿电压比负棒—正板间隙的低；但棒—棒间隙有两个尖端，即有两个强电场区域，而在同样间隙距离下，强电场区域增多后，通常其电场均匀程度会增加，因此棒—棒间隙的最大场强比正棒—负板间隙低，从而使击穿电压比正棒—负板间隙的高。

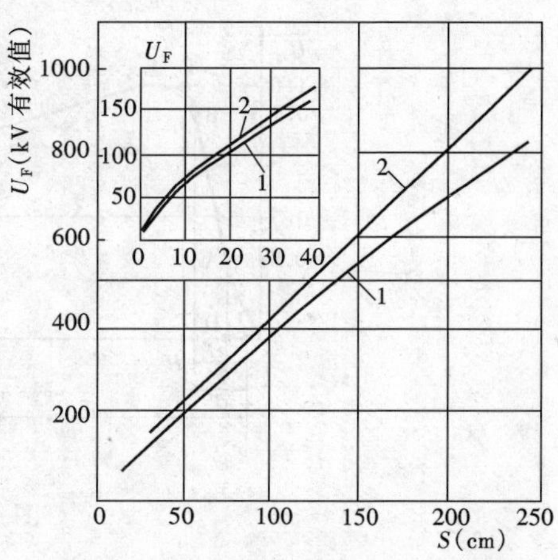

图 2-11　棒—棒、棒—板间隙的工频击穿电压 U_F 与间隙距离 S 的关系

1—棒—板间隙；2—棒—棒间隙

在工频电压作用下，不同间隙的击穿电压 U_F 和间隙距离 S 的关系如图 2-11 所示。棒—板间隙在工频电压作用下的击穿总是在棒的极性为正、电压达幅值时发生，并且其击穿电压（幅值）和直流电压下正棒—负板的击穿电压相近。从图 2-11 可知，除起始部分外，击穿电压与间隙距离近似成直线关系。棒—棒间隙的平均击穿场强为 3.8kV（有效值）/cm 或 5.36kV（幅值）/cm，棒—板间隙稍低一些，约为 3.35kV（有效值）/cm 或 4.8kV（幅值）/cm。

§2-4　雷电冲击电压下气体间隙的击穿特性

冲击电压（Impulse Voltage）是作用时间非常短暂（以 μs 为时间单位），波形如图 2-12 所示的非周期性电压。这种电压属非持续性电压，电压从零升至幅值的时间相对于从幅值衰减至零的时间要短得多。电力系统中出现的雷电过电压与操作过电压都属于冲击电压。由于冲击电压作用时间短到可以与放电所需要的时间相比拟，所以在冲击电压下气体间隙的击穿有与在持续性电压下击穿所不同的特点。本节讨论在雷电冲击电压作用下气体间隙的击穿特性。

一、冲击电压的标准波形

冲击电压的波形由参数 T_1 和 T_2 来表示，记为 T_1/T_2。T_1 称为波前时间，反映的是电压从零升至峰值的时间；T_2 称为半峰值时间，反映的是电压从零起升至峰值后再降至峰值一半的时间。实际测量中，考虑到示波器上冲击电压示波图中原点 0 与峰值点 M 的位置不易精确确定，规定以 $0.3U_m$ 与 $0.9U_m$ 两点的直线来构成视在原点 C 和视在峰值点 F，并以此来计量 T_1 与 T_2，如图 2-12 所示。我国国家标准所规定的标准雷电冲击电压波形为 1.2/50μs，这与 IEC 国际标准的规定相同。

二、放电时延

1. 间隙击穿时间

图 2-13 所示为冲击电压作用于空气间隙直到间隙击穿的电压波形。从冲击电压开始作用（$t=0$ 时）至间隙击穿（$t=t_2$ 时）需要的总时间称为击穿时间，击穿时间可分成两段：

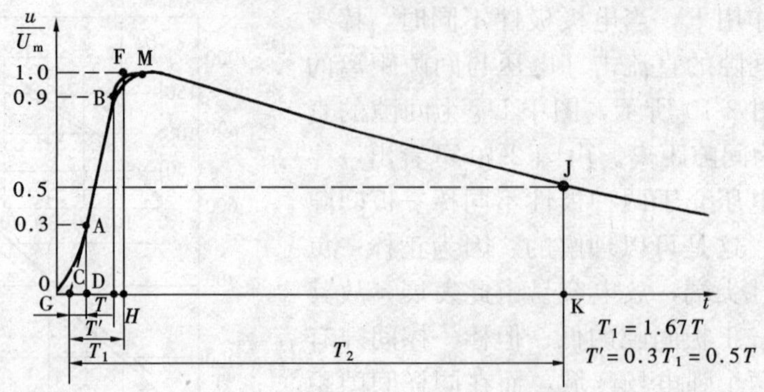

图 2-12 冲击电压波形

一段是冲击电压从 0 升至 U_0 的时间 t_1，U_0 称为静态击穿电压，就是间隙在持续性电压（直流、工频交流）作用下的临界击穿电压；另一段时间是 t_l，这段时间称为放电时延，表示电压达到临界击穿电压值后间隙并不立即击穿而要经过一定时延后间隙才击穿。可见，间隙要击穿，必要条件是电压不能小于这个静态击穿电压，但还必须使电压持续作用一段时间以完成从初始电子—电子崩—流注—主放电的过程。

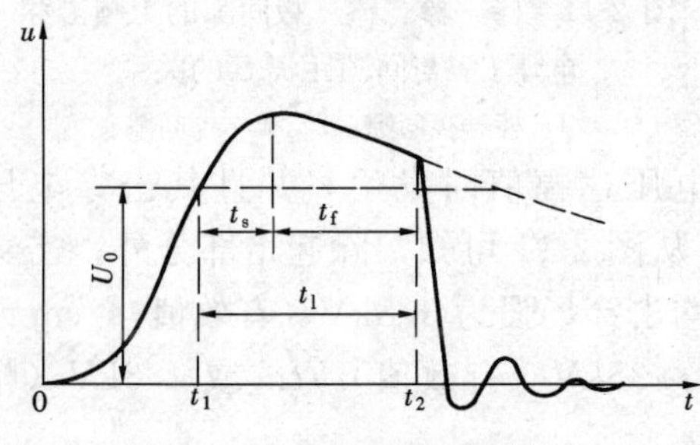

图 2-13 冲击电压作用下空气间隙的击穿电压波形

2. 统计时延和放电形成时延

放电时延 t_l 可分为统计时延 t_s 和放电形成时延 t_f 两部分。统计时延是从电压达到静态击穿电压起到间隙中出现第一个有效电子为止的这段时间。所谓有效电子是指能引起初始电子崩并最终导致间隙击穿的电子。换句话说，一旦出现有效电子，之后发展的游离过程最终必将发展下去直至间隙击穿而不会因各种去游离因素而使游离过程中途夭折。电压升至 U_0，表明间隙具备了发展击穿过程的条件，而出现了第一个有效电子后，击穿过程才真正开始，因此出现有效电子的时间要比电压达到 U_0 的时间更晚，由于间隙中初始电子的出现与许多不能准确估计的游离因素有关，而由此产生的初始电子也不一定都能成为有效电子，因为有的电子可能因扩散而消失，有的电子可能附着在分子上成为负离子，这样，统计时延 t_s 具有分散性（但服从统计规律，所以称之为统计时延）。

出现了第一个有效电子，击穿过程才真正开始进行，但之后还要形成电子崩、发展到流注并最终间隙击穿，这当然也需要时间，这一段时间就是放电形成时延 t_f。

3. 不同电场中的放电时延

短间隙（1cm 以下）中特别是电场比较均匀时，$t_f \ll t_s$，放电时延（主要是统计时延）比较短且分散性相对较大。不均匀电场或长间隙中，放电时延主要决定于放电形成时延，且电场越不均匀则放电形成时延越长，从而放电时延也越长。要减小统计时延，可以采用紫外线或其他高能射线对间隙进行人工照射，使阴极表面释放更多的电子，例如用较小的球隙测量冲击电压时通常需要采取这种措施。间隙上施加高于击穿所需的最低电压（U_0）可使统计时延和放电形成时延都缩短。

三、50%冲击击穿电压$U_{50\%}$

在持续性电压作用下，当气体状态不变、间距一定时，气体间隙的击穿电压具有确定的数值，当间隙上的电压升至此数值时，间隙即被击穿。在冲击电压作用下，空气间隙的击穿不仅取决于电压值，还取决于放电时间满足与否，但由于气体间隙放电时延具有分散性，所以气体间隙冲击击穿电压不可能只有唯一确定的值，而是具有分散性。

保持波形不变，逐步升高冲击电压的幅值，发现：

(1) 幅值很低时，多次施加电压，间隙都不击穿。这或者是由于电压太低，间隙电场太弱，游离过程根本不能发展起来；或者游离过程虽已发展，但外施电压作用时间没达到所需放电时延（与电压高低有关），击穿仍不能实现。

(2) 幅值增高到某一数值后，随着放电时延的缩短，击穿已可能出现。但由于放电时延的分散性，并不凡是电压达到这一数值必然击穿。也就是说，多次施加此电压时，间隙有时击穿，有时不击穿。但随着电压幅值的进一步提高，击穿的百分比越来越高。

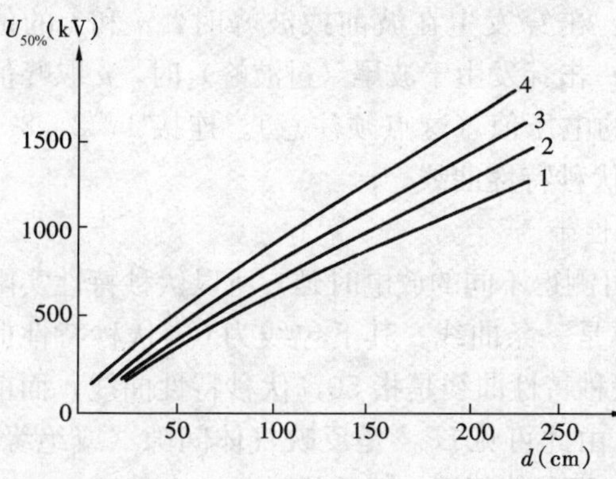

图 2-14 棒—棒（一极接地）及棒—板空气间隙的雷电 50%击穿电压与间隙距离的关系（雷电冲击波形为 1.2/50μs）
1—正棒—板；2—正棒—棒（接地）；
3—负棒—棒（接地）；4—负棒—板

(3) 幅值增至某一较高值时，每次施加电压时间隙都发生击穿。

从说明间隙耐受冲击电压的绝缘能力来看，当然希望求得刚好发生击穿时的电压，但这个电压值实际上是很难准确求得的。所以，工程上采用50%冲击击穿电压$U_{50\%}$，在幅值为$U_{50\%}$的冲击电压多次作用下，其中有50%的次数发生击穿，也即在此电压作用下击穿的概率为50%。50%冲击击穿电压是反映气体间隙（或绝缘）冲击耐电特性的一重要参数。

图 2-14 给出了标准雷电冲击电压下空气间隙的$U_{50\%}$与间隙距离的关系。与图 2-11 比较可以看出，50%冲击击穿电压比工频击穿电压的峰值要高一些，这是由于雷电冲击电压作用时间短的缘故。同一间隙的 50%冲击击穿电压$U_{50\%}$与工频击穿电压$U_{\sim}$（幅值）之比称为冲击系数β，即

$$\beta=\frac{U_{50\%}}{U_{\sim}} \tag{2-10}$$

对于图 2-14 所示的这些极不均匀电场，β大于 1，由于放电时延长，击穿常发生在冲击电压的波尾（过波峰）处。对于均匀和稍不均匀电场，放电时延短，冲击击穿常发生于波峰附近，冲击系数等于或接近于 1（比 1 稍大）。

四、伏秒特性（Volt-Second Characteristic）

1. 伏秒特性的定义

气体间隙在持续性电压（直流、工频交流）作用下，电压变化速度相对于极短暂的放电过程来讲是极缓慢的，故可用某一确定数值的击穿电压来表示该气体间隙的击穿特性；而在冲击电压作用下，如前所述，间隙要击穿，不仅取决于电压，还取决于该电压作用的时间。同一气体间隙，在峰值较低但延续时间较长的冲击电压作用下可能发生击穿，也有可能在峰

值较高但延续时间较短的冲击电压作用下不发生击穿。所以击穿特性不能简单地用击穿电压值来表达，而必须要用击穿电压（幅值）和击穿时间这两个参数共同来表示，这就是伏（指电压幅值）秒（指击穿时间）特性。所谓伏秒特性就是在同一波形、不同幅值的冲击电压作用下，间隙（或绝缘）上出现电压的最大值与放电时间的关系。反映此特性的曲线称为伏秒特性曲线。

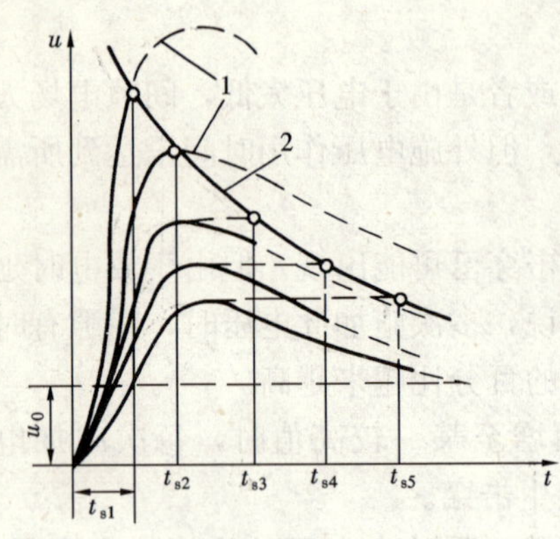

图 2-15 某间隙的伏秒特性

1—冲击电压；2—伏秒特性

2. 伏秒特性的实验求取

图 2-15 表示用实验确定间隙伏秒特性的方法。实验中保持冲击电压波形不变，逐渐升高电压使间隙发生击穿，并根据示波图记录击穿电压与击穿所需时间。图中共有四个幅值不同的冲击电压，幅值最低的冲击电压未能使间隙击穿。随电压升高，击穿分别发生在冲击电压的波尾、波峰和波前部分。伏秒特性的实验点 1，2，3 是这样确定的：击穿发生在波前或波峰时，u 和 t 的值取击穿时的值；击穿发生于波尾（过波峰）时，u 取峰值而不取击穿时的电压值（这点须注意）。连接 1，2，3…各点即可画出伏秒特性曲线。

3. 伏秒特性带

由于放电时延有分散性，即加同一电压多次，可测得不同的放电时延，所以伏秒特性实际上是如图 2-16 所示的有上、下包线的带状区域而不是一条曲线。其下包线为 0%伏秒特性曲线，其上包线为 100%伏秒特性曲线。通常所指的伏秒特性曲线是指 50%伏秒特性曲线，而前面所述的 $U_{50\%}$ 只是 50%伏秒特性曲线上的一个点，由此可见 $U_{50\%}$ 是反映气体间隙（或绝缘）冲击特性的一个重要参数，而伏秒特性则全面地反映了气体间隙（或绝缘）的冲击特性。

4. 不同电场气体间隙的伏秒特性

气体间隙的伏秒特性形状与极间电场均匀情况有关。对于均匀或稍不均匀电场，由于击穿时的平均场强较高，放电发展较快，放电时延较短，故间隙的伏秒特性曲线比较平坦，如图 2-16 曲线 2 所示，而且分散性也较小，仅在放电时间极短时，略有上翘，这是由于统计时延的缩短需要提高电压的缘故。由于均匀及稍不均匀电场的伏秒特性曲线除在很短一部分的上翘以外，很大部分曲线是平坦的，其 50%冲击击穿电压和静态击穿电压相一致，故在实践中常常利用电场比较均匀的球间隙来测量静态电压和冲击电压。

对于极不均匀电场的气体间隙，平均击穿场强较低，放电形成时延 t_f 受电压的影响大，t_f 较长且分散性也大，其伏秒特性曲线随时间 t 的减小而明显地上翘，曲线比较陡，如图 2-16 曲线 1 所示。而且，即使在电压作用时间较长（击穿发生在波尾）时，冲击击穿电压也高于静态击穿电压。

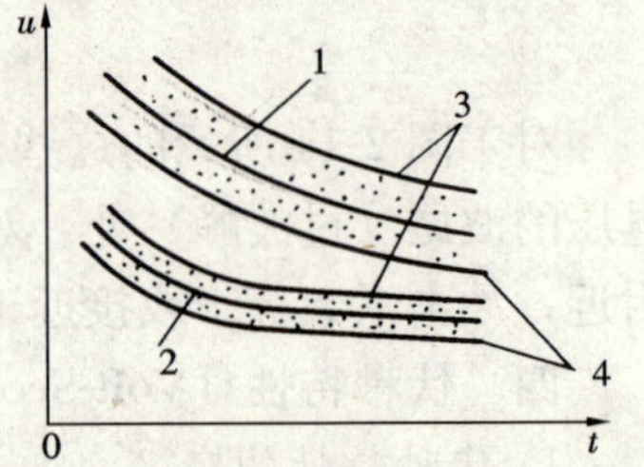

图 2-16 均匀和不均匀电场的伏秒特性曲线

1—不均匀电场的 $U_{50\%}$ 伏秒特性；
2—均匀电场的 $U_{50\%}$ 伏秒特性；
3—上包线 $U_{100\%}$；4—下包线 $U_{0\%}$

5. 伏秒特性的正确配合

伏秒特性在考虑防雷保护设备（如保护间隙或避雷器）与被保护设备（如变压器）的绝缘配合上具有重要的意义。在图 2-17 和图 2-18 中，S_1 表示被保护设备绝缘的伏秒特性，S_2 表示与其并联保护设备（或间隙）的伏秒特性。若 S_2 总是低于 S_1，如图 2-17 所示，说明在同一电压（包括过电压）作用下，总是保护设备先动作（或间隙先击穿），从而限制了过电压的幅值，这时保护设备就可对被保护设备起到可靠的保护作用。但若 S_2 与 S_1 相交，如图 2-18 所示，虽然在电压较低的情况下保护设备有保护作用，但在电压较高时，被保护设备绝缘就会先被击穿（因放电时间短），此时保护设备已起不到保护作用了。

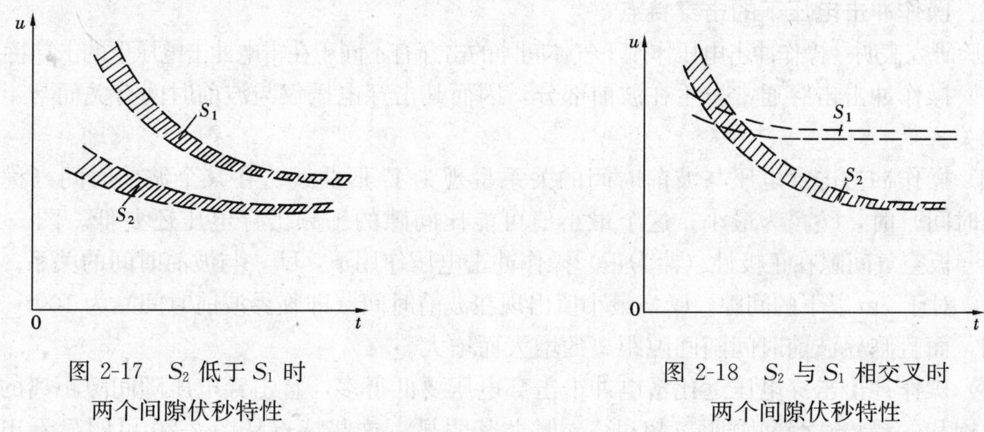

图 2-17　S_2 低于 S_1 时两个间隙伏秒特性

图 2-18　S_2 与 S_1 相交叉时两个间隙伏秒特性

伏秒特性是防雷设计中实现保护设备和被保护设备间绝缘配合的依据。要使被保护设备得到可靠的保护，被保护设备绝缘伏秒特性曲线的下包线必须始终高于保护设备的伏秒特性曲线的上包线。为了得到较理想的绝缘配合，保护设备绝缘的伏秒特性曲线总希望平坦一些，分散性小一些，为此，保护设备应采用电场比较均匀的绝缘结构。

§ 2-5　操作冲击电压下气体间隙的击穿特性

一、研究操作冲击电压的意义

电力系统在操作或发生故障时，因回路参数发生突然变化引起具有电感和电容回路的振荡而产生的过电压，称为操作过电压。操作过电压的峰值可高达最大系统相电压的 3～3.5 倍，因此为保证安全运行，需要考察高压电气设备的绝缘的耐受操作过电压的能力。过去曾认为在电力系统中，操作过电压作用下空气间隙的击穿特性与工频电压下的击穿特性差别不大，其击穿电压介于雷电冲击击穿电压和工频击穿电压之间，一般可以引入某个操作冲击系数把操作过电压折算成等效工频电压来考虑，故早期的工程实践中，常采用工频电压试验来考验绝缘耐受操作过电压的能力。近 20 年来，随着电力系统工作电压的不断提高，操作过电压下的绝缘问题越来越突出，从而广泛地开展了对操作过电压波形下气体绝缘放电特性的研究。在研究中发现了一系列新的特点，如波形、长间隙对击穿电压有很大的影响，在一定的波形下操作冲击 50％击穿电压甚至比工频击穿电压还要低等。为此，目前的试验标准规定，对额定电压在 300kV 以上的高压电气设备要进行操作冲击电压试验。这说明操作冲击电压下的击穿对长间隙有重要意义。

二、标准操作冲击电压波形

为了模拟操作过电压，需要规定一个标准波形，国际电工委员会（IEC）和我国国家标准规定的操作冲击电压标准波形是与雷电冲击电压波形相类似的非周期性指数衰减波，

只是波前时间 T_1 和半峰值时间 T_2 长得多，规定的操作冲击电压标准波形为250/2500μs，容许的偏差为波前时间±20%，半峰值时间±60%。当标准波形不能满足要求时，可运用100/2500μs 或 500/2500μs 的波形。用冲击电压发生器产生标准操作冲击波时，发生器的效率很低，所以在工程实践中也常采用振荡操作波代替非周期性指数衰减的操作波。

三、操作冲击电压下的击穿特点

试验研究表明，操作冲击电压作用下气体间隙的击穿有不同于在雷电冲击电压下的击穿特点。

（1）操作冲击击穿通常发生在波前部分，因而其击穿电压仅与波前时间有关而与半峰值时间无关。

（2）操作冲击击穿电压与波前时间的关系呈现为 U 形曲线。在某个波前时间（称为临界波前时间）时，$U_{50\%}$ 为最小，这个最小值可能比间隙的工频击穿电压还要低。图 2-19 所示为棒—板空气间隙在正极性（棒为正）操作冲击电压作用下，$U_{50\%}$ 与波前时间的关系。从图中可见，对于 7m 以下的间隙，$U_{50\%}$ 最小值出现在波前时间（即临界波前时间）为 100～300μs 的区间，而且临界波前时间随间隙距离的增大而增大。

（3）操作冲击击穿电压远比雷电冲击击穿电压要低得多，且击穿电压随间隙距离的增大呈现出饱和的趋势，当间隙距离超过 5m 时尤其明显，这些特点从图 2-20 可明显看出。从图 2-20 还可看出，间隙距离越大，则最小击穿电压（即临界波前时间下的击穿电压）与标准正极性操作波（250/2500μs）下的击穿电压之间的差别越大。当间隙长度达 25m 时，操作冲击下的最低击穿场强仅为 1kV/cm。对于图 2-20 所示的操作波下的最小击穿电压 U_{min}，在间隙距离 S 为 1～20m 范围内时，可用以下经验公式表达，即

$$U_{min} = \frac{3.4}{1+\frac{8}{S}} \quad (\text{kV}) \tag{2-11}$$

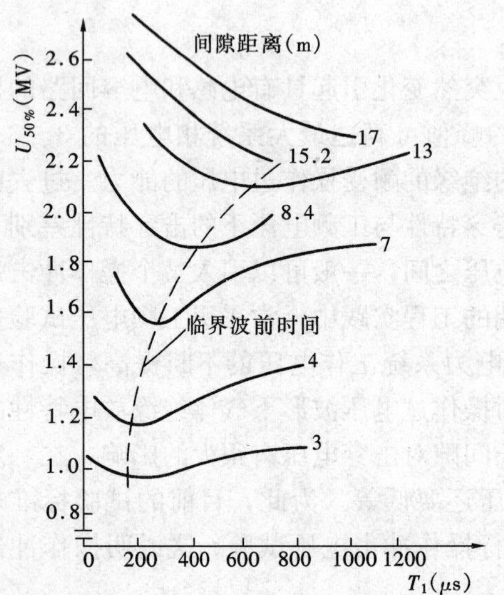

图 2-19 棒—板空气间隙的正极性操作冲击 $U_{50\%}$ 和波前时间的关系

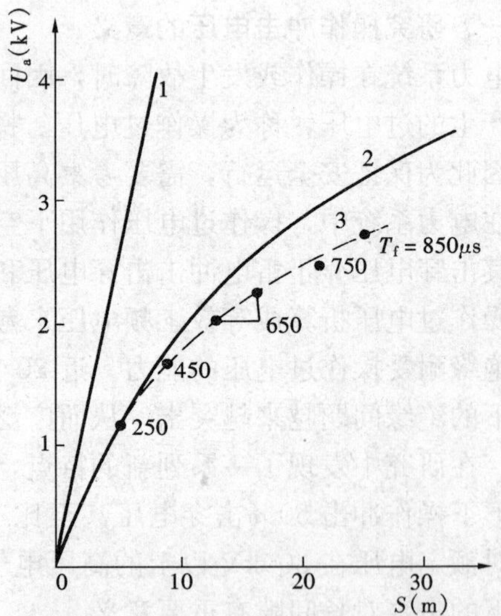

图 2-20 空气中棒—板间隙在正极性雷电冲击和操作冲击波下的击穿电压

1—1.2/50μs；2—250/2500μs；3—最小击穿电压曲线

(4) 50%操作冲击击穿电压的相对标准偏差比雷电冲击击穿电压大，相对标准偏差可达8%（雷电冲击下约为5%），这对绝缘设计是很不利的。

§2-6　大气条件对空气间隙击穿电压的影响

空气间隙的击穿电压以及电气设备外部绝缘和绝缘子的闪络电压要受到大气条件的影响，主要受到气压、温度和湿度的影响。为了使在不同大气条件下的击穿电压、闪络电压能够互相进行比较，就需要将击穿电压换算成统一大气条件（就是标准大气条件）下的值。我国规定标准大气条件为：$P_0=101.3\text{kPa}$（相当于760mm水银柱高），$t_0=20℃$，绝对湿度$h_0=1\text{g/m}^3$。一般技术资料、曲线和文献中的击穿电压，除特别说明外，都是指在标准大气条件下的值。

一、空气密度对击穿电压的影响

由于气压和温度的改变都反映为空气密度的改变，空气密度增大时电子平均自由行程缩短，从而使游离削弱，空气间隙的击穿电压提高。实验表明，当空气的相对密度δ在0.95～1.05之间时，空气间隙的击穿电压与空气相对密度呈线性关系，即

$$u=\delta u_0 \tag{2-12}$$

式中　u_0——标准大气条件下空气间隙的击穿电压（幅值）；

u——实际大气条件下空气间隙的击穿电压（幅值）。

空气的相对密度为实际大气条件下的密度与标准大气条件下的密度之比，而空气的密度与大气压力成正比，与温度成反比，所以

$$\delta=\frac{\dfrac{P}{T}}{\dfrac{P_0}{T_0}}=\frac{P}{P_0}\times\frac{T_0}{T}=\frac{P}{101.3}\times\frac{273+20}{273+t}=2.89\frac{P}{273+t} \tag{2-13}$$

式（2-13）是对1m以下的间隙进行试验的基础上得到的，对于均匀电场、不均匀电场、直流电压、工频或冲击电压都适用。

当利用球隙测量击穿电压时，如果空气的相对密度δ与1相差较大时，可用表2-1中的校正系数K_δ代替上述δ值来校正击穿电压值。

表2-1　　校　正　系　数

空气相对密度δ	0.70	0.75	0.80	0.85	0.90	0.95	1.00	1.05	1.10	1.15
校正系数K_δ	0.72	0.77	0.81	0.86	0.91	0.95	1.00	1.05	1.09	1.13

近年来对长空气间隙击穿特性的研究表明，间隙击穿电压与大气条件变化的关系并不是一种简单的线性关系，而是随电极形状、距离以及电压类型而变化的复杂关系。除了间隙距离不大、电场比较均匀的球—球间隙以及距离虽大，但击穿电压仍随距离线性增大（如雷电冲击电压）的情况下，式（2-13）仍可适用外，对于其他各种不同情况的击穿电压必须使用的空气密度校正系数计算式为

$$K_\delta=\left(\frac{P}{P_0}\right)^m\times\left(\frac{273+t_0}{273+t}\right)^n \tag{2-14}$$

式中　m、n——与电极形状、间隙距离以及电压类型和极性有关的指数，其值在0.4～1.0的范围内变化。

二、湿度对击穿电压的影响

湿度反映了空气中所含水蒸气的多少，空气中所含水蒸气的密度，即单位体积的空气中所含水蒸气的质量，称为空气的绝对湿度，是以 g/m^3 为单位表示的。湿度对空气间隙的击穿电压之所以有影响，主要是因为空气中的水蒸气分子容易俘获自由电子而形成负离子，但这种质量大的负离子运动速度小，容易碰撞中性原子失去动能从而不易引起碰撞游离，而自由电子数目的减少，使得游离能力降低，所以，湿度增大，气体间隙的击穿电压会提高。

电场均匀程度不同，湿度对击穿电压的影响程度也不同。在均匀或稍不均匀电场中，击穿场强高，电子的运动速度大，再加上击穿过程时间短，所以水蒸气分子吸附自由电子的程度很弱，这样，击穿电压随湿度增大而略有上升，但极为微小，实际上可以忽略不计。在极不均匀电场中，平均击穿场强低，电子运动速度小，而击穿过程时间长，因此水蒸气吸附自由电子程度强，游离能力大大削弱，这样湿度的影响就较为明显。

根据以上的分析，在均匀或稍不均匀电场中，湿度的影响可以忽略不计，如在用球隙测量电压时，只需根据空气的相对密度校正其击穿电压，而不必考虑湿度的修正。而在极不均匀电场中，要考虑湿度进行校正。湿度不等于标准大气条件湿度（但未达到凝露）时，空气间隙击穿电压的校正的计算式为

$$u = \frac{1}{K_h} u_0 \tag{2-15}$$

$$K_h = (K)^\omega \tag{2-16}$$

式中 K_h——湿度校正系数；

K——绝对湿度及电压类型的函数；

ω——指数，其值与电极形状、间距以及电压类型、极性有关。

K、ω 的具体取值，可参考有关的国家标准。

综合考虑气压、温度与湿度时，间隙击穿电压 u 与标准大气条件下的击穿电压 u_0 之间可进行换算，即

$$u = \frac{\delta}{K_h} u_0 \tag{2-17}$$

或

$$u = \frac{K_\delta}{K_h} u_0 \tag{2-18}$$

三、海拔对击穿电压的影响

随着海拔的增加，空气逐渐稀薄，大气压力及空气相对密度下降，因此空气间隙的击穿电压也随之下降。考虑到这一影响，我国标准规定，对于拟用于海拔高于 1000m（但不超过 4000m）处的电气设备的外绝缘，在平原试验时的试验电压应按规定的标准大气条件下的试验电压乘以系数 k_a。k_a 的计算式为

$$k_a = \frac{1}{1.1 - \dfrac{H}{10\,000}} \tag{2-19}$$

式中 H——安装地点的海拔，m。

按式 (2-19)，H=2 000m 时，k_a=1.11。这说明电气设备在平原试验时应提高试验电

压，以免到高原时因击穿电压下降而考验不够。

§2-7　SF_6气体的击穿特性

气体电介质除了空气之外，用得最多的是 SF_6 气体。SF_6 气体是一种无色、无味、无臭、无毒、不燃的气体，其密度为相同条件（气压、温度）下空气密度的5倍。

一、SF_6 的特性

1. 物理化学特性

（1）液化温度低。充气压力为750kPa时，SF_6 的液化温度不高于－25℃，充气压力为450kPa时，液化温度不高于－40℃，所以满足工程应用条件（$-40℃\leqslant t<80℃$，$P<600kPa$），只是当 $t<-25℃$ 时才需考虑用加热装置或采用 SF_6 与 N_2 的混合气体来防止其液化。

（2）化学稳定性高。SF_6 气体的稳定性很高，在180℃持续温度下，它不会分解，也不会与其他材料发生化学反应。虽然在电弧或局部放电的高温作用下，SF_6 会热离解成硫原子和氟原子，但放电结束后绝大部分分解的硫原子和氟原子又会重新结合成稳定的 SF_6 分子。

2. 电气特性

SF_6 气体之所以被越来越多地用于各种高压电气设备，如 SF_6 断路器、全封闭组合电器（GIS）等，是由于其具有优良的电气性能。

（1）绝缘强度高。在相同的条件下，SF_6 气体的击穿场强约为空气的2.5倍，而且随着气体压力的提高，击穿场强还可更高。SF_6 气体击穿场强高的原因在于其分子具有极强的吸附自由电子形成负离子的能力。这样，采用 SF_6 气体绝缘的电气设备体积和占地面积可大大减小，例如500kV GIS装置的空间占有率仅为敞开式配电装置的1/50，占地面积只有后者的1/20。

（2）灭弧能力强。SF_6 气体灭弧能力约为空气的100倍。这是因为一方面 SF_6 气体在电弧高温下发生分解需要大量能量，因而对电弧弧道产生强烈的冷却作用；另一方面 SF_6 气体及其分解气体的高绝缘强度也有助于电弧的熄灭。

3. SF_6 气体的缺点

纯 SF_6 气体是一种无毒气体，但它仍会因致人窒息而对生命造成威胁。由于 SF_6 气体比空气重，会积聚在地面附近，因此在检修充有 SF_6 气体电气设备时要注意因缺氧而窒息。SF_6 气体若纯度不够高，就会含有 SF_4、S_2F_{10}、SF、SO_2 等杂质，这些杂质是有毒的。另外，SF_6 气体因放电而产生的一些分解物也是有毒的，因此在制造、试验、检修充有 SF_6 气体电气设备时应十分重视上述毒性问题。

SF_6 气体在放电高温下所分解的低氟化物对许多绝缘材料和导电材料（如铝合金）有腐蚀作用，当 SF_6 气体中含有水分时，这些低氟化物会与水发生反应，生成腐蚀性很强的氢氟酸、硫酸，为此，应严格控制 SF_6 气体中所含的水分和杂质气体。

4. SF_6 气体与其他气体混合时的特点

考虑 SF_6 气体与其他气体混合，主要是出于为了降低成本，尤其是对于需气量较大的情况，如充气电缆、充气输电管道等。所考虑混合的气体首推氮气，这是因为其是惰性气体而且廉价。SF_6 气体中混合 N_2 后，耐电强度（即击穿电场强度）要比纯 SF_6 气体低，但只要混合比例合理，电气强度下降并不大。图 2-21 所示为 SF_6 和 N_2 混合气体在不同含量时的相对耐电强度（以纯 SF_6 气体的耐电强度为基准），由图 2-21 可见，当 N_2 的含量小于 40%时，混合气体的相对耐电强度降低很少，即使 N_2 达 80%，混合气体的耐电强度还达纯 N_2 或纯空气耐电强度的两倍以上。

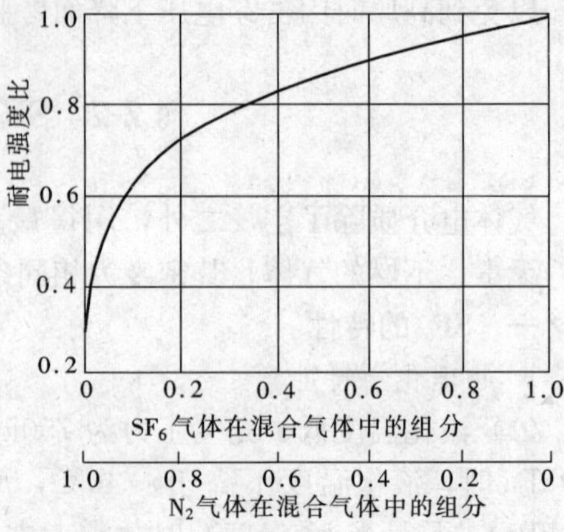

图 2-21　SF_6 气体 N_2 混合气体的相对耐电强度

SF_6 与 N_2 混合气体带来另一好处是降低了液化温度，而且 N_2 含量越大，混合气体液化温度越低，这使得混合气体更适用于严寒地区的使用。

另外，研究表明，将 SF_6 气体和其他一些含卤族元素的气体组成混合气体，其电气强度可能比纯 SF_6 气体更高。用这种混合气体制造的电气设备，其体积可更为缩小。

二、SF_6 气体在极不均匀电场中的击穿

SF_6 气体在极不均匀电场中的击穿有异常现象，主要表现为以下两个方面。

1. 击穿电压的驼峰现象

图 2-22 给出正棒—负板 SF_6 气体间隙的电晕起始电压 U_c 和击穿电压 U_F 随气压 P 变化的曲线。由图可见，击穿电压随气压的增大先升高至一极大值，然后下降至一极小值，其后再慢慢上升，这就是在不均匀电场中 SF_6 气体所特有的驼峰现象。驼峰现象说明随气压的升高击穿电压并不总是增大的。出现极小值的气压范围为 100～200kPa，正在 SF_6 的工作气压范围内（压缩空气也会出现驼峰现象，但一般气压要达到 1000kPa 左右）。

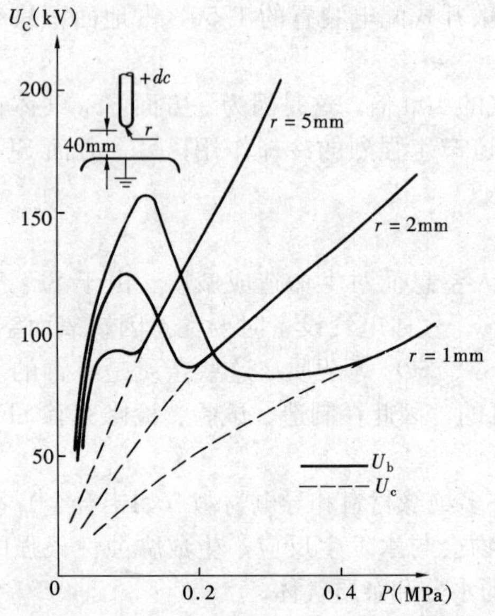

图 2-22　正棒—负板间隙的棒电极端部曲率半径 r 变化时 SF_6 的直流电晕起始电压 U_c 和击穿电压 U_b 随气压 p 的变化

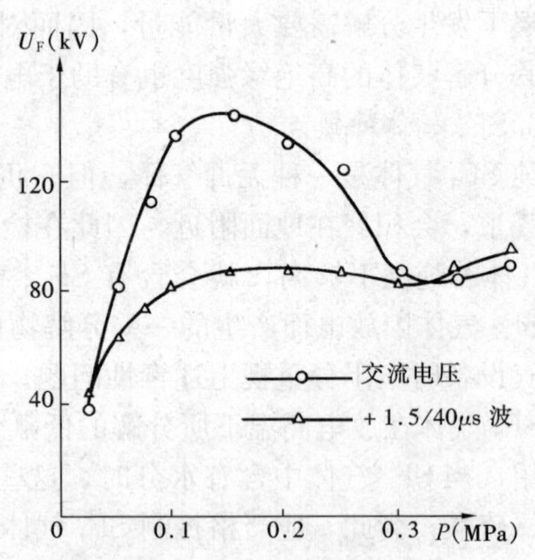

图 2-23　30mm 尖—球间隙中 SF_6 的交流击穿电压（峰值）与正冲击击穿电压的比较（锥尖端部曲率半径为 1mm，球半径为 50mm）

2. 冲击系数可能小于1

前面已述，极不均匀电场中空气间隙的冲击系数β总是大于1的，但SF_6气体间隙的冲击系数有可能小于1。图2-23所示，在100～300kPa气压范围内，冲击击穿电压就低于工频交流击穿电压（峰值）。实验表明，雷电冲击电压下冲击系数可低0.6左右。

另外，极不均匀电场中存在稳定的电晕放电，而这种局部放电所引起SF_6离解后的产物对绝缘体及导体是有腐蚀作用的。

由于以上因素，在工程实际应用时，应避免SF_6气体应用于极不均匀电场中。

三、SF_6气体在稍不均匀电场中的击穿

SF_6气体绝缘的设备中经常遇到的是稍不均匀电场间隙，例如同轴圆柱电极是GIS中最常见的电极布置形式。图2-24所示为同轴圆柱电极中，在工频、操作冲击、雷电冲击电压作用下，SF_6气体的击穿场强与气压的关系曲线。由图可见：

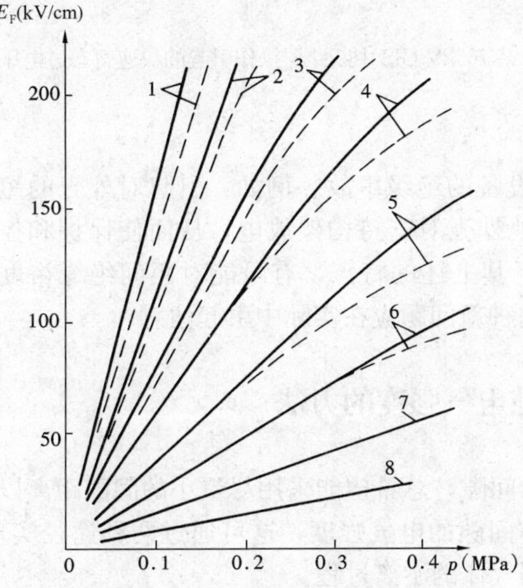

图2-24　球—板间隙（球半径为15mm）中SF_6气体的击穿场强

实线为正极性，虚线为负极性，间隙距离d（mm）：1—20；2—15；3—10；4—7.5；5—5；6—3；7—2；8—1

（1）提高SF_6气体的压力对提高绝缘强度的作用是明显的。在3个大气压（300kPa）下，SF_6气体的绝缘强度已与变压器油的绝缘强度差不了多少。

（2）SF_6的适宜气压在100～400kPa之间。这是因为击穿场强随气压呈非线性关系，气压越高，提高气压来提高击穿场强的效果要小一些。另外气压较高时，电极表面粗糙度的影响和杂质对电场的干扰就愈强烈，防泄漏问题也愈突出。

（3）冲击系数较小（但大于1），而且操作冲击系数较接近于1（约1.05左右）。

另外，与空气间隙相同，在不对称的稍不均匀电场（如图2-24所示的球—板间隙）中也有极性效应，而且与极不均匀电场中的极性效应相反。一般情况下负极性的击穿电压比正极性的击穿电压低10%左右（因击穿电压等于电晕起始电压）。所以SF_6气体绝缘结构的绝缘水平是由负极性电压决定的，SF_6气体间隙的伏秒特性也以负极性伏秒特性作为绝缘配合的依据。

四、SF_6气体绝缘GIS中的快速暂态过电压

采用SF_6气体绝缘的GIS中，在断路器操作时会产生一种特殊的操作过电压——快速暂态过电压VFTO（Very Fast Transient Overvoltage）。图2-25所示为国外某765kV GIS中断路器操作时测到的VFTO波形。图中t=500ns为触头间发生第一次击穿。由图可看到VFTO有以下三个特点：

（1）VFTO的波前很陡，其上升时间通常为520ns。这一特点是由SF_6气体的击穿特性决定的，因为压缩的强电负性气体的耐电强度很高，击穿瞬间气体间隙由绝缘状态向导电状态的跃迁时间极短。

（2）VFTO有频率很高的高频电压分量，这是因为GIS的尺寸较常规变电所小得多，过电压行波在GIS中折射、反射所需时间极短，频率与母线长度有关，一般在0.1～10MHz范围内。

（3）VFTO的幅值并不高，变电站实测和实验室模拟均表明，VFTO的幅值很少超过最大相电压的两倍。VFTO的幅值与触头间电弧重燃电压大小有关，也与被开断的母线上的残余电荷产生的电压值有关，因此具有随机特性。

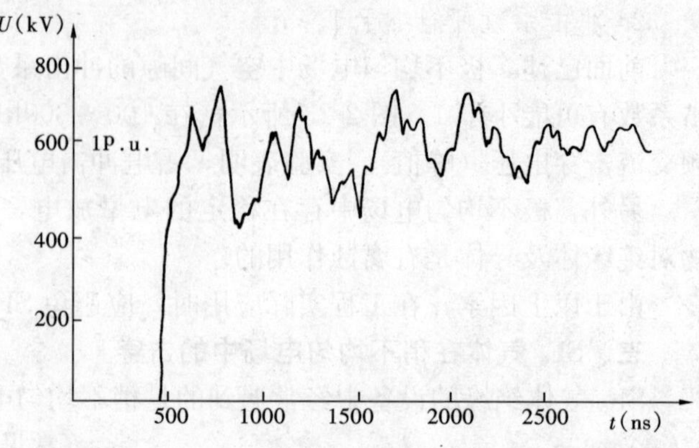

图 2-25　某765kV GIS中断路器操作引起的快速暂态过电压

VFTO的出现可能会引起GIS及邻近连接设备的绝缘事故。例如：引起对外壳的短暂击穿，造成GIS外壳电位的短暂升高；引起接地外壳对支持构架放电，从而使保护和控制回路损坏或失灵。VFTO尽管幅值不高，但由于其上述的特点，有可能对匝间绝缘裕度不高的变压器构成威胁。所以对于 SF_6 所引出的这种新问题应在实际中引起注意。

§2-8　提高气体间隙电气强度的方法

对于高压电气设备中存在的以气体作绝缘的间隙，总希望能采用尽量小的间隙距离以减小设备的尺寸。为此，需要采取措施来提高气体间隙的电气强度，这可通过两种途径实现，一是改善电场分布使之尽量均匀；二是设法削弱气体的游离过程。

一、改善电场分布的措施

由前所述，电场分布越均匀，则间隙的平均击穿场强越高。因此，改善电场分布使之尽量均匀就可有效地提高气体间隙的电气强度，具体可采取以下措施。

1. 改变电极形状

电极表面及其边缘应尽量避免毛刺及尖利棱角，应尽量提高电极表面的光洁度以消除较高的局部场强。而在高压电气装置的高压出线端（例如高压套管导电杆上端）加装金属屏蔽罩加大电极的曲率半径以改善电场分布是一种很常用的措施。如果不可避免要出现极不均匀电场时，应尽量采用对称电极。

2. 极不均匀电场中采用极间屏障

在极不均匀电场的空气间隙中，放入薄片固体绝缘材料（称为极间屏障），如图 2-26 所示。在一定的条件下可显著提高间隙的击穿电压。

采用极间屏障提高击穿电压的程度与电压类型及极性有关。还与屏障的位置有关。

在直流电压下，棒为正极性时，如图 2-26（a）所示。由于屏障机械地阻挡了正离子向负极板的运动，使其聚集在屏障向着棒电极的一面，并且随后由于同性电荷间的相斥而均匀分布在屏障的整个表面。这样，在屏障与板电极间形成比较均匀的电场，同时屏障与棒电极间的电场削弱，由此提高了整个间隙的击穿电压。棒电极位置与间隙击穿电压关系如图

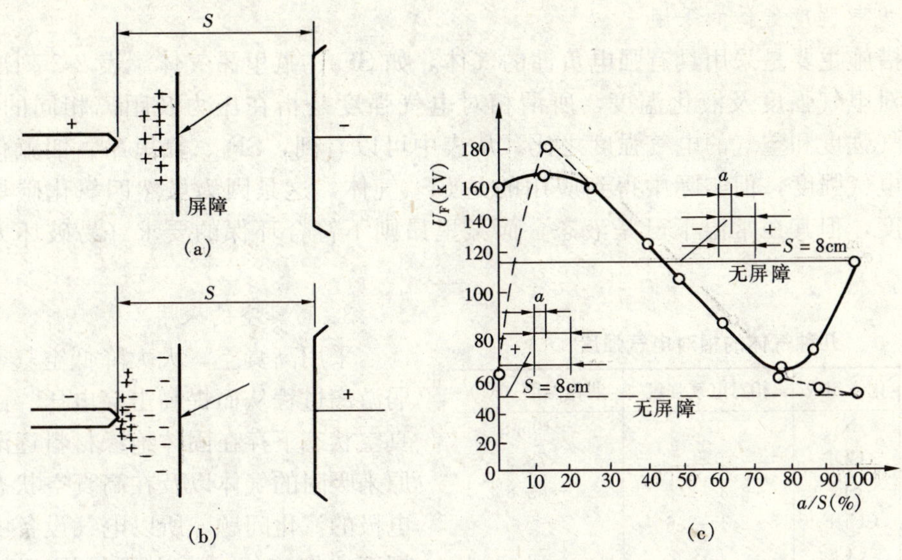

图 2-26　在直流电压下极间屏障位置对间隙击穿电压的影响

(a) 棒为正极时；(b) 棒为负极时；(c) 棒电极位置与间隙击穿电压关系

虚线为正棒—负极；实线为负棒—正极

2-26 (c)中虚曲线所示。屏障离棒电极越近，屏障与板间较均匀电场部分比例越大，击穿电压越高。但当屏障离棒电极太近时，由于屏上空间电荷已不能均匀分布在屏上而使屏障的效应减弱。当屏障与棒电极间的距离约等于间隙距离的 15%～20%时，间隙的击穿电压提高得最多，可达无屏障时的 2～3 倍。

在直流电压下，棒电极为负极性时，如图 2-26 (b) 所示。电子形成负离子，聚集于屏障上，同样也使屏障与板电极间也形成了比较均匀的电场，在屏障与棒电极间距离不大时能提高击穿电压。但当屏障与棒电极间的距离较大时，负极性棒电极与屏障之间的正空间电荷加强了棒电极前面的电场，使棒与屏障间的部分间隙首先发生击穿而导致整个间隙的击穿，所以整个间隙的击穿电压反而比无屏障时还要低，如图 2-26 中实曲线所示。

在工频电压作用下，由于击穿总是发生在棒电极为正的半周内，所以屏障的作用与直流下棒电极为正极性时相同。

在冲击电压作用下，棒电极为正极性时也可提高击穿电压，但由于电压作用时间短，提高程度要小一些，而棒电极为负极性，则基本上提高不多。

二、削弱游离过程的措施

1. 高气压的采用

提高气体压力后，气体密度增大，电子平均自由行程缩短，动能不易积聚，游离过程削弱，从而使气体间隙的击穿电压提高。在均匀电场中，当气压不很高时（对于空气为 10×101.3kPa 以下），击穿电压随气压升高而几乎线性提高，但气压较高后继续增大，击穿电压的提高呈现饱和。在不均匀电场中，击穿电压随气压的增高呈现驼峰现象：击穿电压随气压的增大先升高至一极大值，然后下降至一极小值，其后再慢慢上升。空气出现驼峰的气压非常高，一般在 1000kPa 左右，而 SF_6 气体出现驼峰的气压在 100～200kPa，因此，提高气压的措施不适用极不均匀电场的 SF_6 气体间隙。

2. 高电气强度气体的采用

这种措施主要是采用具有强电负性的气体，如 SF_6、氟里昂气体。表 2-2 列出了几种气体的相对电气强度及液化温度，所谓相对电气强度是指在压力及距离相同的条件下，气体的电气强度和空气的电气强度之比。从表中可以看到，SF_6、氟里昂、四氟化碳都具有较高的电气强度，但实际中得到应用的是 SF_6 气体，这是因为虽然四氯化碳具有很高的电气强度，但其在常温下已是液态，而氟里昂则不符合环保的要求（易破坏大气中的臭氧层）。

表 2-2 几种气体的相对电气强度

气 体	化学组成	相对电气强度	液化温度（℃）
氮	N_2	1.0	−195.8
二氧化碳	CO_2	0.9	−78.5
六氟化硫	SF_6	2.3～2.5	−63.8
氟里昂	CCl_2F_2	2.4～2.6	−28
四氯化碳	CCl_4	6.3	76

3. 高真空的采用

采用高真空，大大降低空气密度，削弱游离过程从而提高击穿电压。由于在高真空状态下存在固体绝缘材料逐渐释放其原来吸附的气体以及在高真空状态下金属电极的汽化问题，所以电气设备中还很少用真空作绝缘，而主要是用于电真空器件、真空电容器和真空断路器中。在真空断路器中，不仅利用了真空的良好绝缘性能，还利用了其很强的灭弧性能。

§2-9 气体中沿固体绝缘表面的放电

电气设备的带电部分总要用固体绝缘材料来支撑或悬挂。大多数情况下，这些固体绝缘处于空气之中，如输电线路的悬式绝缘子、隔离开关的支柱绝缘子、电气设备的高压引出套管等。当作用在这些绝缘上的电压超过一定值时，常常在固体绝缘和空气的交界面上出现放电现象，这种沿着固体电介质表面发生的气体放电称为沿面放电。当沿面放电发展成贯穿电极的气体击穿时，称为沿面闪络（Surface Flashover），简称闪络。沿面闪络电压通常比没有固体电介质时纯空气间隙的击穿电压低，而且受绝缘表面状态、污秽程度、气候条件等因素影响很大。电力系统中的绝缘事故，在很多情况下往往是由沿面闪络造成的，所以认识沿面放电的原因和规律具有现实意义。

一、交界面电场分布的典型情况

气体电介质与固体电介质的交界面（界面）电场的分布情况对沿面放电的特性有很大的影响。界面电场的分布有以下三种典型的情况：

（1）固体电介质处于均匀电场中，且界面与电场强度线平行，如图 2-27（a）所示。这种情况在实际工程中很少遇到，但实际结构中会遇到固体介质处于稍不均匀电场的情况，此时的放电现象与均匀电场中的放电较为相似。

（2）固体电介质处于极不均匀电场中，且电场强度线的垂直分量（垂直于界面）比平行分量要大得多，如图 1-27（b）所示。套管和高压电机绕组出槽口的结构就属于这种情况。

（3）固体电介质处于极不均匀电场中，在界面大部分地方（除紧靠电极的很小区域外），电场强度线平行分量比垂直分量大，如图 1-27（c）所示。支持绝缘子就属于此情况。

这三种情况下的沿面放电现象有很大的差别，下面分别加以讨论。

二、均匀电场中的沿面放电

图2-27（a）的这种情况可以看成在纯空气间隙中放入一块固体电介质。尽管固体电介质的引入并不引起电场分布的改变，但从实验结果可看到，放电总是出现在固体电介质的表面。这表明，沿固体电介质表面的电场被畸变了，变得不均匀了，导致沿面击穿电压的显著下降。而造成电场畸变的原因主要有以下几个方面：

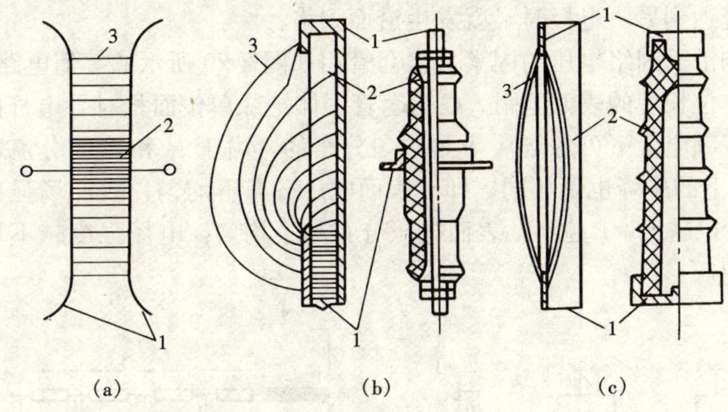

图2-27 介质表面电场的典型分布

（a）均匀电场；（b）有强垂直分量的极不均匀电场；（c）有弱垂直分量的极不均匀电场

1—电极；2—固体介质；3—电力线

（1）固体电介质与电极间没有完全密合而存在微小气隙，由于气隙中的电场强度比电极间的平均场强大得多（与介电系数成反比）而发生了局部放电，放电产生的带电粒子从气隙中逸出，到达界面后畸变了原有电场。

（2）界面上因吸附大气中的潮气而引成一层很薄的水膜，水膜中水电离所形成的离子积聚在界面的靠电极两侧，从而畸变了界面的原有电场。

（3）界面表面电阻的不均匀或表面一定程度的粗糙性，使界面微观电场有一定的不均匀性。

由上述分析可知，为提高沿面闪络电压，应注意固体电介质与电极的紧密结合（不留空隙）。同时也看到，空气湿度及固体电介质表面吸附水分的能力对闪络电压有显著的影响。湿度越大或固体电介质越易吸附水分（亲水性），则闪络电压越低。由于引起电场畸变的离子移动、电荷积聚都需要一定时间，因此工频或直流下的沿面闪络电压要比雷电冲击电压下的闪络电压低。

三、极不均匀电场中的沿面放电

沿面距离相同时，极不均匀电场中的沿面闪络电压要比均匀电场中的闪络电压低。界面电场情况不同时，沿面放电发展过程及闪络电压也不同。

1. 界面电场具有强垂直分量时的沿面放电

图2-28所示为在交流电压下套管沿面放电发展过程示意图。随着外施电压的升高，首先在接地法兰处出现电晕放电，如图2-28（a）所示。这是因为该处的电场强度最高。电压继续升高，放电向外延伸，形成许多平行的线状火花，如图2-28（b）所示。放电线状火花的长度随外施电压的提高而增加，但此时放电通道中电流密度较小，放电属于辉光放电范畴。当外施电压超过某一临界值后，放电性质发生变化。个别细线开始迅速增长，转变为树

枝状有分支的明亮火花，如图 2-28（c）所示。这种树枝状放电并不固定在一个位置上，而是在不同的位置交替出现，所以称为滑闪放电（Flash Discharge），滑闪放电是这种类型沿面放电所特有的。出现滑闪放电是因为此时线状火花中的带电质点一方面被电场的强垂直分量紧压在介质表面上，另一方面在切线分量的作用下向前运动，使介质表面局部发热，所以滑闪放电具有热游离的特征。通常滑闪放电电压已离闪络电压不远，当电压继续升高，滑闪放电的树枝状火花达到另一电极时，就发生沿面闪络。

为了分析影响沿面闪络电压的因素，将套管用如图 2-29 所示的等值电路来表示。图中 r 为套管固体绝缘单位长度的表面电阻，C 为套管固体绝缘单位面积对导电杆的电容，R 为体积绝缘电阻（在工频电压下可忽略）。r 是均匀分布的，由于 R 和 C 的分流作用，在各 r 上的电流不相同，r 上的压降也不相同，即沿表面电压分布不均匀，表面场强也不相同，法兰附近的场强最大。C 越大，r 越小，表面电压分布越不均匀，电场强度越不均匀，电晕起始电压和闪络电压越低。

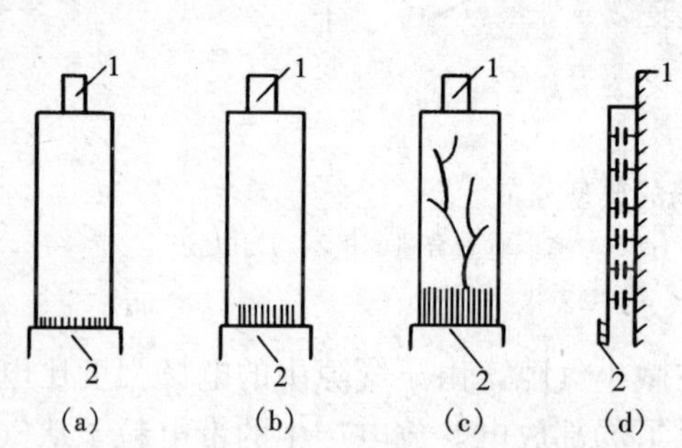

图 2-28　套管沿面放电发展过程的示意图

（a）电晕放电；（b）细线状辉光放电；（c）滑闪放电；（d）套管表面电容等值图

1—导电杆；2—法兰

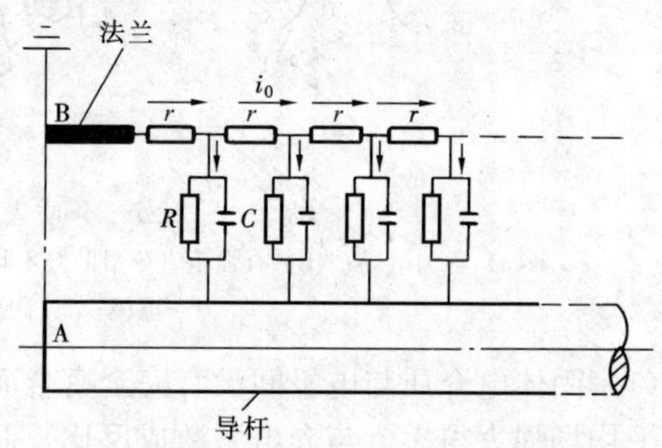

图 2-29　套管绝缘子等值电路

C—体积电容；R—体积电阻；r—表面电阻

要提高这种类型沿面放电的闪络电压，就要采取措施减小表面电场的不均匀程度来提高电晕起始电压和滑闪电压（这避免了损坏固体电介质表面），主要措施有：

（1）减小表面单位面积的比电容（见图 2-29 中 C），例如可增大固体绝缘的厚度，特别是加大法兰处套管的外径，可采用介电常数较小的绝缘材料，或采用瓷—油组合绝缘代替纯瓷绝缘。

（2）减小表面绝缘电阻，即减小表面的绝缘电阻率，如在套管靠法兰处涂半导体漆或半导体釉，在电机绝缘出槽口部分涂以半导体漆等。

沿面长度较大时，通过增大沿面长度来提高闪络电压的作用不明显，这是因为通过固体电介质的电容电流和泄漏电流也随之增大，使沿面电压分布不均匀性增大。

由于在直流电压（脉动系数很小）作用下无明显滑闪放电现象，因而沿面闪络电压比工频交流和冲击下的闪络电压高。

2. 界面电场具有强水平分量时的沿面放电

在图 2-27（b）所示的结构中，电极本身的形状和布置已使电场很不均匀，因此降低了闪络电压（与均匀电场类型沿面放电相比），但不会显著降低（与强垂直分量沿面放电相比），这是因为界面电场垂直分量较小而无明显滑闪放电现象，以及界面电荷使电压重新分布所造成电场畸变影响作用相对减小。对于这种情况，为提高沿面闪络电压，主要从改进电极形状以及改善电极附近的电场着手，如采用内电极屏蔽和外电极屏蔽，如图2-30所示。

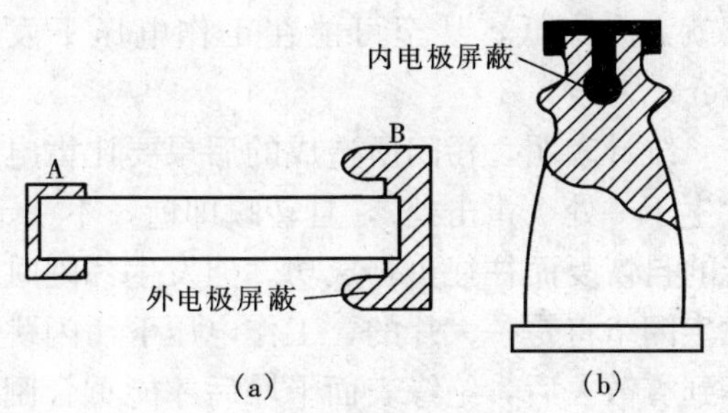

图2-30　改善电极形状的方法
(a) 外电极屏蔽；(b) 内电极屏蔽

图2-31所示绝缘支柱采用均压环后，不但减弱了电极边缘的场强，而且由于流经均压环与介质表面间的分布电容电流部分地补偿了介质的对地电容电流，改善了电压分布，从而提高了闪络电压。一般高度在2m以上的绝缘支柱采用均压环后就有良好的效果。

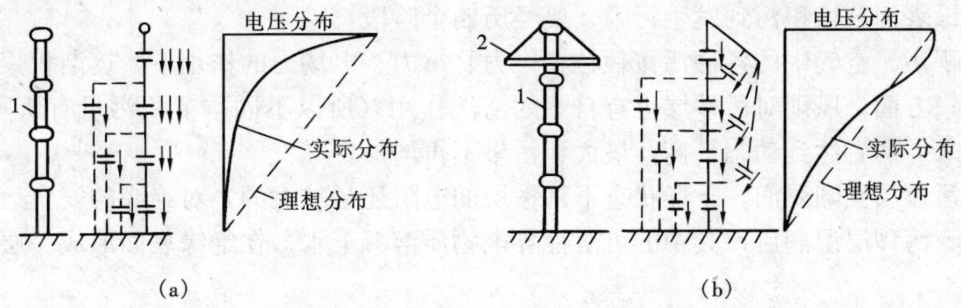

图2-31　绝缘支柱的电压分布
(a) 无均压环；(b) 有均压环
1—绝缘支柱；2—均压环

四、受潮绝缘表面的沿面放电

绝缘子、套管等外绝缘的电气性能通常用闪络电压来衡量。根据工作条件的不同，未污秽户外绝缘的闪络电压有干闪电压和湿闪电压之分。干闪电压是指绝缘表面清洁、干燥时的闪络电压，它是户内型外绝缘的主要性能。湿闪电压是指绝缘表面清洁、在淋雨条件下的闪络电压，它也是户外型外绝缘的主要性能。国家标准规定，淋雨条件为：雨水电阻率$10^4\Omega \cdot cm \pm 15\%$，雨量1.0～1.5mm/min，淋雨角为45°。淋雨时，雨水在介质表面形成连续的导电层，泄漏电流增大，闪络电压大大降低，如单片绝缘子的湿闪电压仅为干闪电压的60%。所以为了提高外绝缘的湿闪电压，户外绝缘总设计成具有一些凸出的裙边，下雨时仅裙边上表面被雨水淋湿，由此提高湿闪电压。

非淋雨条件下绝缘表面的闪络电压虽高于湿闪电压，但其受大气中湿度的影响也会低于干闪电压。当空气中相对湿度小于40%时，湿度对沿面闪络电压基本无影响；当空气相对湿度大于40%时，由于水分在固体介质表面的凝结而使闪络电压降低，降低程度取决于表面的吸湿性。

五、污染绝缘表面的沿面放电

1. 污闪的基本概念

户外绝缘（如输电线路的绝缘子）表面常会受到污染，单纯的尘土和烟灰对沿面闪络电压的影响是不大的，但如果沉积在绝缘表面的尘污中含有导电性物质（如冶金厂、水泥厂排出粉尘中的导电性物质和沿海大气中的盐碱），且污层被湿润（如在雾天）时，沿面闪络电压就大大降低，甚至可能在工作电压下发生闪络，这种闪络称为污闪（Pollution Flashover）。

统计表明，污闪所造成的后果要比雷电造成的后果严重得多。这是因为雷电闪络往往仅发生于一处（雷击处），且转瞬即逝，不一定都会引起线路跳闸，即便引起跳闸，因绝缘性能的自恢复而往往重合成功。但发生污闪时，由于一个地区内积污和受潮情况是差不多的，发生闪络将是一大片的，工作电压下污闪跳闸后的重合闸往往不成功（如雾天下的污闪，要等到雾散去后，绝缘表面干燥后才能重合闸成功），由此造成大面积、长时间的停电，有统计表明，污闪事故造成停电电量的损失是雷害事故损失的 9.3 倍，因此，研究污秽绝缘表面的沿面放电，对污秽地区绝缘的设计和安全运行有重要意义。

2. 污闪的基本过程

从绝缘表面开始积污到发生污闪，要经历四个阶段：

（1）积污。空气中的各种污秽颗粒在风力、重力、电场力的作用下，逐渐积聚到绝缘的表面；另一方面，风雨对污秽层也有自然的清洗作用（所以不同季节积污量有所不同），几年运行下来，两者达到动态平衡，最大积污量不再增加。

（2）污秽层受潮湿润。干燥状态下污秽层的电阻还是较大的，对绝缘的安全运行不构成什么危险。污秽层湿润后，其中的可溶性导电物质溶解于水，在绝缘表面形成一层薄薄的导电液膜。

（3）产生干区和形成局部电弧。导电液膜形成后，沿绝缘表面的泄漏电流必然大大增加。由于表面不同地方电流密度的不同，如悬式绝缘子在铁脚附近电流密度最大，发热最甚，该处湿润的污秽层就被逐渐烘干。烘干区电阻的变大使沿面电压分布随之改变，大部分电压降在这部分烘干区域，如图 2-32 所示。这部分烘干区的距离较短而压降很大，因此这部分表面空气中的电场强度很高而发生空气中的火花放电。火花通道中的电阻要低于原来烘干区内表面电阻，使泄漏电流增大，形成局部电弧。

（4）闪络。局部电弧的出现又使污秽层进一步干燥，干区和局部电弧又进一步伸展。当上述过程发展到整个绝缘表面时就形成绝缘表面的污闪。

3. 影响污闪电压的因素

（1）污秽的性质和污染程度。图 2-33 表明，污秽物的导电率越高和表面积污量越大，则污闪电压越低。同时也表明，当积污量过大时，由于底层污秽物不易达到饱和湿润程度而污闪电压基本不再下降。为了能反映绝缘表面在不同积污物质及不同积污量时的污染程度，

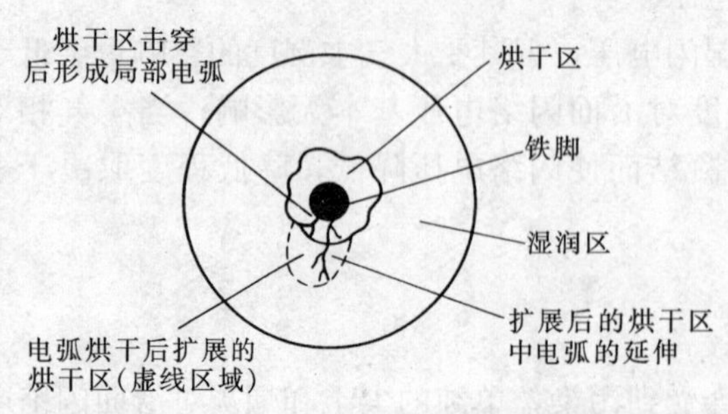

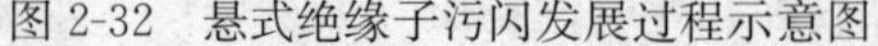

图 2-32 悬式绝缘子污闪发展过程示意图

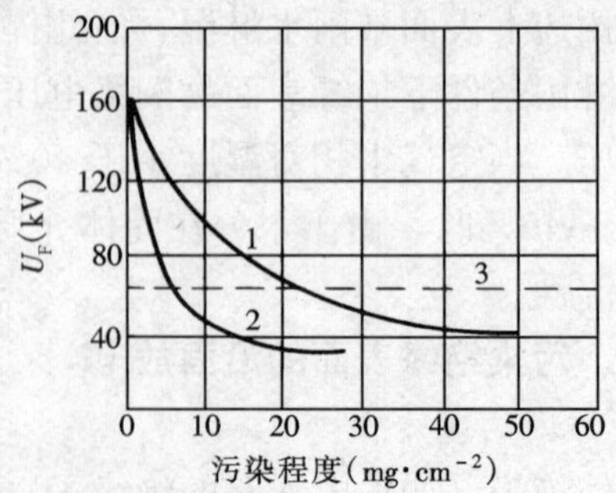

图 2-33 绝缘子闪络电压与污染程度的关系

1—电厂烟灰；2—炼铝厂灰尘；3—绝缘子工作电压

采用了一个统一的参数来量化，这就是等值附盐密度（简称盐重）。等值附盐密度是指与绝缘表面单位面积上污秽物导电性相当的 NaCl 的含量（mg/cm^2），即此等值 NaCl 溶解于一定数量（通常为 300ml）的蒸馏水中所得溶液的电导率与实际污秽物溶解于同等数量蒸馏水中所得溶液的电导率相等。

不同地区污秽等级就依据等值附盐密度来划分，具体参见表2-3。

表 2-3　　线路和发电厂、变电所污秽等级

污秽等级	污　秽　特　征	盐密（mg/cm^2）	
		线　路	发电厂、变电所
0	大气清洁地区及离海岸盐场 50km 以上的无明显污染地区	≤0.03	—
Ⅰ	大气轻度污染地区、工业区和人口低密集区，以及离海岸盐场 10～50km 地区，在污闪季节中干燥少雾（含毛毛雨）但雨量较多	>0.03～0.06	≤0.06
Ⅱ	大气中等污染地区、轻盐碱和炉烟污源地区、离海岸盐场 3～10km 地区，在污闪季节中潮湿多雾（含毛毛雨）但雨量较少	>0.06～0.10	>0.06～0.10
Ⅲ	大气污染较严重地区、重雾和重盐碱地区、离海岸盐场 1～3km 地区、工业与人口密度较大地区、离化学污源和炉烟污源 300～1500m 的较严重污秽地区	>0.10～0.25	>0.10～0.25
Ⅳ	大气特别严重污染地区，离海岸盐场 1km 以内、离化学污源和炉烟污秽 300m 以内的地区	>0.25～0.35	>0.25～0.35

（2）湿润方式。在雾、露、毛毛雨、融雪等天气条件下污闪最容易发生，这是因为此时污秽层达到饱和湿润状态。而当降雨量超过 10mm/h，雨水的流动、下滴反而会冲掉绝缘表面的可溶性导电物质，使闪络电压升高。降雪不能直接使污秽层受潮，故污闪电压要高于融雪时污闪电压。污秽层的湿润程度还与绝缘材料是亲水性还是憎水性有关。（钢化）玻璃绝缘子与瓷绝缘子的污闪电压要低于硅橡胶绝缘子的污闪电压，是因为前者是亲水性材料而后者为憎水性材料。

（3）泄漏距离。增加沿面泄漏距离（爬电距离）可使泄漏电流减小，从而降低污闪电压。试验表明，绝缘子串在湿润状态下的污闪电压与总的爬电距离有近似线性的关系，由此可导出一个重要的参数——泄漏比距（爬电比距），其定义为绝缘子串总的爬电距离与作用在绝缘子串上的最高电压（有效值）之比（cm/kV），保证一定的爬电比距是防止污闪的最根本的条件。

（4）作用电压的类型。由于污闪是一个湿污秽层烘干、局部电弧不断延伸发展的过程，它需要一定的时间，因此，电压作用时间越短就越不容易发生污闪。在有严重湿污秽的情况下，绝缘子在不同电压作用下污闪电压与干闪电压的比值可按下列数值估计：雷电冲击电压下为 0.9；操作冲击电压下为 0.5；工频电压下为 0.2；直流电压下为 0.15。直流电压下污闪电压最低，是因为直流电弧不像交流电弧的电流每半周过零一次，因此局部电弧的熄灭比交流时要困难些。

4. 防止污闪的措施

绝缘子污闪是影响电力系统安全运行的重要问题之一，为了提高线路和变电所的运行可靠性，可采取以下措施：

（1）定期或不定期的清扫。清扫可采用停电清扫，也可采用带电水冲洗清扫。清扫的时点和间隔时间可根据具体的污秽程度以及易发季节（如多雾季节）来确定。对于变电所设备，可以装设泄漏电流记录器来监测污秽绝缘子的运行情况，及时发出预警信号，以便运行人员安排清扫。

(2) 使用防污闪涂料或进行表面处理。在绝缘子表面涂一层憎水性的材料，如有机硅脂、地蜡等，这样在潮湿天气下表面会形成水滴而不是连续的水膜；或者对涂有憎水性覆盖层的瓷表面进行等离子放电处理，则效果更佳。

(3) 加强绝缘和采用耐污绝缘子。通过增加绝缘子串中绝缘子的片数（如 110kV 线路从 7 片增加到 8～10 片），即增加泄漏距离来加强绝缘，以防止污闪；或者通过改进设计采用污闪电压较高的绝缘子。

(4) 采用防污性能好的合成绝缘子。近年来发展很快的合成绝缘子，其防污性能比普通瓷绝缘子要好得多。合成绝缘子是由承受外力负荷的芯棒（内绝缘）和保护芯棒免受大气环境侵袭的伞套（外绝缘）通过黏接层组成的复合结构绝缘子。玻璃钢芯棒是用玻璃纤维束浸渍树脂后通过引拔模加热固化而成，有极高的抗张强度。制造伞套的最理想材料是硅橡胶，它有优良的耐气候性和高低温稳定性。经填料改性的硅橡胶还能耐受局部电弧的高温。由于硅橡胶是憎水性材料，不易达到饱和湿润状态，再加上复合绝缘子的直径一般要比瓷绝缘子小得多，表面电阻大，所以硅橡胶绝缘子具有较好的防污闪性能。除此之外，硅橡胶绝缘子还具有免清扫、免“零值”绝缘子的检测（瓷绝缘子时需要）、无“零值”绝缘子的自爆（玻璃绝缘子时有）、质量轻、体积小、不易破损等优点，因而具有广泛的应用前景。

5. 线路绝缘子的鸟害闪络及防止措施

在绝缘子正上方的横担及金具上栖立飞鸟时，可能因鸟粪形成鸟害闪络。这种闪络是由于鸟粪短接部分伞裙间空气间隙及绝缘子表面溅落鸟粪后引起外绝缘性能下降引起的。在采用瓷、玻璃、复合绝缘子的线路中，鸟害引起的闪络均占有相当的比例。而在复合绝缘子的闪络故障统计中，鸟害造成的闪络仅低于雷击闪络，居第二位。其原因：一是伞裙间距离较小而易发生鸟粪引起的飞弧短接现象；二是伞裙是柔性材料，鸟粪落下时不易反弹和飞溅而易于顺伞裙边缘挂下，易引起伞裙的桥接。对鸟害闪络，可在绝缘子串正上方的横担上安装防鸟刺或驱鸟风车以防止鸟在绝缘子串正上方的停留，也可在绝缘子串上端装一片大裙，防止鸟粪溅落到绝缘子串上。

§2-10 液体电介质的击穿特性

液体电介质主要用于油浸式电力变压器、油断路器、油浸纸绝缘电缆、充油电缆、充油套管和充油电容器中，它们包括变压器油、电缆油和电容器油。这些液体电介质主要是从石油中提炼出来碳氢化合物的矿物油，其他也被采用的液体电介质有蓖麻油（用在脉冲电容器中）、硅油和十二烷基苯（人工合成绝缘油）。液体电介质中应用最广泛的是变压器油，下面以此为例讨论液体电介质的击穿。

一、液体电介质的气泡击穿理论

纯净液体电介质的击穿过程与气体电介质的击穿过程很相似，即由液体中带电质点的碰撞游离而导致击穿（电击穿）。由于液体电介质的密度远比气体为大，分子之间的距离比气体要小得多，电子在两次碰撞游离间的自由行程也短得多，因此要获得足够的能量以发生碰撞游离，就需要更高的电场强度。所以，液体电介质的击穿强度要比气体高得多，如纯液体电介质在均匀电场小间隙中的击穿场强可达1MV/cm，而空气仅为30kV/cm。

工程用的液体电介质不可能是纯净的，即使以纯净的液体电介质注入电气设备，在注入过程中难免有杂质混入；液体电介质在与大气接触时会逐渐被氧化，并从大气中吸收水分；还常有各种纤维从固体绝缘物脱落到液体介质中来；在运行过程中，液体介质本身也会老化、分解出气体、水分和聚合物，所以在液体绝缘介质中不可避免地存在气体、水分和纤维这三种主要杂质。正由于杂质的存在，其击穿过程与纯净液体电介质的击穿过程截然不同，击穿场强也不同（变压器油为120～250kV/cm）。

对于工程上所使用的含有杂质变压器油的击穿过程可用气泡击穿理论来解释。变压器油中悬浮状态的水分和纤维的介电系数很大（分别为81和6～7），它们在电场作用下很容易极化，受电场力作用且被拉长，并且逐渐沿电场方向头尾相连在电极间排列成“小桥”。如果此“小桥”贯通两电极，则由于组成此“小桥”的水分和纤维的电导较大，使流过“小桥”的泄漏电流增大，发热增加，使水分汽化和小桥周围的油分解或气化，即形成气泡通道。另外，变压器油中原先存在气泡（即悬浮状态的气体杂质），由于气泡中的电场强度要比油中高得多（与介电系数成反比），而气泡中气体的击穿强度又比油低得多，气泡电场发生放电，并在电场作用下排列连成贯通两电极的“小桥”（即气泡通道）。一旦气泡通道形成，击穿就在此气泡通道中发生。换句话说，一旦油中形成气泡通道，就迅速发生击穿。油中的水分和纤维形成“小桥”后，并不马上击穿，而仍要等到发展成气泡通道后才击穿。变压器油的这种击穿理论也称“小桥”击穿理论（都形成“小桥”）。可以看到，这一过程是与热过程紧密联系的。

上述通过气泡发生击穿的理论是液体电介质所特有的理论。在近年来正进行开发超导电气设备中，液态氦或超临界液态氦、液态氮等液化气体不仅作为冷却媒质，同时也被用作电气绝缘，这就要注意由气泡引起的击穿，因为这些液化气体中很容易产生气泡。

二、影响液体电介质击穿强度的因素

液体电介质的击穿强度既决定于其自身品质的优劣，也与外界多种因素，如温度、压力、电压作用时间、电场均匀程度等有关。

1. 液体电介质的品质

液体电介质的品质决定于其所含杂质的多少，通常用盛放于如图2-34所示的标准油杯的工频击穿电压（有效值）来衡量。含杂质越多，品质越差，击穿电压就越低。

（1）含水量。含水量对击穿强度影响很大。标准油杯中变压器油的工频击穿电压与油中含水量的关系如图2-35所示。当含水量极微小时，水分均以溶解状态存在，击穿电压很高。

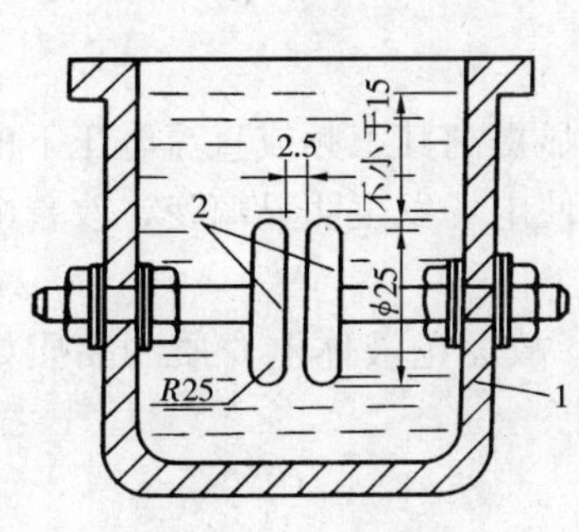

图2-34 标准油杯

1—绝缘外壳；2—黄铜电极

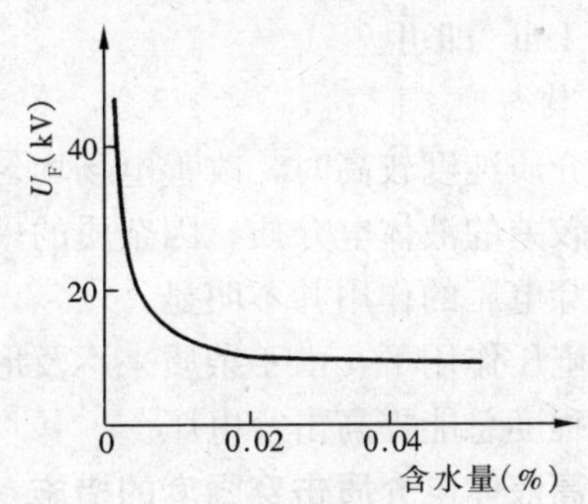

图2-35 变压器油的工频击穿电压有效值(标准油杯中)与油中含水量的关系

当含水量增加到超过溶解度时（25℃时水在变压器油中的溶解度为 50×10^{-6}），多余的水分常以悬浮状态出现。这种悬浮状态的小水滴在电场作用下极化并形成小桥，导致击穿，所以击穿电压随含水量增加而降低。当含水量超过 0.02%时，多余的水分沉淀到容器底部，击穿电压不再降低。

(2) 含纤维量。含纤维量越多，纤维极化后易形成“小桥”，击穿电压越低。由于纤维具有很强的吸附水分能力，因此，纤维与水的联合作用对击穿电压的影响尤为强烈。

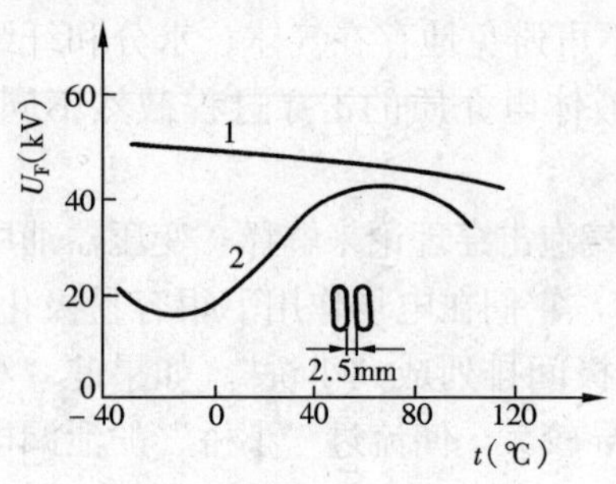

图 2-36　变压器油工频击穿电压与温度的关系

1—干燥的油；2—潮湿的油

2. 温度

温度对液体电介质的影响还与含水量有很大的关系。图 2-36 表示标准油杯中变压器油的工频击穿电压与温度的关系。由图可见，干燥油的击穿电压与温度的关系比较简单，但受潮油的击穿电压受温度影响大，且关系复杂。在 0℃到约 80℃的范围内，油的击穿电压随温度的上升而显著提高，这是因为水分在油中的溶解度随温度的升高而增加，使能形成“小桥”的悬浮状态水分减少的缘故；超过 80℃，温度再升高时，由于油中水分汽化，使击穿电压下降（但仍比室温时高）；温度低于 0℃时，击穿电压随温度的下降而提高，这是因为油中悬浮水滴将冻结成冰粒，其介电系数与油相近，电场畸变减弱，再加上油黏度增大，“小桥”不易形成，故击穿电压反而提高。

3. 压力

不论电场均匀与否，油中含有气体时其工频击穿电压随油压的增大而升高，这是因为当压力增大时，气体在油中溶解度增加而能形成气泡“小桥”的悬浮状气体减少的缘故。

4. 电压作用时间

液体电介质的击穿强度与外加电压类型及电压作用时间有关。当电压作用时间较长时，油中杂质有足够时间在电极间形成“小桥”，击穿强度就较低。当电压作用时间较短，例如在冲击电压作用下，油中杂质来不及形成“小桥”，击穿电压显著较高。除了加压后瞬间（几个微秒）击穿且击穿场强非常高的击穿（电击穿）之外，一般情况下液体电介质的击穿都属于热击穿。击穿电压随电压作用时间的增加而降低。在油不太脏的情况下，1min 的击穿电压已与更长时间的击穿电压相差不大，因此变压器油的工频交流耐压试验（品质试验）通常加电压 1min 即可。

5. 电场均匀度

液体电介质纯度较高时，改善电场均匀程度可以明显提高其工频或直流电压下的击穿电压。但品质较差的液体电介质，因杂质的聚集和排列已使电场发生明显畸变，改善电场均匀程度提高击穿电压的作用并不明显。

在冲击电压作用下，由于杂质来不及形成“小桥”，故无论液体电介质的品质如何，改善电场均匀程度总能提高击穿电压。

三、提高液体电介质击穿强度的措施

由于杂质对液体电介质的击穿强度有很大的影响，所以，为提高击穿强度首先要减少杂质，其次要采取措施降低杂质对击穿电压的影响作用。

1. 减少杂质

(1) 过滤。将绝缘油在压力下连续通过装有大量事先烘干的过滤纸层的过滤机，将油中碳粒、纤维等杂质滤去，油中部分水分及有机酸也被滤纸所吸收。运行中，常采用此法来恢复经一段时期使用的绝缘油的绝缘性能。

(2) 防潮。油浸式绝缘在浸油前必须烘干，必要时可用真空干燥法去除水分。有些电气设备如变压器，不可能全密封时，则可在呼吸器的空气入口处放置干燥剂，以防止潮气进入。

(3) 祛气。常用的脱气办法是将油加热、喷成雾状，且抽真空，除去油中的水分和气体。电压等级较高的油浸绝缘电气设备，常要求在真空下灌油。

2. 采用固体电介质来减小油中杂质的影响

(1) 覆盖层。覆盖层为在电极表面覆盖的一层很薄的绝缘材料，如电缆纸、黄蜡布、漆膜等。覆盖层的主要作用在于限制泄漏电流，阻止杂质"小桥"的形成，因而可使工频击穿电压显著提高，例如在均匀电场中可提高70%～100%，在极不均匀电场中也可提高10%左右。

(2) 绝缘层。当覆盖层厚度增大，本身承担一定电压时，称为绝缘层。其作用除了像覆盖层那样能阻止杂质小桥形成外，还具有降低不均匀电场中电极附近绝缘油中最大场强的作用，因而可显著提高绝缘油的工频和冲击击穿电压。

(3) 屏障。屏障是指在油间隙中放置的尺寸较大（与电极形状相适应）、厚度在1～3mm的层压纸板或层压布板（绝缘隔板）。它既能阻止杂质小桥的形成，又能如气体间隙那样改善不均匀电场中的电场分布。因此在不均匀电场中效果非常显著，屏障在最佳位置时，工频击穿电压可提高1倍以上。所以在变压器等充油设备中广泛采用此种油—屏障绝缘结构。

§2-11　固体电介质的击穿特性

固体电介质的击穿与气体、液体电介质的击穿比较，主要有两点不同：一是固体电介质的击穿场强一般比气体和液体电介质高，例如在均匀电场中，云母的工频击穿场强可达2000～3000kV/cm；二是固体电介质击穿后其绝缘性能不能恢复，击穿以后在电介质中留有不能恢复的痕迹，如贯穿两电极的熔洞、烧穿的孔道、开裂等，撤去电压后不能像气体、液体电介质那样恢复绝缘性能。

一、固体电介质的击穿形式

固体电介质的击穿有三种不同的形式。三种形式的击穿过程不同，击穿场强和击穿时间也不同。

1. 电击穿

固体电介质的电击穿过程与气体电介质相似，也是由碰撞游离形成电子崩，当电子崩足够强时，破坏介质晶格结构导致击穿。电击穿的主要特征是：击穿电压高（相对于另外两种击穿形式），击穿过程极快，击穿前发热不显著，击穿场强与电场均匀程度密切相关而与周围环境温度无关。当介质损耗很小，又有良好散热条件，以及介质内部不存在局部放电时，加电压后立即击穿通常为电击穿。

2. 热击穿

当固体电介质加上电压但未达到临界值（称为临界热击穿电压）时，由于损耗而发热，使电介质温度升高。而电介质的电阻具有负的温度系数，即温度升高电阻变小，这又使电流进一步增大，发热也跟着增大，直到某个温度下，发热量等于散热量，达到热的平衡，温度不再升高，电介质不击穿。然而，当电压升高至临界热击穿电压后，在所有温度下，发热量总是大于散热量，因此电介质温度将持续上升，引起电介质的局部分解、熔化、碳化等，使电介质击穿，这就是热击穿。由于热击穿是温度升至很高情况下导致的，这当然需要一定的电压作用时间，例如对带电作业操作杆的耐压试验就要求施加电压 5min。

热击穿的主要特征是：发生热击穿时，电介质温度尤其是击穿通道处的温度特别高，击穿电压与电压频率、电压作用时间、周围温度以及散热条件有关。

3. 电化学击穿

固体电介质在电、热、化学和机械力的长期作用下，因击穿场强不断下降而最终导致的击穿称为电化学击穿。电化学击穿通常是在电压作用下长期逐步发展形成的，这显然已与热过程无关，而是由于电介质绝缘性能变差而导致击穿场强下降。它与固体电介质本身的耐游离性能、制造工艺、工作条件等都有密切的关系。由于电化学击穿是在其绝缘性能下降之后的击穿，其击穿电压要比电击穿和热击穿的击穿电压低，因此对固体电介质的老化和由于老化引起的电化学击穿应引起足够的重视。

二、影响固体电介质击穿电压的因素

1. 电压作用时间和电压频率

电压作用时间对击穿电压的影响很大。通常，对于多数固体电介质，其击穿电压随电压作用时间的延长而明显地下降，且明显存在临界点。图 2-37 所示为常用的油浸电工纸板击穿电压与电压作用时间的关系。从图中可以看出，作用时间很短的冲击电压下，击穿电压约为 1min 工频击穿电压（幅值）的 300%。且电压作用时间再增加的一段范围内，击穿电压与电压作用时间几乎无关。图 2-37 中虚线左边区域属于电击穿范围，因为在这段时间内，热与化学的影响都来不及起作用。在此区域，当时间小于微秒级时（与放电时延相近），击穿电压随电压时间缩短而升高，这与气体放电的伏秒特性很相似。在虚线右边的区域，随击穿时间的增加，击穿电压显著下降，这只能用发展较慢的热过程来解释，即击穿属于热击穿。如果电压作用时间更长，击穿电压仅为工频 1min 击穿电压的几分之一。这表明，此时是由于绝缘老化，绝缘性能降低后发生了电化学击穿。

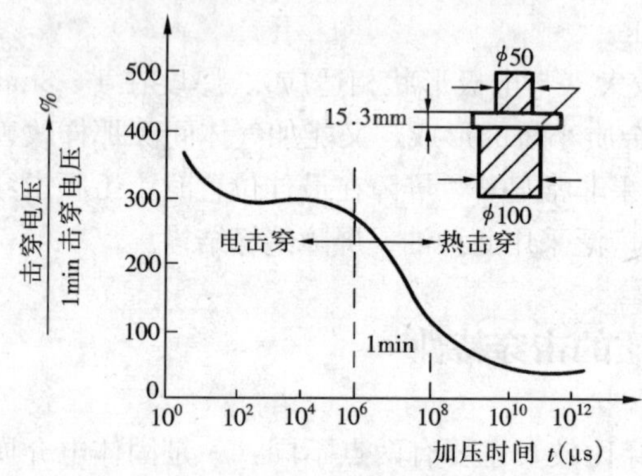

图 2-37 油浸电工纸板的击穿电压与电压作用时间的关系（25℃）

电压频率会影响到热击穿电压，频率越高，介质损耗越大，热击穿电压越低。

2. 电场均匀程度与介质厚度

均匀电场中的击穿场强要高于不均匀电场中的击穿场强。在均匀电场中的击穿电压随介质厚度增加近似呈线性关系，而在不均匀电场中的击穿电压不随介质厚度的增加而线性增加，这是因为厚度增加，电场不均匀程度也增加。还要注意的是，随着介质厚度的增加，散热条件也变差，所以当厚度增加到可能出现热击穿时，采用增加厚度来提高击穿电压的意义不大。

3. 电压种类

对于同一固体电介质、电极相同情况下，在直流电压作用下的击穿电压要高于工频交流电压（幅值）下的击穿电压，这是由于在直流电压下介质损耗主要为电导损耗，而在工频交流电压下还包括极化损耗甚至还有游离损耗。另外，工频交流击穿电压要高于高频交流击穿电压，这是因为极化损耗随频率升高而增大。由于冲击电压作用时间短而冲击击穿电压更高。

4. 电压作用的累积效应

固体电介质在冲击电压作用下，有时虽然未形成贯穿的击穿通道，但已在介质中形成局部损伤或局部击穿，在多次冲击电压作用后，这种局部损伤或不完全击穿会扩大而导致击穿，所以冲击击穿电压随加压次数增多而下降，这就是击穿电压的累积效应。大部分有机材料都有明显的累积效应。

5. 受潮

固体电介质受潮后击穿电压会迅速下降，其下降程度与材料吸潮性有关。对于不易吸潮的聚乙烯、聚四氟乙烯等中性介质，吸潮后的击穿电压就可大约降低一半，而易吸潮的棉纱、纸等纤维材料，吸潮后击穿电压可能仅为干燥时的百分之几甚至更低。所以高压电气设备的绝缘不但在制造时要注意除去水分，而且运行中还要注意防潮，并定期进行受潮情况的检测。

6. 温度

如果固体绝缘介质周围温度越高，散热条件越差，热击穿的击穿电压就越低。

此外，固体绝缘介质受机械负荷后出现的机械应力的变形也可能造成击穿电压的下降。

三、提高固体电介质击穿电压的措施

为了提高固体电介质的击穿电压，可从以下几个方面考虑：

（1）改进制造工艺。如尽可能地清除固体介质中残留的杂质、气泡、水分等，使介质尽可能均匀致密。这可以通过精选材料、改善工艺、真空干燥、加强浸渍（油、胶、漆等）方法来达到。

（2）改进绝缘设计。如采用合理的绝缘结构，使各部分绝缘的耐电强度能与其所承担的场强有适当的配合；改进电极形状，使电场尽可能均匀；改善电极与绝缘体的接触状态，以消除接触处的气隙或使接触处的气隙不承受电位差（如采用半导体漆）。

（3）改善运行条件。如注意防潮，防止尘污和各种有害气体的侵蚀，加强散热冷却（如自然通风，强迫通风，氢冷、水内冷等）。

§2-12 液体与固体电介质的老化

液、固体电介质在电、热、机械、环境等因素长期作用和影响下，会发生一系列的化学变化（降解、氧化、交联）和物理变化（变脆），从而使其机械和电气性能随时间的增长逐渐变劣，例如电气及机械性能的降低、介质损耗及电导增大等等，这称为电介质的劣化(Deteriorativn)。电介质的劣化，有些是可逆的，例如电介质受潮后通过干燥又可恢复到原来的性能，有些则是不可逆的，称之为老化（Ageing）。固体电介质老化后所发生的击穿就是电化学击穿。根据引起老化因素的不同，往往把电介质老化分为电老化、热老化、机械老

化和环境老化。

一、电老化

电老化是指在电场作用下的老化，并且主要由电介质中的局部放电引起，故有时也称为局部放电老化。由于液、固体电介质中不可避免地存在气泡、气隙等缺陷以及电场分布的不均匀，这些气泡、气隙中或固体介质表面局部场强达到一定值以上时，就会发生局部放电。这种局部放电并不会马上形成贯穿性通道，介质也并不发生击穿，但长期局部放电所带来的机械作用（带电粒子的撞击）、热作用（局部放电产生高温）、氧化作用（局部放电产生腐蚀性气体）使介质逐渐老化。随着老化程度的加剧，绝缘强度下降严重时可使绝缘在工作电压下发生击穿或沿面闪络。所以对于高压，尤其是超高压电气设备绝缘中的局部放电是不容忽视的，必须予以高度重视。

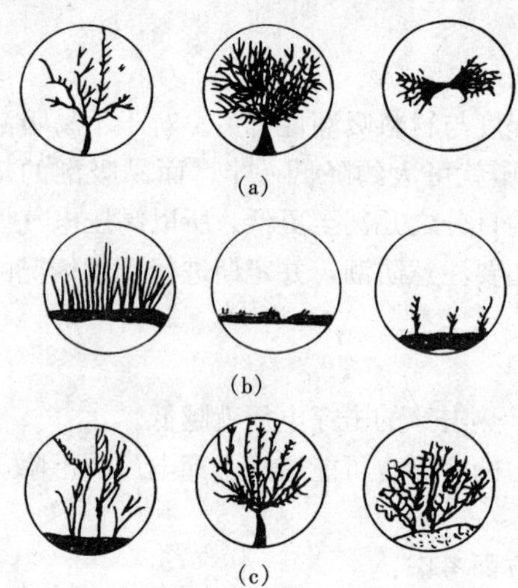

图 2-38　交联聚乙烯电缆老化现象
(a) 化学树老化；(b) 水树老化；(c) 电树老化

局部放电引起电介质的局部损伤，例如在电介质中产生凹坑或针孔，并在其中沉积碳化物，致使出现新的高场强区和新的局部放电。在交流电压作用下的一些高分子有机电介质中，这种局部放电和由此引起的老化常呈现树枝状发展，根据形成原因的不同，可分为电树枝（Electric Tree）、水树枝（Water Tree）和化学树枝（Chemical Tree）。图 2-38 为交联聚乙烯（XLPE）电缆绝缘的三种类型树枝状老化痕迹。

二、热老化

热老化是指电介质在受热作用下所发生的劣化。固体电介质的热老化过程为热裂解、氧化裂解、交联，以及低分子挥发物的逸出，主要表现为机械强度降低（如失去弹性、变脆）以及电性能变差。液体电介质的热老化为电介质在热作用下的氧化，而氧化所需的氧气为油箱中残留的空气，或者油中纤维因热分解产生的氧气。绝缘油氧化后，酸价升高，颜色加深，黏度增大，绝缘性能降低。

热老化的进程与电介质工作温度有关。绝缘油的温度低于 60～70℃时，热老化（或者说氧化）速度很慢，高于此温度后热老化的作用就显著了，大约温度每升高 10℃，油的氧化速度就增大一倍。当温度超过 115～120℃时，其情况就大有不同，不仅出现氧化的进一步加速，还可能伴有油本身的热裂解，这一温度一般称为油的临界温度。为此，绝缘油的运行或处理过程中，都应避免油温过高。

固体电介质的绝缘材料，为了保证绝缘具有必要的较长寿命，通常规定了各类绝缘材料的最高允许温度，根据不同的耐热性能划分成七个耐热等级，见表 2-4 所列。对于 A、E 级绝缘，在最高允许工作温度下持续运行的寿命约为 10 年。若运行温度低于此最高允许温度，绝缘寿命会大大延长，一般能安全运行 20～25 年。反之，若工作温度超过表 2-4 中规定的最高允许值，绝缘将加速老化，绝缘寿命缩短。对 A 级绝缘，每增加 8℃，寿命便缩短一半左右，这通常称为热老化的 8℃规则。对 B 级和 H 级绝缘，则当温度每升高 10℃与 12℃，寿命也将缩短一半左右。

表 2-4　绝缘材料的耐热等级

耐热等级	最高允许工作温度（℃）	相应的材料
Y（0）	90	未浸渍的棉纱、丝、纸或其组合物
A	105	浸渍过或浸入油中的上述材料
E	120	合成有机薄膜，合成有机漆等
B	130	用有机胶黏剂或浸渍剂黏合或浸渍的无机物（云母、石棉、玻璃纤维等）
F	155	用相应的合成树脂黏合或浸渍的无机物
H	180	耐热硅有机树脂、硅有机漆或用它们浸渍的无机物
C	＞180	硅塑料、聚酰亚胺以及与玻璃纤维、云母、陶瓷的组合物。未浸渍的玻璃、云母、石英、氧化铝、氧化镁等无机物

三、机械老化

固体电介质受到机械应力后，力学性能发生不可逆降低直至产生裂痕或气隙导致局部放电称为机械老化，也就是常称的机械疲劳。机械应力来自于机械作用力、温度突变的热胀冷缩和电动力。运行经验证明，悬式瓷绝缘子串中最易损坏的是靠近铁塔悬挂点的那只绝缘子，而该绝缘子在串中承受的电压并不高。运行中，在日照下绝缘子的温度可比环境温度高20～30℃，若突然降雨使瓷表面骤冷会在瓷绝缘子内部产生很大的应力，为此瓷绝缘子在制造厂要做冷热试验，要求在70℃的温差剧变时不发生开裂。再例如电机绕组从绕制到嵌槽、连接过程中多次受到较大机械力作用，在运行中还受电动力和振动的作用，同时还受到电、热的作用，因此其老化问题应予以特别重视。

四、环境老化

环境老化由大气条件下的光、氧、臭氧、盐、雾、酸、碱等因素引起。例如紫外线的照射会使绝缘油的氧化（主要由热引起）加速，因此应避免紫外线对油的照射。紫外线对某些高分子聚合物固体电介质也有加速老化作用，在选择绝缘材料时要考虑到这一点。

在户外工作的绝缘应能耐受日晒雨淋的环境条件，这一特点并不是所有固体绝缘都具备的。例如环氧浇注绝缘子可在户内使用，却不宜在户外使用。

实际中多种老化因素之间往往又有相互作用，因此，实际电介质老化往往不能用各个单一因素引起的老化的简单综合来表示，而应同时考虑多个因素，即所谓多因素老化。

本 章 小 结

气体、液体、固体电介质的击穿机理各不相同，气体电介质的击穿场强最低、固体电介质的击穿场强最高。

固体电介质的击穿有电击穿、热击穿、电化学击穿三种形式，同一电介质三种击穿形式的击穿电压是不同的。工程上所使用的含有杂质液体电介质的击穿可用气泡击穿理论来解释，影响击穿电压的因素与在电极间是否容易由杂质形成“小桥”有关。液、固体电介质的老化主要由电（局部放电）、热（过热）、机械（应力）和环境等因素引起。

气体电介质的击穿也称气体放电。气体放电都从起始自由电子碰撞游离形成电子崩开始，根据放电达到自持条件的不同，可用电子崩理论和流注理论来解释不同条件下均匀电场气体间隙的放电过程。巴申定律则总结了气体间隙击穿电压与气体压力、间隙距离乘积之间的规律。稍不均匀电场中的气体放电与均匀电场中相似。极不均匀电场中的气体放电有两个不同的特点：一是存在稳定的电晕放电；二是不对称电极气体间隙的击穿电压与电极的正、负极性有关——极性效应。在长间隙（>1m）不均匀电场气体放电过程中，存在具有热游离性质的先导放电。

气体间隙在冲击电压作用下是否击穿取决于两个因素：电压峰值的高低与击穿过程所需要时间的长短，后者具有分散性。所以，气体间隙在雷电冲击电压作用下的击穿特性要用伏秒特性来表征，过电压保护设备（如放电间隙、避雷器）与被保护设备绝缘间的正确配合要由它们的伏秒特性正确配合来保障。工程实际中常用50％冲击击穿电压$U_{50\%}$来表示其冲击击穿特性，在此电压作用下发生击穿的概率为50％。气体间隙的操作冲击击穿电压要比雷电冲击击穿电压低得多，且击穿电压与波前时间的关系呈现为U形曲线，在某个临界波前下，击穿电压达到最小，可能比间隙的工频击穿电压还要低。

气压和温度对空气间隙的击穿电压有影响，而湿度对不均匀电场气体间隙击穿电压的影响作用不能忽略。SF_6气体具有较高的击穿强度和优异的物理化学性能，但使用时要尽量避免用于不均匀电场，因其击穿电压在某个气压下将达到最小值。要提高气体间隙的击穿电压，可通过具体措施改善电场的不均匀程度和削弱引起气体击穿的游离过程。

沿固体电介质表面所发生的沿面放电，一是其闪络电压要低于空气间隙的击穿电压，二是界面电场不同时的闪络电压也不同。外绝缘的沿面闪络电压通常有干闪、湿闪和污闪之分，在雾、毛毛雨等不利天气条件下的污闪电压可能低于工频工作电压，其闪络引起线路跳闸后的重合闸往往不成功，因此要采取各种措施加以防范。

复习思考题与习题

2-1 汤生放电理论与流注理论的主要区别在哪里？它们各自适用什么范围？

2-2 说明巴申定律所描述的规律并说明其实用价值。

2-3 极不均匀电场中的放电有何特点？比较棒—板间隙在不同极性直流电压作用下的电晕起始电压和间隙击穿电压的高低并简单分析原因。

2-4 下列各间隙距离相同，比较击穿电压的高低：

A. 棒极为正极性时棒—板间隙的直流击穿电压。

B. 棒—板间隙的工频交流击穿电压。

C. 棒—棒间隙的工频交流击穿电压。

2-5 雷电冲击电压下气体间隙的击穿有何特点？用什么来表示气隙的冲击击穿特性？过电压保护器件的伏秒特性与被保护电气设备绝缘的伏秒特性应如何正确配合？

2-6 冲击电压的波形可用哪两个参数来表征？我国规定的标准雷电冲击电压和标准操作冲击电压的波形参数分别为多少？

2-7 气压、温度、湿度对空气间隙的击穿电压如何影响？提高气体间隙击穿电压的思路和具体措施是什么？

2-8 气体间隙在操作冲击电压下的击穿与雷电冲击电压下的击穿相比较，有哪些不同的特点？

2-9　为何 SF_6 气体的电气强度要比空气高许多？为何应避免出现不均匀电场的 SF_6 气体间隙？

2-10　外绝缘的湿闪电压是指在什么条件下的闪络电压？外绝缘污秽后，在大雨、毛毛雨天气下的闪络电压哪个高？为什么？

2-11　为何线路绝缘子串受污秽后在雾天的闪络应特别加以重视？可采取哪些具体措施避免出现雾闪？

2-12　试述工程用变压器油的击穿机理及影响其击穿电压的因素。

2-13　试述固体电介质三种击穿形式的特点，影响固体电介质击穿电压的因素与提高击穿电压的措施。

2-14　为何应尽量避免电气设备绝缘中在运行时出现局部放电？在交联电缆绝缘中的局部放电常呈现什么形状？

2-15　何谓绝缘材料的耐热等级？降低电气设备工作温度有何意义？

2-16　比较气体、液体、固体电介质击穿强度数量级的高低。

2-17　110kV 电气设备外绝缘应有 260kV（有效值）工频耐压水平，如该设备将安装到 3000m 的高原，出厂（在海拔低于 1000m 平原）试验时，该试验电压应提高至多少？

2-18　SF_6 气体最适宜的压力范围约为多少？

2-19　什么叫老化的 8℃ 规则？

第3章　线路和绕组中的波过程

本 章 提 要

本章介绍输电线路与绕组中波过程的特点和规律，这是分析、计算电力系统中大气过电压的理论基础。学习本章要求领会波过程的概念；掌握行波在不同波阻抗线路交界点（节点）或通过串联电感、并联电容时折、反射的规律并能进行定量的计算；领会行波在平行多导线输电线路中传播时的规律以及冲击电晕对波过程的影响；掌握变压器绕组中波过程的基本规律和定性分析方法。

§3-1　波过程的基本概念

一、电力系统过电压及分类

电力系统正常运行时，输电线路和设备的绝缘只承受所在电网运行电压的作用，但由于雷击、操作、故障等原因，在电力系统中也可能会出现短时或瞬时电压值超过额定最高运行电压值的电压，这称之为过电压（Overvoltage）。

按照过电压产生原因的不同，电力系统过电压可分为雷电过电压（Lightning Overvoltage）和内部过电压（Internal Overvoltage）两类过电压。雷电过电压是由于大气中的雷电击于电力系统或雷电在电力系统中感应而引起，内部过电压则是由于电力系统中的开关操作、故障、参数配合不当等内部原因引起。内部过电压又可以分成暂时过电压（Temporary Overvoltage）（包括工频过电压和谐振过电压）和操作过电压（Switching Overvoltage）两类。

雷电过电压的幅值与雷电的强弱和防雷措施的具体情况有关而与电网额定电压无直接关系，雷电过电压的持续时间非常短暂，一般只有几十微秒。内部过电压的幅值与电网额定电压有直接的关系，因此常用过电压倍数来表征过电压的大小，内部过电压的持续时间较雷电过电压长得多，操作过电压一般以毫秒计，而谐振过电压和工频过电压持续时间更长，甚至可持续存在。

二、波过程的物理概念

1. 输电线路（或绕组）的分布参数等值电路

在50Hz工频电压作用下的稳态分析中，输电线路（或绕组）可用R、L、C电路元件组成的集中参数电路来等值，这是因为工频电源电压所对应的波长$\lambda=\frac{v}{f}=\frac{3\times10^8}{50}=6\times10^6$m=6000km，此时线路（非长线路）与绕组导线的长度远小于电源波长。但是，如果线路（或绕组）在作用时间极为短暂、电压变化极快的雷电过电压作用下，由于作用电压的等值频率非常高、等值波长很短，因而在引起过电压的电磁暂态过程中，每一时刻输电线路沿线各点（或绕组各点）的电压和电流值就不相同，因此就不能用参数集中的电路元件来表征，而要考虑参数沿线路（或沿绕组）的分布性，即要用由分布的R、L、C元件组成的分布参数电路来等值。均匀无损单导线线路的分布参数等值电路如图3-1（b）所示，图中L_0、C_0表示线路单位长度的电感和电容。

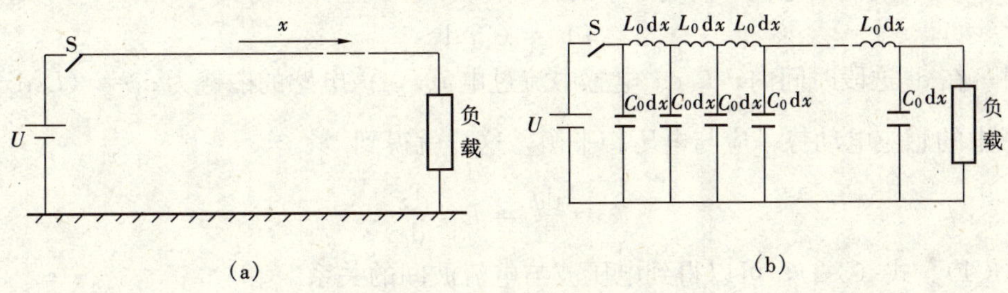

图3-1 无损单导线线路上的波过程

2. 波在分布参数线路上的传播过程

具有分布参数的线路在雷电冲击电压作用下会发生电磁暂态过程，虽然可采用对分布参数电路列出微分方程进行求解的方法来分析电磁暂态过程，但求解过程相当繁复，而采用行波（电压波、电流波的传播）法也可以进行分析求解且相当简便。雷电过电压的波形为冲击波形，为了定性分析的方便，这里采用较为简单的无穷长直角电压波，即相当于线路合闸于直流电源来说明波过程的物理概念，这也是因为考虑到任何实际作用电压波形，都可以看成由多个无穷长直角电压叠加而成。

如图3-1（a）所示，以大地为回路的均匀无损单导线线路合闸于电压为U的直流电源，对应的等值电路如图3-1（b）所示。设在$t=0$时开关S合上，线路首端的$C_0\mathrm{d}x$电容立即充电并开始向其邻近的$C_0\mathrm{d}x$电容充电，由于$L_0\mathrm{d}x$电感的存在，使得首端第二个$C_0\mathrm{d}x$电容的充电时间要落后于第一个$C_0\mathrm{d}x$电容。这样，电容从首端至末端依次充电，线路各点对地电压依次形成，即可以说有一幅值为U的电压波以一定的速度沿线路传播，电压波传到某点，则该点对地建立电压。与此同时，线路上各$L_0\mathrm{d}x$电感中的电流也是自首端向末端随时间依次出现，也即在电压波以一定速度沿线路传播的同时，电流波也以同样的速度沿线路传播，我们将这种沿线路以一定速度传播（行进）的电压波和电流波称为行波（Traveling Wave）。这样，在雷电冲击电压作用下，具有分布参数线路上所进行的暂态过程就可用电压波、电流波的传播过程进行分析了。

随着各$C_0\mathrm{d}x$电容充电至u的同时，线路对地间建立起电场，其电场能量为$\frac{1}{2}C_0\mathrm{d}xu^2$。当电流$i$流过各$L_0\mathrm{d}x$电感的同时，在线路导线周围建立起磁场，其磁场能量为$\frac{1}{2}L_0\mathrm{d}xi^2$。因此随着电压波和电流波传播的同时，电场和磁场及其能量也以同样的速度沿线路传播。这就是说，电压波和电流波沿线路传播的过程就是电磁能量的传播过程，或者说，波过程实质上就是电磁能量的传播过程。

三、波阻抗（Surge Impedance）与波速

上面分析了电压波沿线路传播的同时，电流波也以同样的速度沿线路传播。下面从物理概念上分析电压波与电流波之间的数量关系，以及行波的传播速度。

1. 波阻抗

在图 3-1 中，当开关 S 在 $t=0$ 时合闸以后，每经过 $\mathrm{d}t$ 时刻，电压波与电流波传过 $\mathrm{d}x$ 距离。在这段 $\mathrm{d}t$ 时间内，有 $C_0\mathrm{d}x$ 的电容充电至电压 u，所充电荷量为 $\mathrm{d}q=(C_0\mathrm{d}x)u$，而这些电荷是在 $\mathrm{d}t$ 时间内由电流 i 输送过来的，即 $\mathrm{d}q=i\mathrm{d}t$，这样就得到

$$i\mathrm{d}t = C_0 u\mathrm{d}x \tag{3-1}$$

同时，在 $\mathrm{d}t$ 这段时间内，$L_0\mathrm{d}x$ 电感中流过电流 i，该电感的磁链为 $\mathrm{d}\psi=(L_0\mathrm{d}x)i$，而 $\frac{\mathrm{d}\psi}{\mathrm{d}t}$ 为电感中的感应电动势，应与电压相平衡，这样就得到

$$u = \frac{\mathrm{d}\psi}{\mathrm{d}t} = L_0 i\frac{\mathrm{d}x}{\mathrm{d}t} \tag{3-2}$$

联立式（3-1）、式（3-2），可以得到电压波与电流波间的关系

$$\frac{u}{i} = \sqrt{\frac{L_0}{C_0}} \tag{3-3}$$

$\sqrt{\frac{L_0}{C_0}}$ 的值是一个实数，具有阻抗的量纲，单位为 Ω，称为波阻抗，用 Z 表示，即

$$Z = \sqrt{\frac{L_0}{C_0}} \tag{3-4}$$

从波阻抗的表达式可以看出，波阻抗的值仅取决于单位长度线路的电感和电容，而与线路的长度无关。

对于架空线路，单位长度的电感 L_0(H/m)和电容 C_0(F/m)分别为

$$L_0 = \frac{\mu_0}{2\pi}\ln\frac{2h}{r} \tag{3-5}$$

$$C_0 = \frac{2\pi\varepsilon_0}{\ln\frac{2h}{r}} \tag{3-6}$$

式中 μ_0——空气的导磁系数，$\mu_0=4\pi\times10^{-7}$，H/m；

ε_0——空气的介电系数；$\varepsilon_0=10^{-9}/36\pi$，F/m；

h——线路导线的对地平均高度，m；

r——线路导线的半径，m。

将 ε_0、μ_0 用具体数据代入式（3-4）就可得到架空线路的波阻抗

$$Z = 60\ln\frac{2h}{r}\ (\Omega) \tag{3-7}$$

一般单导线架空线路的波阻抗为 400～500Ω；而分裂导线线路，由于 L_0 较小、C_0 较大，其波阻抗为 300Ω 左右；对于电缆线路，相对导磁系数 $\mu_r=1$，磁通主要分布在电缆芯线与铅保护层之间，故 L_0 较小，电缆绝缘介质的相对介电系数一般为 $\varepsilon_r=4$ 左右，芯线和铅包之间距离很近，则 C_0 要比架空线路大得多，因此电缆线路的波阻抗要比架空线路小得多，一般只有几十欧姆。

2. 波速

联立式（3-1）、式（3-2）并消去 u 和 i，可以得到电压波和电流波的传播速度

$$v = \frac{\mathrm{d}x}{\mathrm{d}t} = \frac{1}{\sqrt{L_0 C_0}} \tag{3-8}$$

对于架空线路，可计算得到

$$v=\frac{1}{\sqrt{\mu_0\varepsilon_0}}=3\times10^8\quad(\text{m/s})\tag{3-9}$$

即为空气中的光速。也就是说，电压波和电流波是以光速沿架空线路传播的。

对于电缆线路，因绝缘介质的介电系数 ε 较大而波速一般为 1/2～1/3 光速。

四、波动方程及其解的物理意义

1. 波动方程及其解

为了分析分布参数线路的波过程，可以根据波动方程的解进行分析，这更具有普遍的意义，因为它包括了线路上可能存在的反行波电压、电流。而上面分析的情况，可以看作是这种普遍情况中反行波电压、电流为零的特例。对于图 3-1 所示的分布参数等值电路，以基尔霍夫两定律为依据，可以得到二阶偏微分方程

$$\begin{cases}\dfrac{\partial^2 u}{\partial x^2}=L_0C_0\dfrac{\partial^2 u}{\partial t^2}\\[2mm]\dfrac{\partial^2 i}{\partial x^2}=L_0C_0\dfrac{\partial^2 i}{\partial t^2}\end{cases}\tag{3-10}$$

这就是单导线均匀无损线路的波动方程。从此方程可见，线路的暂态电压和电流不仅是时间 t 的函数，而且也是距离 x 的函数。应用拉普拉斯变换及拉普拉斯反变换和延时定理，可求得波动方程解的形式为

$$\begin{cases}u(x,t)=u_q(x-vt)+u_f(x+vt)\\i(x,t)=i_q(x-vt)+i_f(x+vt)\end{cases}\tag{3-11}$$

其中

$$u_q(x,t)=\sqrt{\frac{L_0}{C_0}}i_q(x,t)$$

$$u_f(x,t)=-\sqrt{\frac{L_0}{C_0}}i_f(x,t)$$

2. 波动方程解的物理意义

先讨论 u_q。若观察者由某一时刻 t_1 开始，从线路上某一点 x_1 出发，沿线路向 X 方向以 v 速度移动。设在 t_1 时刻在 x_1 处看到的 u_q 电压值为 u_q（x_1-vt_1）。在 t 时刻观察者移动到了 X 处，即经过了（$t-t_1$）时间，此时观察者看到的 u_q 电压值为 u_q（$x-vt$）。由 $x-x_1=v(t-t_1)$ 得

$$u_q(x-vt)=u_q[x_1+v(t-t_1)-vt]=u_q(x_1-vt_1)$$

这说明在 t_1 时刻在 x_1 处观察到的 u_q 值与在 t 时刻在 X 处观察到的 u_q 值是相同的。这也就表明，u_q 是以 v 的速度向 X 方向传播的，所以 u_q（$x-vt$）为前行电压波。同理 i_q（$x-vt$）为前行电流波。

以相同的方法可以证明 u_f（$x+vt$），i_f（$x+vt$）是以 v 的速度向 X 的反方向传播的，所以称为反行电压波和电流波。

波动方程的解［式（3-1）］说明：

（1）分布参数线路暂态过程中，线路上任一点在某一时刻的电压（或电流）等于该时刻通过该点的前行电压波（或电流波）与反行电压波（或电流波）之和。当然并非任何情况下，前行波与反行波都如前面所分析的那样同时存在，但并不妨碍此结论，因为这可看作某一方向行波为零。

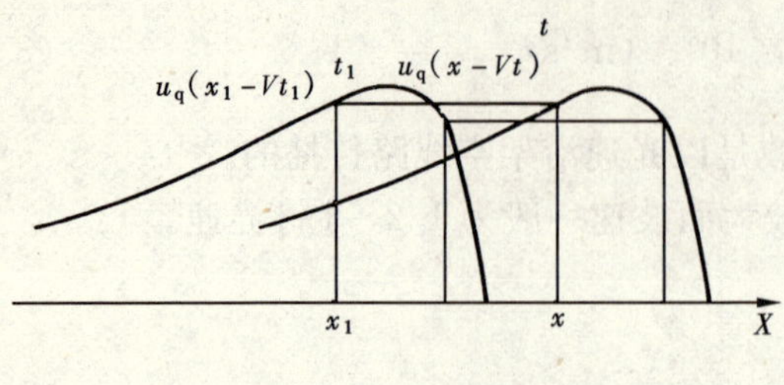

图 3-2 行波的运动

(2) 前行电压波与前行电流波是结伴传播的，两者的比值为波阻抗 Z。反行电压波与反行电流波也是结伴传播的，两者的比值等于 $-Z$。也就是说，前行电压波与前行电流波的极性相同，而反行电压波与反行电流波的极性相反。根据波动方程的解可以得到此结论，但对此结论从物理意义上也可得到解释：

前行表示与规定的 X 方向一致，而反行则表示与 X 方向相反。X 方向同时也是电流的正方向，这样当正电荷移动方向与 X 方向一致时，电流为正值，当正电荷移动方向与 X 方向相反时，电流为负值。电压的正与负只决定于导线对地电容上相应电荷极性的正与负，与电荷移动方向无关，如线路导线上是正电荷移动，不管是向 X 方向，还是向 X 的反方向移动，电压的符号都是正的。正的前行波电压相当于一堆正电荷向 X 方向移动，由于正电荷向 X 方向移动，所以对应的前行电流也为正值，如图 3-3（b）所示。这样，前行电压波与前行电流波的极性是相同的。这个结论对前行波电压为负时也是符合的，如图 3-3（d）所示。正的反行波电压相当于一堆正电荷向 X 反方向移动，此时电压仍是正的，但由于正电荷向 X 方向的反方向移动，即与电流正方向相反，从而形成的反行电流为负值，即反行电压波与反行电流波的极性是相反的，如图 3-3（a）所示。此结论对于反行电压波为负时也是符合的，如图 3-3（c）所示。

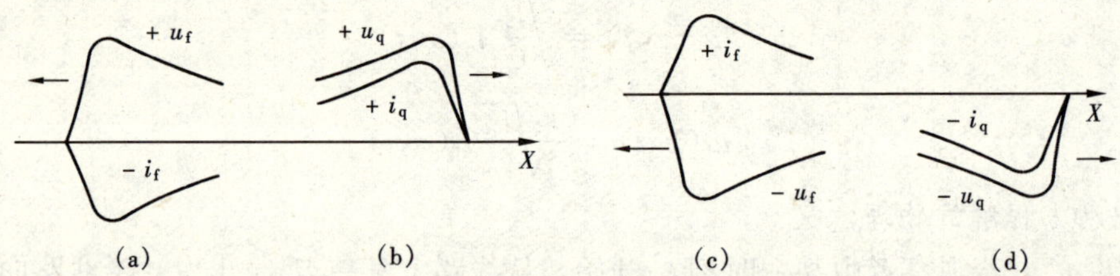

图 3-3 电压波和电流波的极性关系

(3) 波阻抗表示同一方向电压波与电流波大小的比值。电磁波通过波阻抗为 Z 的线路导线时，能量以电磁能的形式储存于导线周围介质中而不像通过阻抗那样被消耗掉。

(4) 如果线路导线上既有前行波，又有反行波时，要注意导线上电压与电流之比不再等于波阻抗，即

$$\frac{u}{i}=\frac{u_q+u_f}{i_q+i_f}=Z\frac{i_q-i_f}{i_q+i_f}\neq Z \tag{3-12}$$

§3-2 行波的折射与反射

一、发生行波折、反射的原因

在电力系统中常会遇到具有不同波阻线路的连接，如架空线路与电缆或母线的连接，或遇到线路末端接有集中参数阻抗的情况，此时线路上的行波将会在连接点（称为节点）发生折射与反射。

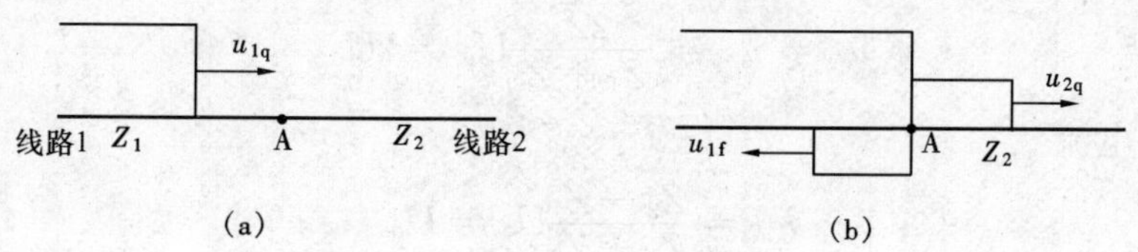

图 3-4　波在节点的折射和反射

如图 3-4（a）所示，波阻抗为 Z_1 的线路 1 与另一波阻抗为 Z_2（$Z_2 \neq Z_1$）的线路 2 相连接于节点 A，现有一幅值为 u_{1q}的无限长直角电压波自线路 1 传向线路 2。u_{1q}在线路 1 上传播但未到达节点 A 时，u_{1q}与相伴随的电流波 i_{1q}间的关系为$\frac{u_{1q}}{i_{1q}}=Z_1$。$u_{1q}$、$i_{1q}$传至 A 点后，若保持不变继续在线路 2 上传播，则就不能满足在线路 2 上传播时的要求（两者比值应为 Z_2），因此在线路 2 上继续传播的电压波 u_{2q}（称为折射电压，u_{1q}称之为入射电压）就不等于 u_{1q}，为保持节点 A 处电压的连续性，势必有一电压 u_{1f}波（称为反射电压）自节点 A 开始沿线路 1 作反方向传播，这就产生了行波的折射与反射。电压波发生折、反射的同时，伴随而生的电流波也同时发生折、反射。

二、折射波和反射波的计算

入射波 u_{1q}、i_{1q}传至 A 点时，发生折、反射，折射波 u_{2q}、i_{2q}在线路 2 上继续传播，同时反射波 u_{1f}、i_{1f}在线路 1 上反方向传播。设线路 2 上无反方向传播的电压、电流波（即线路 2 为无穷长）或反方向传播的电压、电流波未到达节点 A 时，根据节点 A 电压、电流的连续性，有

$$\begin{cases} u_{1q} + u_{1f} = u_{2q} \\ i_{1q} + i_{1f} = i_{2q} \end{cases} \tag{3-13}$$

同时，入射电压 u_{1q}、折射电压 u_{2q}、反射电压 u_{1f}与它们对应的电流 i_{1q}、i_{2q}、i_{1f}应满足

$$u_{1q} = Z_1 i_{1q} \quad u_{1f} = -Z_1 i_{1f} \quad u_{2q} = Z_2 i_{2q} \tag{3-14}$$

联立式（3-13）、式（3-14）可解得

$$\begin{cases} u_{2q} = \dfrac{2Z_2}{Z_1 + Z_2} u_{1q} = \alpha u_{1q} \\ u_{1f} = \dfrac{Z_2 - Z_1}{Z_1 + Z_2} u_{1q} = \beta u_{1q} \end{cases} \tag{3-15}$$

式中，α 表示折射电压与入射电压之比，称为电压的折射系数，β 表示反射电压与入射电压之比，称为电压的反射系数。

从 α、β 的计算公式可看出，$0 \leqslant \alpha \leqslant 2$，$-1 \leqslant \beta \leqslant 1$，$\alpha$ 与 β 之间满足

$$\alpha = 1 + \beta \tag{3-16}$$

折射电压、反射电压求得后，折射电流、反射电流就可按式（3-14）求得。

以上行波的折、反射系数虽然是根据两段不同波阻抗线路的情况推导出来的，但也适用于线路末端接有电阻的情况。

下面就线路末端开路、短路和接有负载电阻三种典型情况，通过计算分析，进一步搞清楚行波折、反射的物理概念。

（1）线路末端开路。此时相当于图 3-4（a）中 $Z_2 = \infty$，由式（3-15）求得线路末端电压

$$u_A = u_{2q} = \frac{2Z_2}{Z_1 + Z_2}U_0 = 2U_0$$

反射电压、反射电流

$$u_{1f} = \frac{Z_2 - Z_1}{Z_1 + Z_2}U_0 = U_0$$

$$i_{1f} = \frac{u_{1f}}{-Z_1} = -\frac{U_0}{Z_1}$$

此计算结果表明：当电压波到达开路的线路末端时发生正的全反射从而使末端电压升至入射波电压的两倍。同时，电流波则发生负的全反射使末端电流为零（符合边界条件），随之，磁场能量全部转变成电场能量，如图 3-5 所示。

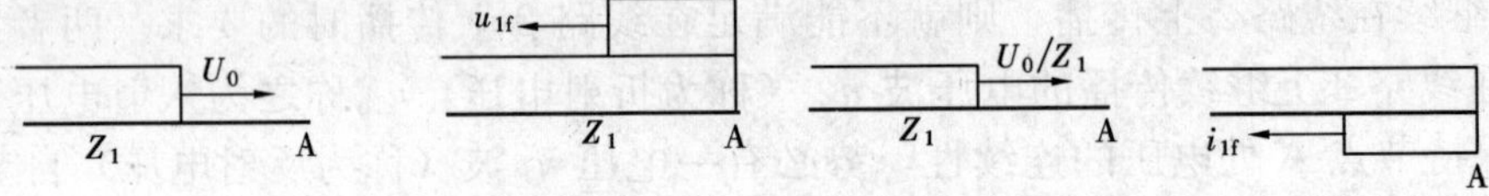

图 3-5 线路末端开路时电压波电流波的折、反射

（2）线路末端接地。此时相当于图 3-4（a）中 $Z_2=0$，由式（3-15）求得线路末端电压

$$u_A = u_{2q} = \frac{2Z_2}{Z_1 + Z_2}U_0 = 0$$

反射电压、反射电流

$$u_{1f} = \frac{Z_2 - Z_1}{Z_1 + Z_2}U_0 = -U_0$$

$$i_{1f} = \frac{u_{1f}}{-Z_1} = \frac{U_0}{Z_1}$$

式计算结果表明：当电压波到达接地的线路末端时发生负的全反射从而使末端电压为零。同时，电流波则发生正的全反射而使末端接地电流达到入射波电流的两倍，随之，电场能量则全部转变成磁场能量，如图 3-6 所示。

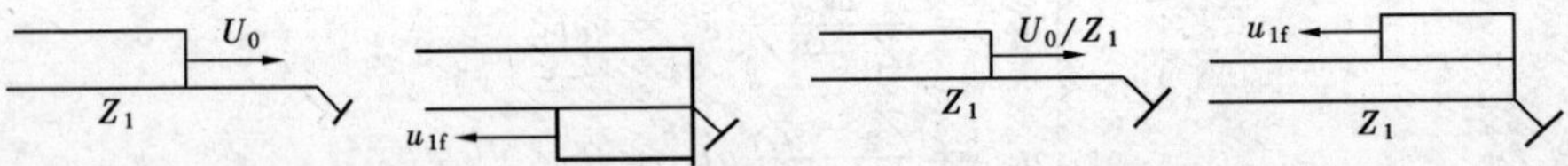

图 3-6 线路末端接地时电压波电流波的折反射

（3）线路末端接有与线路波阻抗值相同的电阻 R。此时相当于图 3-4（a）中 $Z_2=R=Z_1$，由式（3-15）求得 R 上电压

$$u_R = u_{2q} = \frac{2Z_2}{Z_1 + Z_2}U_0 = U_0$$

反射电压、反射电流

$$u_{1f} = \frac{Z_2 - Z_1}{Z_1 + Z_2}U_0 = 0$$

$$i_{1f} = 0$$

此计算表明：电压波到达线路末端时不发生反射，R 上的电压就是入射波电压，如图 3-7 所示。这一原理常被用于冲击电压测量：在测量信号电缆末端接有与波阻抗值相等的匹配电阻以消除被测信号在电缆末端发生折反射引起的误差。从能量角度看，这种情况有别于线路末端接有相同波阻抗的另一无限长线路，因为此时入射波的全部电磁能量消耗于 R 上面，而接线路时不消耗能量。

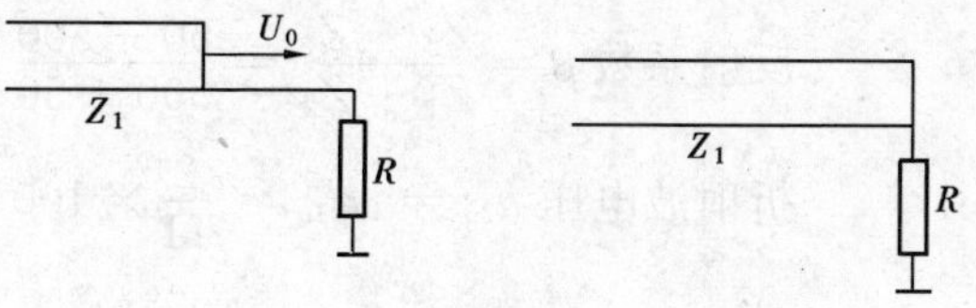

图 3-7　线路末端接有 $R=Z_1$ 时的电压波和电流波

三、计算折射波的集中参数等值电路（彼得逊法则）

上面的方法采用折射系数和反射系数来计算折射波与反射波。对于折射波，还可以通过采用集中参数电路的方法来求解。图 3-8（a）中，波阻抗分别为 Z_1 和 Z_2 的两线路连接于节点 A，在线路 1 上有幅值为 u_{1q} 的无穷长直角电压波传至 A 点。由节点 A 处电压电流的连续性可得

$$\begin{cases} u_{2q} = u_{1q} + u_{1f} \\ i_{2q} = i_{1q} + i_{1f} \end{cases}$$

将 $i_{1q} = \dfrac{u_{1q}}{Z_1}$、$i_{1f} = \dfrac{u_{1f}}{-Z_1}$ 代入上式可解得

$$Z_1 i_{2q} + u_{2q} = 2u_{1q} \tag{3-17}$$

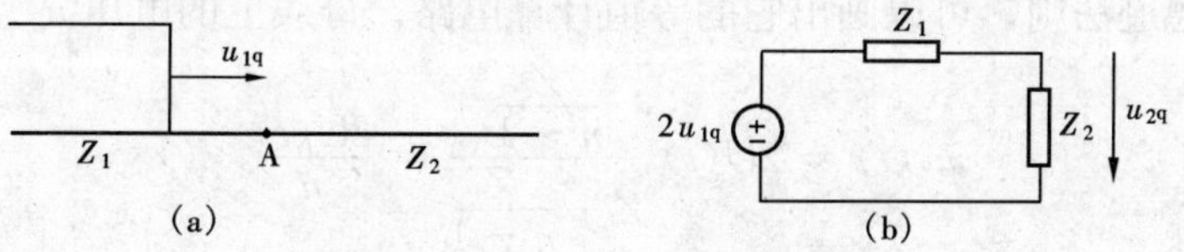

图 3-8　计算折射波电压的等值电路

根据式（3-17）可得到计算折射波电压、电流的集中参数等值电路如图 3-8（b）所示。在等值电路中，线路波阻抗 Z_1、Z_2 用数值相同的集中参数电阻代替，入射波电压的两倍作为等值电压源，电阻 Z_2 上的电压、电流即为折射电压、电流，这就是计算折射波的等值电路法则，也称为彼得逊法则。

事实上，对节点 A 左边的线路与入射波电压，应用戴维南定理也可以得到如图 3-8（b）所示的电路，根据戴维南定理，等值电压源等于线路末端开路时 A 点的开路电压 $2u_{1q}$，而电源内阻等于 A 点看进去的内阻 Z_1。

利用这一法则，就可以把分布参数电路的波过程计算简化成我们所熟悉的集中参数电路的求解。然而，应用彼得逊等值电路计算时必须注意：

（1）入射波必须是从分布参数线路传来，但线路 2 换成集中参数的电阻时也适用。

（2）线路 2 为无穷长或有限长时但反方向波尚未返回节点 A。

【例 3-1】　有幅值 $u_{1q}=100\text{kV}$ 的无限长直角电压波由架空线路（$Z_1=500\Omega$）进入电缆（$Z_2=50\Omega$），如图 3-9 所示，求 u_{1q} 传至交界点时发生的折射波电压、电流和反射波电压、电流。

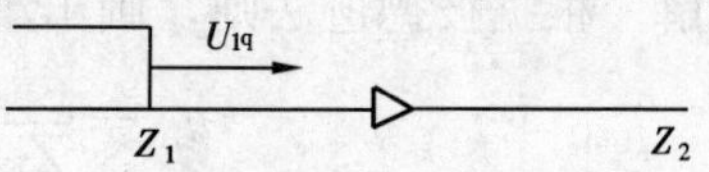

图 3-9　［例 3-1］图

解　折射系数 $\alpha = \dfrac{2Z_2}{Z_1+Z_2} = \dfrac{2\times 50}{500+50} = \dfrac{2}{11}$

反射系数$\beta = \frac{Z_2 - Z_1}{Z_1 + Z_2} = \frac{50 - 500}{500 + 50} = -\frac{9}{11}$

折射波电压 $u_{2q} = \alpha u_{1q} = \frac{2}{11} \times 100 = 18.18(\text{kV})$

折射波电流 $i_{2q} = \frac{u_{2q}}{Z_2} = \frac{18.18}{50} = 0.36(\text{kA})$

反射波电压 $u_{1f} = \beta u_{1q} = -\frac{9}{11} \times 100 = -81.82(\text{kV})$

反射波电流 $i_{1f} = \frac{u_{1f}}{-Z_1} = -\frac{81.82}{-500} = 0.16(\text{kA})$

【例 3-2】 某变电所母线上接有 n 条线路，每条线路的波阻抗都为 Z，当一条线路上落雷，形成雷电波电压 u（t）沿线路侵入变电所，如图 3-10 所示，求母线上的电压。

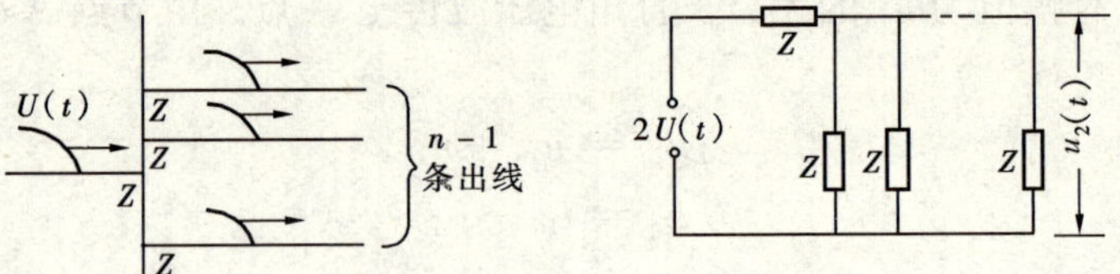

图 3-10 ［例 3-2］图

解 根据彼德逊法则，可以画出它的等值计算电路。母线上的电压 u_2（t）计算如下

$$u_2(t) = 2U(t)\frac{\frac{Z}{n-1}}{Z + \frac{Z}{n-1}} = \frac{2U(t)}{n}$$

可见，接在母线上运行的线路愈多，母线上的过电压愈低，对降低变电所雷电过电压起到有利影响。

【例 3-3】 如图 3-11 所示。一幅值为 $U_0 = 1000\text{kV}$ 的无穷长直角电压波从波阻抗为 $Z_1 = 500\Omega$ 的架空线路传向经 $R = 600\Omega$ 电阻连接的波阻抗为 $Z_2 = 50\Omega$ 的电缆线路，试求：

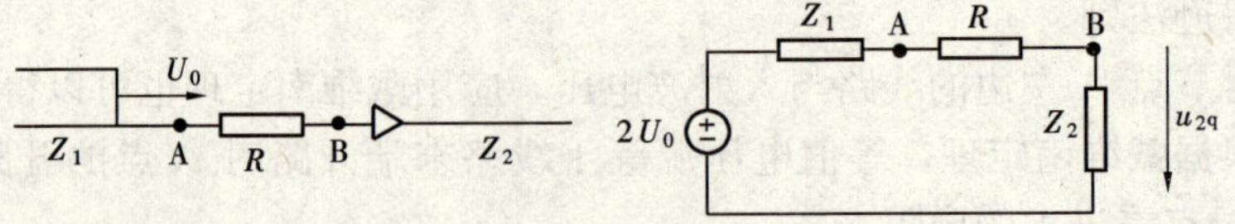

图 3-11 ［例 3-3］图

（1）进入电缆的折射波电压和电流。

（2）从节点 A 返回架空线路的反射波电压和电流。

（3）电阻 R 上流过的电流和消耗的功率。

解 根据彼德逊法则，画出集中参数等值电路如图 3-11 所示。节点 A 上的电压为

$$u_A = \frac{2U_0}{Z_1 + R + Z_2}(R + Z_2) = 1130.43\text{kV}$$

节点 B 上的电压为

$$u_B = \frac{2U_0}{Z_1 + R + Z_2} Z_2 = 86.43\text{kV}$$

（1）进入电缆的折射电压、电流为

$$u_{2q} = u_B = 86.43\text{kV}$$

$$i_{2q} = \frac{u_{2q}}{Z_2} = 1.74\text{kA}$$

（2）架空线上的反射电压、电流为

$$u_{1f} = u_A - U_0 = 130.43\text{kV}$$

$$i_{1f} = \frac{u_{1f}}{-Z_1} = -0.26\text{kA}$$

（3）电阻 R 上流过的电流和消耗功率为

$$i_R = \frac{u_A - u_B}{R} = 1.74\text{kA}$$

$$P_R = \frac{(u_A - u_B)^2}{R} = 1816.56\text{MW}$$

§3-3　行波通过串联电感和并联电容

在实际电力系统中，常会遇到与线路串联的电感，例如限制短路电流用的电抗线圈，或经过接在导线与地之间的电容，例如载波通信用的耦合电容和电容式电压互感器的电容。由于 L、C 上的电压与电流间为微分关系，所以行波通过串联电感或（对地）并联电容后，必然使折、反射波的波形改变。为了便于说明物理过程，行波仍采用无穷长直角电压波。

一、无限长直角电压波通过串联电感

图 3-12（a）为无限长直角电压波 u_{1q} 从波阻抗为 Z_1 的线路经过串联电感 L 传向波阻抗为 Z_2 的线路。当波阻抗为 Z_2 线路中的反行波未到达 L 时，根据彼得逊法则画出的等值电路如图 3-12（b）所示，由此可写出回路电压方程

$$2u_{1q} = i_{2q}(Z_1 + Z_2) + L\frac{di_{2q}}{dt} \tag{3-18}$$

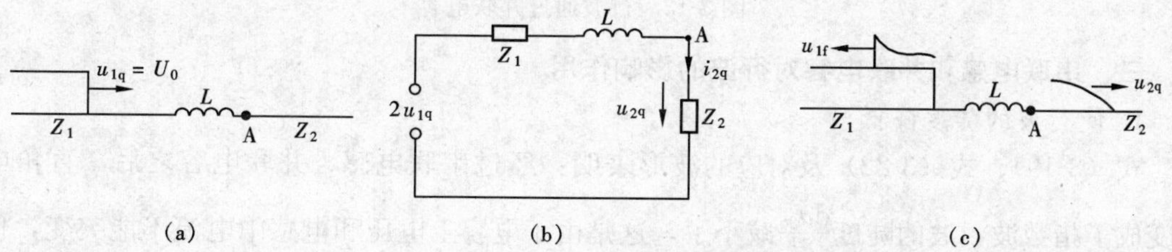

图 3-12　行波通过串联电感

解此一阶微分方程后可得

$$u_{2q} = Z_2 i_{2q} = \frac{2Z_2}{Z_1 + Z_2}(1 - e^{-\frac{t}{T}})u_{1q} \tag{3-19}$$

式中 T——回路的时间常数，$T=\frac{L}{Z_1+Z_2}$

根据 L 两端的电流应相等得到 $\frac{u_{1q}}{Z_1}+\frac{u_{1f}}{-Z_1}=\frac{u_{2q}}{Z_2}$，由此推得

$$u_{1f}=\frac{Z_2-Z_1}{Z_1+Z_2}u_{1q}+\frac{2Z_1}{Z_1+Z_2}e^{-\frac{t}{T}}u_{1q} \tag{3-20}$$

u_{2q}、u_{1f}的波形如图 3-12（c）所示。

二、无限长直角电压波通过并联电容

图 3-13（a）为无限长直角电压波 u_{1q}从波阻抗为 Z_1 的线路通过并联电容 C 传向具有波阻抗为 Z_2 的线路。当波阻抗为 Z_2 线路中的反行波未到达 C 时，根据彼得逊法则的等值电路如图 3-13（b）所示，由此列出回路电压方程为

$$2u_{1q}=(Z_1+Z_2)i_{2q}+CZ_1Z_2\frac{di_{2q}}{dt} \tag{3-21}$$

解此一阶微分方程后可得

$$u_{2q}=Z_2i_{1q}=\frac{2Z_2}{Z_1+Z_2}(1-e^{-\frac{t}{T}})u_{1q} \tag{3-22}$$

式中，$T=\frac{Z_1Z_2}{Z_1+Z_2}C$，为回路的时间常数。

再由 $u_{1q}+u_{1f}=u_{2q}$可得

$$u_{1f}=\frac{Z_2-Z_1}{Z_1+Z_2}u_{1q}-\frac{2Z_2}{Z_1+Z_2}e^{-\frac{t}{T}}u_{1q} \tag{3-23}$$

u_{2q}、u_{1f}的波形如图 3-13（c）所示。

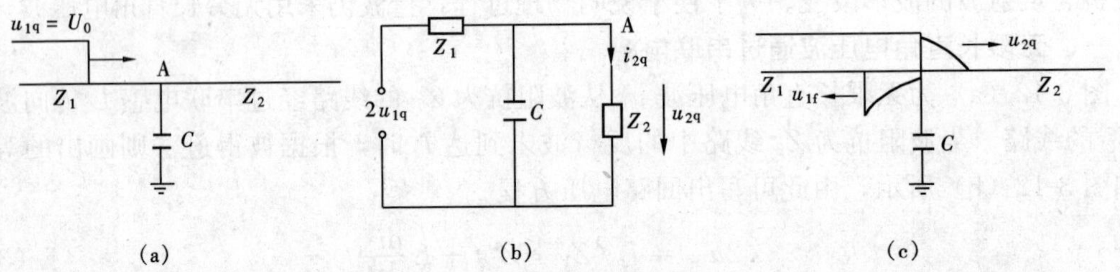

图 3-13 行波通过并联电容

三、串联电感和并联电容对行波的影响作用

1. 使行波的陡度降低

式（3-19）、式（3-22）及对应的波形表明：经过串联电感、并联电容之后，直角电压波变成了指数波，波的陡度$\frac{du_{2q}}{dt}$减小了，这是由于电容上电压和电感中电流不能突变，使得折射电压 u_{2q}只能随电容的逐渐充电或电感中电流的逐渐增大而增加的缘故。

2. 折射波电压的最大陡度

由式（3-19）、式（3-22）可知：$\left(\frac{du_{2q}}{dt}\right)_{max}=\left(\frac{du_{2q}}{dt}\right)_{t=0}$，将 u_{2q}对 t 求导并代入 $t=0$ 后可得：

行波通过串联电感后，折射电压的最大陡度为

$$\left(\frac{\mathrm{d}u_{2q}}{\mathrm{d}t}\right)_{\mathrm{m}} = \frac{2Z_2}{L}u_{1q} \tag{3-24}$$

行波通过并联电容后，折射电压的最大陡度为

$$\left(\frac{\mathrm{d}u_{2q}}{\mathrm{d}t}\right)_{\mathrm{m}} = \frac{2}{Z_1 C}u_{1q} \tag{3-25}$$

3. 电感、电容对最终稳态值无影响作用

式（3-19）、式（3-22）表明：当 $t\rightarrow\infty$ 时，$u_{2q}=\dfrac{2Z_2}{Z_1+Z_2}u_{1q}$，即为两线路直接连接，不接 L 或 C 时的折射电压。同样，反射电压的最终稳态值也不因由于 L 或 C 的存在而有任何影响作用。从物理概念上这并不难理解，因为在直流电压作用下，电容相当于开路，电感相当于短路。

四、串联电感和并联电容的实际应用

行波通过串联电感或并联电容后，波的陡度降低这一结论具有实际应用意义。由雷电引起出现在架空线路上的雷电波电压，会沿架空线路传至与架空线路相连接的有绕组的电气设备上。在架空线路与电气设备连接处接入串联电感或并联电容，就可以降低作用于电气设备上电压的陡度，以降低绕组匝间过电压。虽然两种方法都可以采用，但实际上一般采用并电容的方法，这是因为：

（1）两种方法的折射电压最大陡度分别为 $\dfrac{2Z_2}{L}u_{1q}$ 与 $\dfrac{2}{Z_1C}u_{1q}$，当 Z_2 比较大（如绕组的波阻抗较大）时，若采用串联电感就需采用较大的电感来达到降低陡度的要求，这不很经济。

（2）波通过串联电感时，发生电压的正反射，而通过并联电容时，发生电压的负反射，所以从危及线路绝缘的角度来讲，采用串联电感时来得严重。

下面我们通过具体例子进行比较。

有一幅值为 100kV 的无穷长直角波电压沿波阻抗为 50Ω 的电缆侵入与电缆连接的发电机绕组，如图 3-14 所示。发电机绕组的波阻抗为 800Ω，波在绕组中的传播速度为 6×10^7 m/s，绕组每匝长度为 3m，其匝间绝缘允许承受的电压为 600V。求为保护绕组匝间的绝缘，所需串联电感值或并联电容值。

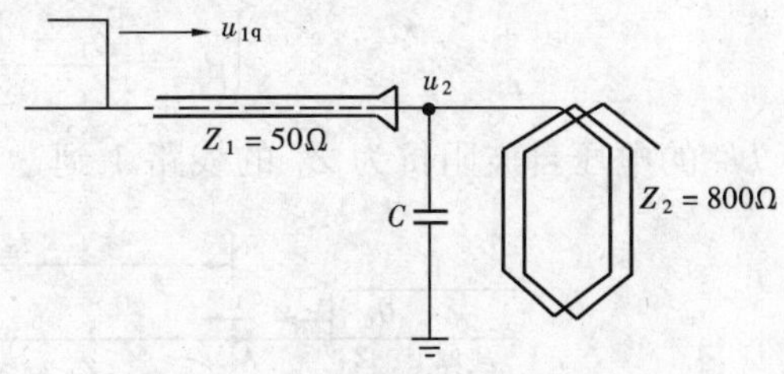

图 3-14　波沿电缆线路侵入发电机绕组

根据匝间绝缘允许承受的电压以及每匝长度，可算出发电机绕组中允许承受的作用电压最大陡度为

$$\left.\frac{\mathrm{d}u_{2q}}{\mathrm{d}x}\right|_{\max} = \frac{600}{3} = 200(\mathrm{V/m})$$

但这是侵入波允许的最大空间陡度，将它换算成时间上的陡度

$$\left.\frac{\mathrm{d}u_{2q}}{\mathrm{d}t}\right|_{\max} = \left.\frac{\mathrm{d}u_{2q}}{\mathrm{d}x}\right|_{\max}\cdot\frac{\mathrm{d}x}{\mathrm{d}t} = 200\times6\times10^7 = 12\times10^9(\mathrm{V/s})$$

若采用串联电感来保护绕组匝间绝缘，需电感值为

$$L=\frac{2Z_2}{\left.\frac{\mathrm{d}u_{2q}}{\mathrm{d}t}\right|_{\max}}u_{1q}=\frac{2\times800\times10^5}{12\times10^9}=13.3\times10^{-3}\mathrm{H}=13.3\mathrm{mH}$$

若采用并联电容来保护绕组匝间绝缘，需电容量为

$$C=\frac{2}{Z_1\left.\frac{\mathrm{d}u_{2q}}{\mathrm{d}t}\right|_{\max}}u_{1q}=\frac{2\times10^5}{50\times12\times10^9}=0.33\times10^{-6}\mathrm{F}=0.33\mu\mathrm{F}$$

显然，0.33μF 的电容器比 13.3mH 的电感线圈成本要低得多。

§ 3-4 波在有限长线路段的多次折射和反射

在实际电网中，常常会遇到一段有限长的线路接于两节点之间，例如发电机或气体绝缘变电所（GIS）经一段有限长的电缆接到架空线路上，当雷电波沿架空线路入侵时，在电缆段的两节点间，行波将发生多次折、反射。

一、用网格法计算行波的多次折、反射

下面以两条无限长线路间接入一段有限长线路的典型情况为例，说明如何采用网格法来计算行波的多次折、反射。如图 3-15 所示，一条波阻抗为 Z_0、长度为 l_0 的线路连接在波阻抗为 Z_1 和 Z_2 的两线路之间，并假设两线路为无穷长。若有一幅值为 U_0 的无限长直角电压波自 Z_1 线路向 Z_0 线路传来，则在波阻抗为 Z_0 线路的两节点 A、B 之间将发生多次折、反射。令波从 Z_1 线路向 Z_0 线路和从 Z_0 线路向 Z_2 线路的折射系数分别为 α_1 和 α_2，令波从 Z_0 线路向 Z_1 和向 Z_2 线路传播时在节点 A、B 的反射系数分别为 β_1 和 β_2，则

$$\begin{cases}\alpha_1=\dfrac{2Z_0}{Z_1+Z_0},\ \alpha_2=\dfrac{2Z_2}{Z_0+Z_2}\\[2ex]\beta_1=\dfrac{Z_1-Z_0}{Z_1+Z_0},\ \beta_2=\dfrac{Z_2-Z_0}{Z_2+Z_0}\end{cases}\tag{3-26}$$

U_0 的电压自波阻抗为 Z_1 的线路 1 到达节点 A 时发生折射与反射，折射电压 α_1U_0 继续

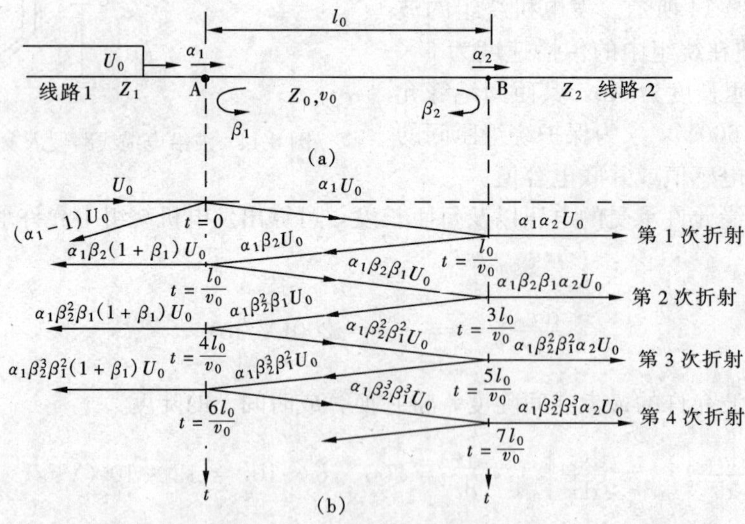

图 3-15 计算多次折、反射的网格图

在 Z_0 线路上传播，经过 $\tau=\dfrac{l_0}{v_0}$（v_0 为波在 Z_0 线路上传播时的速度）时间后到达节点 B，并发生节点 B 上的第一次折、反射，$\alpha_1\alpha_2U_0$ 的折射电压自节点 B 沿线路 2 继续向前传播，而 $\beta_2\alpha_1U_0$ 的反射电压自节点 B 点沿 Z_0 线路向节点 A 传播，并且再经过 τ 时间后又到达节点 A，在节点 A 再一次发生折、反射，其中反射电压 $\beta_1\beta_2\alpha_1U_0$ 再经过 τ 时间后又到达节点 B 并发生在节点 B 的第二次折、反射，……。依次类推，即可得到计算多次折、反射的如图 3-15 所示的行波网格图。若以 U_0 电压到达节点 A 作为时间起点 $t=0$，那么 $t=\tau$ 时在节点 B 发生第一次折、反射、在 $t=3\tau$ 时发生第 2 次折、反射，……经 n 次折、反射后节点 B 的电压即为节点 B 上 n 次折射电压之和

$$\begin{aligned} u_B &= \alpha_1\alpha_2U_0+\alpha_1\alpha_2\beta_1\beta_2U_0+\cdots+\alpha_1\alpha_2(\beta_1\beta_2)^{n-1}U_0 \\ &= \alpha_1\alpha_2\frac{1-(\beta_1\beta_2)^n}{1-\beta_1\beta_2}U_0 \end{aligned} \tag{3-27}$$

因 $|\beta_1\beta_2|<1$,则当 $t\to\infty$(即 $n\to\infty$) 时$(\beta_1\beta_2)^n\to 0$,将式(3-26) 代入式(3-27) 并化简后可得

$$u_B\Big|_{t\to\infty}=\frac{2Z_2}{Z_1+Z_2}U_0=\infty U_0 \tag{3-28}$$

即为从 Z_1 线路直接向 Z_2 线路的折射电压。此结果表明：在无穷长直角电压波作用下，经过有限长线路段上的多次折、反射之后，线路 2 上电压最终达到的稳态值与这段有限长线路存在与否无关。

二、线路波阻抗不同配合时波过程的特点

三条线路波阻抗 Z_1、Z_0、Z_2 不同配合时，虽然不会对线路 2 上电压的最终幅值产生影响$\left(\text{即都为}\dfrac{2Z_2}{Z_1+Z_2}U_0\right)$，但对达到此最终值的中间过程，即线路 2 上电压的波形是有影响作用的。从式（3-27）可以看到若 β_1 与 β_2 同号，则 $\beta_1\beta_2>0$，线路 2 上电压的波形是逐渐递增的；若 β_1 与 β_2 异号，则 $\beta_1\beta_2<0$，线路 2 上电压的波形呈振荡型。下面分析四种典型的波阻抗配合情况。

1. $Z_1>Z_0>Z_2$

根据式（3-26），$\beta_1>0$、$\beta_2<0$、$\alpha_1<1$、$\alpha_2<1$，由式（3-27）知，u_{2q}的波形是一个振荡波，振荡周期为$\dfrac{4l_0}{v_0}$，如图 3-16（a）所示。由于 α_1 和 α_2 小于 1，所以波的幅值较低，当时间很长以后，振荡波趋于稳定，其幅值为 $u_{2q}=\infty U_0$。

2. $Z_1<Z_0<Z_2$

这种情况下 $\beta_1<0$、$\beta_2>0$、$\alpha_1>1$、$\alpha_2>1$，折射波 u_{2q}的振荡波形如图 3-16（b）所示，波的幅值较高，当时间很长以后，振荡波趋于稳定，其幅值为 $u_{2q}=\infty U_0$。

3. $Z_1>Z_0$、$Z_2>Z_0$

根据式（3-26），$\beta_1>0$、$\beta_2>0$，$\alpha_1<1$、$\alpha_2>1$，由式（3-27）知，u_{2q}的波形是逐渐增加的，如图 3-16（c）所示。从图可知，线路 Z_0 的存在降低了 Z_2 中折射波 u_{2q}的陡度，可以近似认为，u_{2q}的最大陡度等于第一个折射电压 $\alpha_1\alpha_2U_0$ 除以时间$\dfrac{2l_0}{v_0}$，即

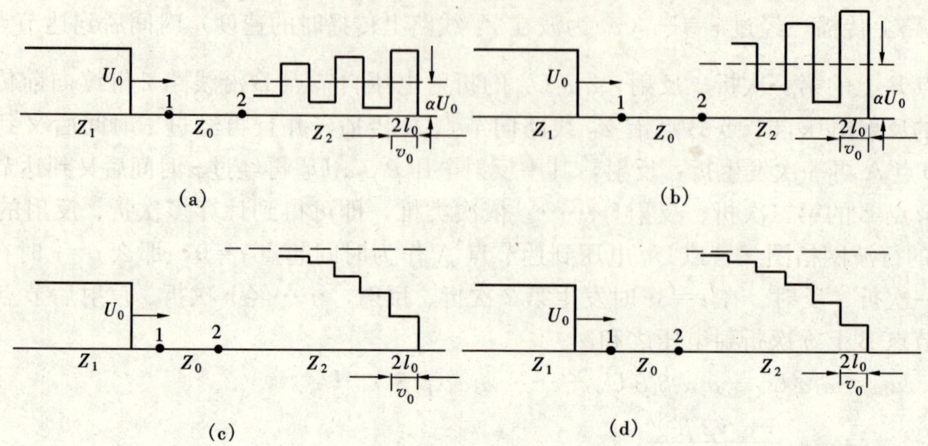

图 3-16　各种不同参数下的波过程

(a) $Z_1>Z_0>Z_2$；(b) $Z_1<Z_0<Z_2$；(c) $Z_1>Z_0$、$Z_2>Z_0$；(d) $Z_1<Z_0$、$Z_2<Z_0$

$$\left.\frac{\mathrm{d}u_{2q}}{\mathrm{d}t}\right|_{t=0}=U_0\cdot\frac{2Z_0}{Z_1+Z_0}\cdot\frac{2Z_2}{Z_2+Z_0}\cdot\frac{v_0}{2l_0} \tag{3-29}$$

若 $Z_1\gg Z_0$、$Z_2\gg Z_0$ 则

$$\left.\frac{\mathrm{d}u_{2q}}{\mathrm{d}t}\right|_{t=0}\approx\frac{2U_0}{Z_1}\cdot Z_0\cdot\frac{v_0}{l_0}=\frac{2}{Z_1C}U_0$$

式中，C 为导线 Z_0 的对地电容，这表明导线 Z_0 的作用相当于在线路 Z_1 与 Z_2 的连接点上并联一电容，其电容量为导线 Z_0 的对地电容值。

4. $Z_1<Z_0$、$Z_2<Z_0$

根据式（3-26）$\beta_1<0$、$\beta_2<0$、$\alpha_1>1$、$\alpha_2<1$，由式（3-27）知，u_{2q}的波形也是逐渐增加的。

若 $Z_1\ll Z_0$、$Z_2\ll Z_0$ 则 $\left.\frac{\mathrm{d}u_{2q}}{\mathrm{d}t}\right|_{t=0}\approx\frac{2U_0Z_2}{Z_0}\cdot\frac{v_0}{l_0}=\frac{2Z_2}{L}U_0$

式中 L 为导线 Z_0 的电感值，这表明导线 Z_0 的作用相当于在线路 Z_1 和 Z_2 之间串联一电感，其电感量为导线 Z_0 的电感值。

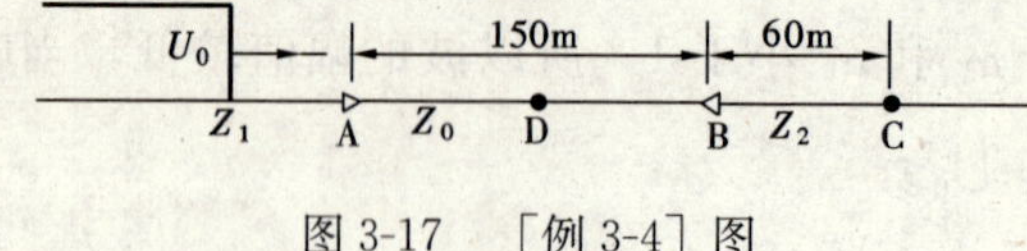

图 3-17　［例 3-4］图

【例 3-4】　长 150m的电缆两端串联波阻抗为 Z_1、Z_2 的架空线路，幅值为 U_0 的无限长矩形波入侵于架空线路 Z_1 上（见图 3-17），已知：$Z_1=Z_2=400\Omega$，$Z_0=50\Omega$，$U_0=500\text{kV}$，波在电缆中的传播速度为 150m/μs，在架空线路中的传播速度为 300m/μs，若以入侵波 U_0 到达 A 点为起算时间，求：

（1）距 B 点 60m 处的 C 点在 $t=1.5\mu\text{s}$，$t=3.5\mu\text{s}$ 时的电压与电流；

（2）AB 中点 D 点在 $t=2\mu\text{s}$ 时的电压与电流；

（3）时间很长以后，B 点的电压与电流；

（4）画出 B 点电压随时间变化曲线。

解　画出计算用网格图（如图 3-18 所示），波从 A 点传到 B 点时间 $t=150/150=1$

(μs)，从 B 点传到 C 点时间 $t=60/300=0.2$ (μs)

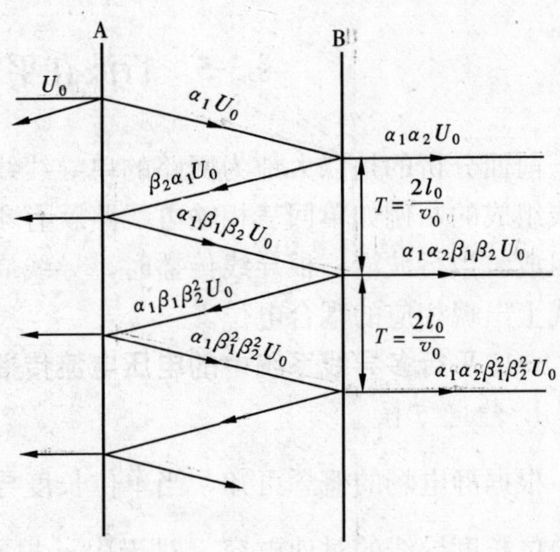

图 3-18　网格图

$$\alpha_1=\frac{2Z_0}{Z_1+Z_0}=\frac{2\times 50}{450}=\frac{100}{450}=\frac{2}{9}$$

$$\alpha_2=\frac{2Z_2}{Z_0+Z_2}=\frac{2\times 400}{450}=\frac{800}{450}=\frac{16}{9}$$

$$\beta_1=\frac{Z_1-Z_0}{Z_1+Z_0}=\frac{400-50}{450}=\frac{350}{450}=\frac{7}{9}$$

$$\beta_2=\frac{Z_2-Z_0}{Z_0+Z_2}=\frac{400-50}{450}=\frac{350}{450}=\frac{7}{9}$$

(1) 当 $t=1.5\mu$s 时

$$u_C=\alpha_1\alpha_2 U_0=\frac{2}{9}\times\frac{16}{9}\times 500=197.5(\text{kV})$$

$$i_C=\frac{u_C}{Z_2}=\frac{197.5}{400}=0.49(\text{kA})$$

当 $t=3.5\mu$s 时

$$u_C=\alpha_1\alpha_2 U_0+\alpha_1\alpha_2\beta_1\beta_2 U_0=197.5+\frac{2\times 16\times 7\times 7}{9^4}500=317(\text{kV})$$

$$i_C=\frac{u_C}{Z_2}=\frac{317}{400}=0.79(\text{kA})$$

(2) 当 $t=2\mu$s 时

$$u_D=\alpha_1 U_0+\alpha_1\beta_2 U_0=\frac{2}{9}\times 500\times\left(1+\frac{7}{9}\right)=197.5(\text{kV})$$

$$i_D=\frac{\alpha_1 U_0}{Z_0}+\frac{\alpha_1\beta_2 U_0}{-Z_0}=\frac{\frac{2}{9}\times 500}{50}\left(1-\frac{7}{9}\right)=0.49(\text{kA})$$

(3) 当 $t\to\infty$ 时

$$u_B=\frac{2Z_2}{Z_1+Z_2}U_0=\frac{2\times 400}{800}\times 500=500(\text{kV})$$

$$i_B=\frac{u_B}{Z_2}=\frac{500}{400}=1.25(\text{kA})$$

(4) B 点电压随时间变化曲线如图 3-19 所示。

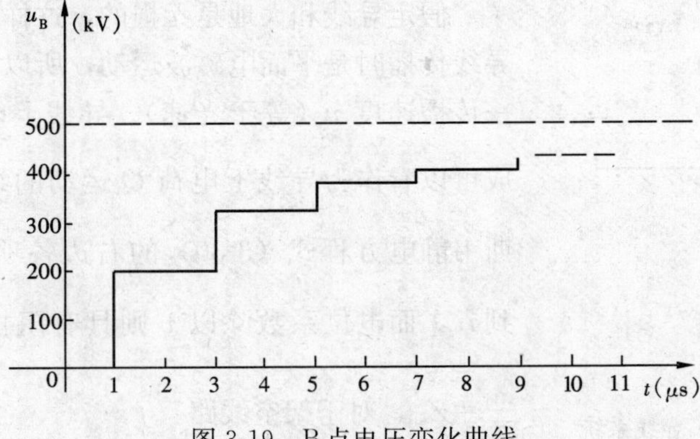

图 3-19　B 点电压变化曲线

§3-5 行波在平行多导线系统中的传播

前面分析的是以大地为回路的单导线线路中的波过程，而实际输电线路都是由多根平行导线组成的，例如单回三相输电线路就有4根（单避雷线时）或5根（双避雷线时）平行导线组成。当行波沿一根导线传播时，导线周围空间的电磁场将作用到其他平行导线，使这些导线上出现相应的耦合电位。

一、平行多导线系统中的电压电流传播方程

1. 静电方程

根据静电场的概念可知，当单位长度导线上有电荷 Q_0 时，导线对地电压为 $u=\frac{Q_0}{C_0}$，C_0 为单位长度导线的对地电容。对于由 n 根平行导线组成的多导线系统，各导线的对地电位 u_1、u_2、…、u_n 与各导线单位长度上的电荷 Q_1、Q_2、…、Q_n 之间的关系可用下列麦克斯韦静电方程表示

$$\begin{cases} u_1 = \alpha_{11}Q_1 + \alpha_{12}Q_2 + \cdots + \alpha_{1n}Q_n \\ u_2 = \alpha_{21}Q_1 + \alpha_{22}Q_2 + \cdots + \alpha_{2n}Q_n \\ \cdots\cdots \\ u_n = \alpha_{n1}Q_1 + \alpha_{n2}Q_2 + \cdots + \alpha_{nn}Q_n \end{cases} \tag{3-30}$$

$$\begin{cases} \alpha_{kk} = \frac{1}{2\pi\varepsilon_0}\ln\frac{2h_k}{r_k} \\ \alpha_{kj} = \frac{1}{2\pi\varepsilon_0}\ln\frac{d_{kj'}}{d_{kj}} \end{cases} \tag{3-31}$$

式中 α_{kk}——导线 k 的自电位系数；
α_{kj}——导线 k 与导线 j 间的互电位系数；
h_k，r_k——导线 k 的离地高度（平均高度）和导线的半径；
d_{kj}——导线 k 与导线 j 间的距离；
$d_{kj'}$——导线 k 与导线 j 镜像 j' 间的距离（见图3-20）。

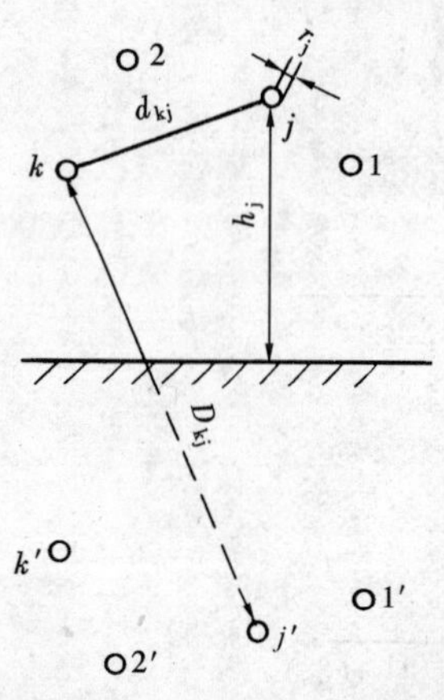

图3-20 n 根平行多导线系统

电位系数的量纲为电容量纲的倒数。

2. 电压电流传播方程

假定导线和大地是无损的，这样可以认为波沿平行多导线传播时是平面电磁波运动，所以波在各导线中具有同一传播速度 v（等于光速）。导线上电压波、电流波的形成可以看作为导线上电荷 Q 运动的结果。将 $\frac{v}{v}$ 乘以麦克斯韦静电方程式（3-30）的右边各项，Q_k 乘以 v 后便得到 i_k，而电位系数除以 v 则具有阻抗的量纲，$\frac{\alpha_{kk}}{v}=Z_{kk}$，$\frac{\alpha_{kj}}{v}=Z_{kj}$，对于架空线路

$$\begin{cases} Z_{kk} = 60\ln\dfrac{2h_k}{r_k} & \text{（导线 } k \text{ 的自波阻抗）} \\ Z_{kj} = 60\ln\dfrac{d_{kj'}}{d_{kj}} & \text{（导线 } k \text{ 与导线 } j \text{ 间的互波阻抗）} \end{cases} \tag{3-32}$$

于是式（3-30）就改写为

$$\begin{cases} u_1 = Z_{11}i_1 + Z_{12}i_2 + \cdots + Z_{1n}i_n \\ u_2 = Z_{21}i_1 + Z_{22}i_2 + \cdots + Z_{2n}i_n \\ \cdots \\ u_n = Z_{n1}i_1 + Z_{n2}i_2 + \cdots + Z_{nn}i_n \end{cases} \tag{3-33}$$

这就是 n 根平行多导线系统的电压、电流波的传播方程。

上述方程仅考虑线路上只有单方向行波时的情况，若导线上同时有前行波和反行波存在时，则 n 根导线系统中的每一根导线（如第 k 根导线）可以列出下列方程组

$$u_k = u_{kq} + u_{kf} \tag{3-34}$$

式中　u_{kq}、u_{kf}——导线 k 上的前行波电压和反行波电压。

$$u_{kq} = Z_{k1}i_{1q} + Z_{k2}i_{2q} + \cdots + Z_{kk}i_{kq} + \cdots + Z_{kn}i_{nq}$$
$$u_{kf} = -(Z_{k1}i_{1f} + Z_{k2}i_{2f} + \cdots + Z_{kk}i_{kf} + \cdots + Z_{kn}i_{nf})$$

n 根导线就可以列出 n 个方程组，加上边界条件就可以分析在这种情况下多导线系统中的波的传播问题。

二、平行多导线间的耦合系数

在实际波过程计算中，经常要考虑电压波在一根导线上传播时，在其他平行导线上感应产生的耦合电压。对于如图 3-21 所示的两根平行导线系统，若雷击于与导线 1 相连的塔顶，相当于有一很大电流注入导线 1，此电流将引起电压波 u_1 自雷击点沿导线 1 向两侧传播。在对地绝缘的导线 2 上虽没有电流，但它处在导线 1 的电磁场内，也会感应产生 u_2。对此两导线系统，可以列出下列方程

$$\begin{cases} u_1 = Z_{11}i_1 + Z_{12}i_2 \\ u_2 = Z_{21}i_1 + Z_{22}i_2 \end{cases}$$

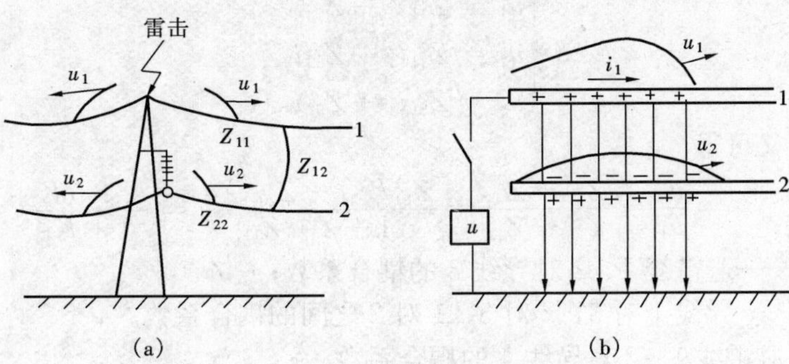

图 3-21　两导线系统的耦合关系

由于导线 2 对地绝缘，故 $i_2=0$，于是得到

$$u_2 = \frac{Z_{12}}{Z_{11}}u_1 = Ku_1 \tag{3-35}$$

式中，$K=\frac{Z_{12}}{Z_{11}}$称为导线1对导线2的耦合系数（Coupling Co-efficient）。其值仅由导线1及导线1、2间的几何尺寸所决定。因为$Z_{12}<Z_{11}$，所以耦合系数永远小于1，即$K<1$。两导线越靠近，Z_{12}越大，其耦合系数也越大。

如图3-21（b），导线2获得了与u_1同极性的对地电压u_2，当忽略导线2上工作电压（$\ll u_1$）时，两导线之间的电位差Δu为

$$\Delta u = u_1 - u_2 = \left(1-\frac{Z_{21}}{Z_{11}}\right)u_1 = (1-K_{12})u_1 \tag{3-36}$$

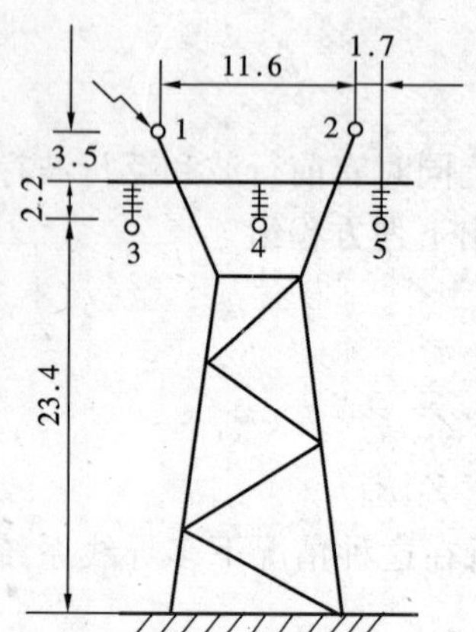

图3-22 220kV线路杆塔（尺寸单位：m）

从式（3-36）可知，当不计耦合系数时，绝缘子串承受的电压$\Delta u=u_1$。当计及耦合系数时，绝缘子串上承受的电压为$\Delta u=(1-K_{12})u_1$。显然，K_{12}愈大，Δu愈小，愈有利于绝缘子串的安全运行。由此可见，耦合系数对防雷保护有很大的影响，在有些多雷地区，为了降低绝缘子串上的电压，有时在导线下面架设接地耦合地线，以增大避雷线与导线间的耦合系数。

【例3-5】 某220kV输电线路架设有两根避雷线，它们通过金属杆塔彼此连接，如图3-22所示。求雷击塔顶时避雷线1、2对导线3和对导线4的耦合系数。已知避雷线1、2的半径为5.5mm，弧垂为7m，导线3、4、5的弧垂为12m。

解 根据式（3-33）可得电压方程

$$\begin{cases} u_1 = Z_{11}i_1 + Z_{12}i_2 + Z_{13}i_3 \\ u_2 = Z_{21}i_1 + Z_{22}i_2 + Z_{23}i_3 \\ u_3 = Z_{31}i_1 + Z_{32}i_2 + Z_{33}i_3 \end{cases}$$

由于避雷线1、2的离地高度和半径都一样，所以

$$Z_{11}=Z_{22}, Z_{12}=Z_{21}, Z_{13}=Z_{31}, Z_{23}=Z_{32}, i_1=i_2, u_1=u_2=u$$

因导线3对地绝缘，所以$i_3=0$，代入电压方程后可得

$$\begin{cases} u_1 = Z_{11}i_1 + Z_{12}i_2 \\ u_2 = Z_{21}i_1 + Z_{22}i_2 \\ u_3 = Z_{31}i_1 + Z_{32}i_2 \end{cases}$$

根据耦合系数的定义可得

$$K_{1,2-3} = \frac{u_3}{u_1} = \frac{Z_{13}+Z_{23}}{Z_{11}+Z_{12}} = \frac{Z_{13}/Z_{11}+Z_{23}/Z_{11}}{1+Z_{12}/Z_{11}} = \frac{K_{13}+K_{23}}{1+K_{12}}$$

式中 $K_{1,2-3}$——避雷线1、2对导线3的耦合系数；

K_{13}，K_{23}，K_{12}——导线1对3，2对3，1对2之间的耦合系数。

同理也可写出避雷线1、2对导线4的耦合系数

$$K_{1,2-4} = \frac{u_4}{u_1} = \frac{Z_{14}+Z_{24}}{Z_{11}+Z_{12}}$$

避雷线1、2的平均高度 $h_1=29.1-\frac{2}{3}\times 7=24.5$（m）

导线3、4、5的平均高度 $h_3=23.4-\frac{2}{3}\times 12=15.4$（m）

由式（3-32）求得

$$Z_{11}=60\ln\frac{2\times 24.5}{5.5\times 10^{-3}}=545.7(\Omega)$$

$$Z_{12}=60\ln\frac{\sqrt{49^2+11.6^2}}{11.6}=88.1(\Omega)$$

$$Z_{13}=60\ln\frac{\sqrt{39.9^2+1.7^2}}{\sqrt{9.1^2+1.7^2}}=87.7(\Omega)$$

$$Z_{23}=60\ln\frac{\sqrt{39.9^2+13.3^2}}{\sqrt{9.1^2+13.3^2}}=57.6(\Omega)$$

$$Z_{14}=Z_{24}=60\ln\frac{\sqrt{39.9^2+5.8^2}}{\sqrt{9.1^2+5.8^2}}=79.1(\Omega)$$

$$K_{1,2-3}=\frac{87.7+57.6}{545.7+88.1}=0.03$$

$$K_{1,2-4}=\frac{79.1+79.1}{545.7+88.1}=0.25$$

计算表明，$K_{1,2-3}$小于$K_{1,2-4}$，这样根据式（3-35）当雷击线路杆塔塔顶时可知避雷线 1、2 与导线 3 或导线 5 之间的电位差要大于避雷线 1、2 与导线 4 之间的电位差，边相导线的绝缘子串容易发生冲击闪络。

【例 3-6】　分析电缆芯与金属护层或屏蔽层间的耦合作用。

解　设行波电压 u 到达电缆首端时由于保护间隙或避雷器的动作而使缆芯与金属护层连在一起，此时缆芯与金属护层（或屏蔽层）上分别有 i_1 与 i_2 的电流波传播，构成二平行导线，如图 3-23 所示。由于电流 i_2 所产生的磁通全部与缆芯匝链，使金属护层的自波阻抗 Z_{22} 等于缆芯与金属护层间的互波阻抗 Z_{12}；而缆芯上电流 i_1 所产生的磁通只有一部分与金属护层相匝链，使缆芯的自波阻抗 Z_{11} 大于缆芯与金属护层间的互波阻抗 Z_{12}。对此二平行导线系统，列出电压方程为

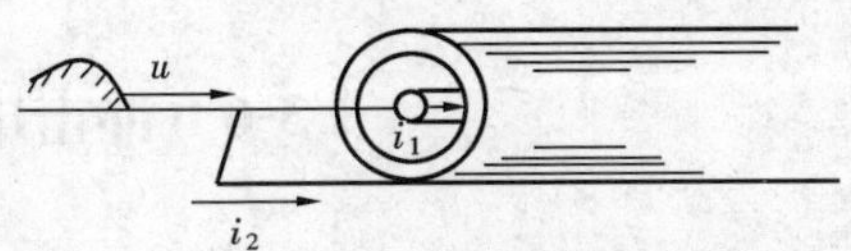

图 3-23　行波沿缆芯缆皮的传播

$$\begin{cases}u=Z_{11}i_1+Z_{12}i_2\\u=Z_{21}i_1+Z_{22}i_2\end{cases}$$

即

$$Z_{11}i_1+Z_{12}i_2=Z_{21}i_1+Z_{22}i_2$$

将 $Z_{22}=Z_{12}$代入上式可得

$$Z_{11}i_1=Z_{21}i_1$$

由于 $Z_{11}>Z_{21}$，要使此式成立，只有

$$i_1=0$$

这意味，由于耦合作用，缆芯中无电流，它们全部被“驱赶”到金属护层中去了。其物理含义可解释为：当电流在金属护层上传播时，缆芯上就会感应出与金属护层上电压相等的反电动势，阻止了电流向缆芯中的流通。此效应在直配电机的防雷保护接线中得到了广泛的

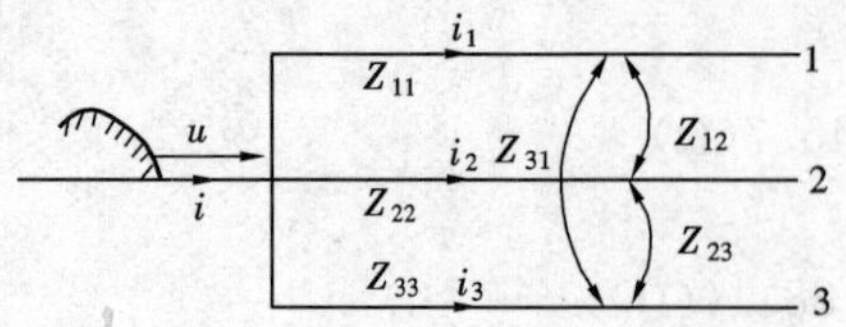

图 3-24 波沿三相同时入侵

应用。

三、有耦合作用平行多导线的并联等值波阻抗

一对称三相平行导线系统，每相导线上有相同的电压 u 同时侵入，这相当于图 3-24 情况。对此三导线的系统可列出电压方程

$$\begin{cases} u = Z_{11}i_1 + Z_{12}i_2 + Z_{13}i_3 \\ u = Z_{21}i_1 + Z_{22}i_2 + Z_{23}i_3 \\ u = Z_{31}i_1 + Z_{32}i_2 + Z_{33}i_3 \end{cases}$$

将 $Z_{11}=Z_{22}=Z_{33}=Z$，$Z_{12}=Z_{21}=Z_{13}=Z_{23}=Z_{31}=Z_{32}=Z_{\mathrm{m}}$，$i_1=i_2=i_3=\frac{i}{3}$代入并化简后可得

$$u = (Z+2Z_{\mathrm{m}})\frac{i}{3}$$

$$\frac{u}{i} = \frac{Z+2Z_{\mathrm{m}}}{3} > \frac{Z}{3}$$

$\frac{u}{i}$表示三相并联后的等值波阻抗，这表明，考虑导线之间耦合作用后，三导线并联后的等值波阻抗要大于每根导线波阻抗的并联值，主要是由于导线上增加了感应电压所致。

§3-6 冲击电晕对线路上波过程的影响

一、引起行波衰减和变形的因素

前面所讨论的波过程是假定线路为无损的，但实际线路是有损耗的，因而波在实际线路上传播时，总会不同程度地发生衰减和变形。引起行波衰减和变形的损耗主要包括：

（1）导线电阻和导线对地电导的损耗。对于任意波形行波的不同频率分量，导线的集肤效应不同从而电阻也不同，由此除了引起行波的衰减外，还引起行波的变形。

（2）大地电阻的损耗。大地电阻随频率的增大而增大，由此也会引起行波的衰减和变形。

（3）冲击电晕引起的损耗。这是在雷电冲击过电压作用下引起行波衰减和变形的主要原因。

二、冲击电晕的形成和特点

当线路上出现雷电过电压或操作过电压时，一旦导线上的冲击电压幅值超过电晕起始电压，则在导线表面就会出现电晕，即冲击电晕（Impulse Corona）。导线出现冲击电晕以后，在导线周围会出现发亮的光圈，我们称它为电晕圈（套），根据冲击电压的极性不同，电晕圈（套）可分为正极性电晕圈和负极性电晕圈。极性对电晕的发展有很大的影响：当产生正极性冲击电晕时，在空间的正电荷加强了距导线较远处的电位梯度，有利于电晕的发展，使电晕圈不断扩大，因此对波的衰减和变形比较大；而对负极性冲击电晕，在空间的正电荷削弱了电晕圈外部的电场，使电晕不易发展，对波的衰减和变形比较小。因为雷电大部分是负极性的，所以在过电压计算中应该以负极性冲击电晕的作用作为计算依据。

三、冲击电晕对线路上波过程的影响作用

1. 使波速和导线波阻抗减小

当线路导线表面周围出现冲击电晕后，由于电晕放电所产生的空间电荷形成了导电性较好的电晕圈（套），这就等效地增大了导线半径，使导线对地电容增大；而轴向电流仍几乎全部集中在导线的导体中，这样，电晕的出现并不影响与空气中的那部分磁通相对应的导线电感。根据 $Z=\sqrt{\frac{L_0}{C_0}}$ 和 $U=\frac{1}{\sqrt{L_0C_0}}$ 可知，导线波阻抗和行波传播速度都会减小。一般来说，波阻抗可减小 20%～30%，波速最多可减小 25%。

2. 使耦合系数增大

由于导线周围冲击电晕圈等效地增大了导线半径，根据式（3-32）可知，这时导线的自波阻抗将减小而互波阻抗仍基本保持不变，由式（3-35）可看出，导线间的耦合系数将增大。在工程计算中，耦合系数的增大常通过引入电晕修正系数 K_1 来体现。若无电晕时耦合系数为 K_0，K_0 也称几何耦合系数，因它只决定于导线的几何尺寸及相互位置。有冲击电晕时的耦合系数 K 可表示为

$$K = K_1K_0 \tag{3-37}$$

K_1 一般在 1.1～1.5 之间，对于不同电压等级不同导线结构的线路，过电压保护规程中对 K_1 值都作了具体规定。

3. 使行波幅值衰减和波形畸变

引起行波幅值衰减的根本性原因是冲击电晕造成的能量损耗，而导致波形发生畸变的原因是出现冲击电晕后行波波速的改变（变小）。

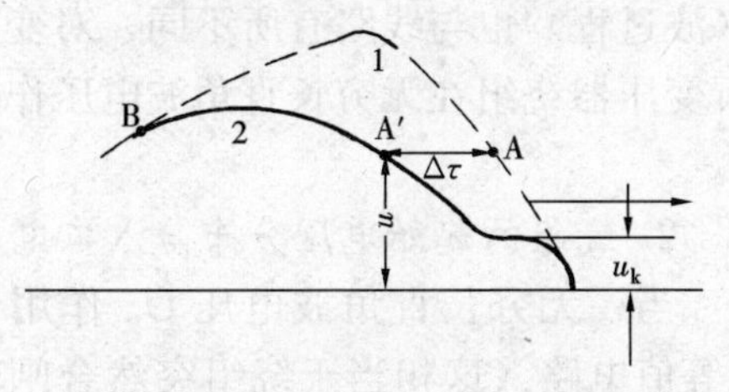

图 3-25 波的衰减与变形

由电晕引起的行波衰减与变形的典型图形如图 3-25 所示。图中曲线 1 表示原始波形，曲线 2 表示行波传播距离 l 后的波形。从图中可以看到，当电压高于电晕起始电压 u_k 后，波形就开始出现剧烈的畸变。这种变形可以看成是电压高于 u_k 的各点由于电晕作用使线路的对地电容增大，从而以小于光速的速度向前运动所产生的结果。如图中在电压低于 u_k 的部分，由于不发生电晕而仍以光速前进，而电压大于 u_k 的 A 点由于产生了电晕，它就以比光速小的速度 v_k 前进，在行经距离 l 后它就落后了时间 $\Delta\tau$ 而变成图中 A′点，也就是说，由于电晕的作用使行波的波头拉长了。$\Delta\tau$ 与行波传播距离 l 有关，也与电压 u 有关，规程建议采用如下经验公式计算

$$\Delta\tau = l\left(0.5+\frac{0.008u}{h}\right) \tag{3-38}$$

式中 l——行波传播距离，km；

u——行波电压值，kV；

h——导线平均悬挂高度，m。

根据冲击电晕会引起行波衰减和变形（降低了行波的陡度）的这一特性，设置进线保护段作为变电所防雷的一项重要措施。

§3-7 变压器绕组中的波过程

电力变压器在运行过程中与输电线路直接连接，因此变压器绕组会受到来自于线路的雷电冲击过电压的侵袭，以及受到操作冲击过电压的作用，由此在变压器绕组内将发生电磁暂态过程（波过程），又由于绕组等值电感及等值电容的存在，这种暂态过程为振荡性过程，在这种振荡性电磁暂态过程中将出现过电压，危及变压器绕组的主绝缘（绕组对地、绕组之间的绝缘）和纵绝缘（同一绕组的匝间、层间或线饼间绝缘）。因此，在确定变压器绝缘结构和变电所防雷接线时，有必要研究在冲击电压作用下，变压器绕组中波过程的基本规律。

一、单相绕组中的波过程

单相绕组变压器的波过程虽然比较简单，但它在物理本质上清晰地反映出变压器绕组在冲击电压作用下波过程的典型特征，是定性分析实际三相变压器绕组波过程的基础。

1. 绕组在波过程分析时的简化等值电路

在定性分析时，可将变压器绕组做一些简化，假定绕组各点参数完全相同，略去损耗以及绕组间的互感和次级绕组的影响，变压器绕组可用图 3-26 所示的电路来等值。图中 L_0、C_0、K_0 分别为绕组单位长度的电感、对地电容和纵向电容。绕组末端可以是接地，也可以不接地，在图中用开关 S 的不同位置来表示。与工频电压下变压器绕组等值电路的不同之处在于：①由于讨论波过程，等值电路为分布参数电路；②纵向电容 K_0 不能忽略，这是因为波过程属于高频过程，在高频下此电容的作用是不能忽略的。

与线路的分布参数等值电路相比较，由于纵向电容 K_0 不能忽略，当绕组端点受到冲击电压作用后，在绕组中所发生的电磁暂态振荡过程（波过程）也与线路有所不同，对变压器绕组波过程的分析方法也与线路有所不同。以下分析变压器绕组在无穷长直角波电压作用下的波过程。

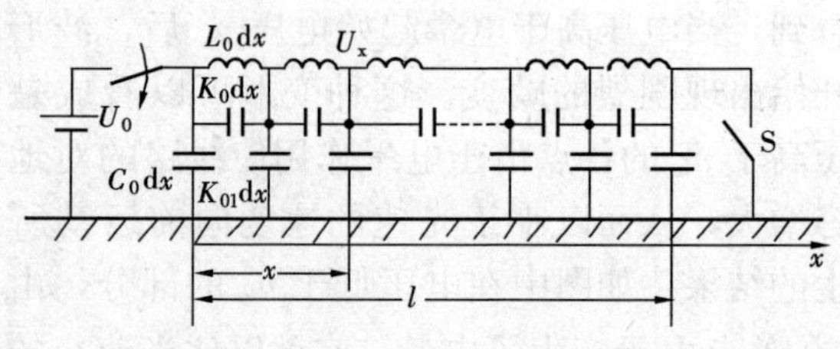

图 3-26 变压器绕组的等值电路

2. 绕组的起始电压分布与入口电容

当一无穷长直角波电压 U_0 作用于绕组等值电路（这相当于绕组突然合闸于直流电压 U_0）时，由于直角波的波头陡度极大，其等值频率极高，电感的感抗极大，所以在 $t=0^+$ 瞬间，电感中无电流流过，图 3-26 的等值电路就可简化成图 3-27 (a) 的等值电路，即仅为电容链。

设绕组长度为 l，距绕组首端（电压 U_0 作用端）x 处的电压为 u，纵向电容 $\frac{K_0}{\mathrm{d}x}$ 上的电荷为 Q，对地电容 $C_0\mathrm{d}x$ 上的电荷为 $\mathrm{d}Q$，则

$$Q=\frac{K_0}{\mathrm{d}x}\mathrm{d}u$$

$$\mathrm{d}Q=uC_0\mathrm{d}x$$

联立两式可得

$$\frac{\mathrm{d}^2u}{\mathrm{d}x^2}-\frac{C_0}{K_0}u=0$$

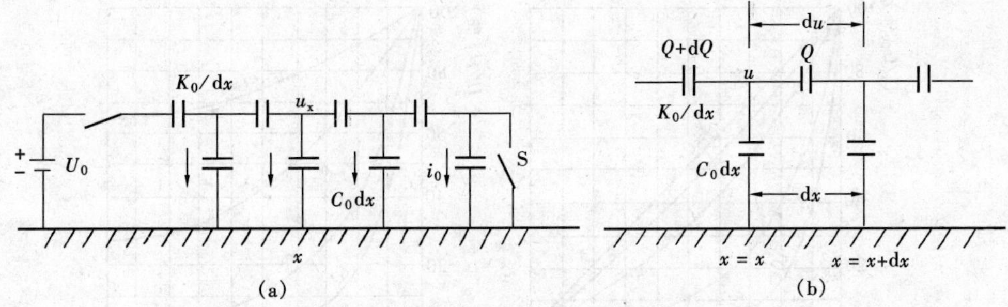

图 3-27　$t=0$ 瞬间变压器绕组的等值电路

(a) 绕组的等值电路；(b) 绕组中一小段的等值电路

根据边界条件

$$u\Big|_{x=0}=U_0$$

$$u\Big|_{x=l}=0\text{（绕组末端接地）}$$

或

$$\frac{\mathrm{d}u}{\mathrm{d}x}\Big|_{x=l}=0\text{（绕组末端不接地）}$$

可解得在 $t=0^+$ 瞬间电压沿绕组的分布，即起始电压分布为

$$u(x)\Big|_{t=0^+}=U_0\frac{\mathrm{sh}\alpha(l-x)}{\mathrm{sh}\alpha l}\text{（绕组末端接地）}\tag{3-39}$$

$$u(x)\Big|_{t=0^+}=U_0\frac{\mathrm{ch}\alpha(l-x)}{\mathrm{ch}\alpha l}\text{（绕组末端不接地）}\tag{3-40}$$

其中

$$\alpha=\sqrt{\frac{C_0}{K_0}}$$

一般变压器的 αl 值约为 5～15，当 $\alpha l=5$，$\mathrm{sh}\alpha l\approx\mathrm{ch}\alpha l=\frac{1}{2}\mathrm{e}^{\alpha l}$。而且当 $X<0.8l$ 时，$\mathrm{sh}\alpha(l-x)$ 与 $\mathrm{ch}\alpha(l-x)$ 也很接近，即 $\mathrm{sh}\alpha(l-x)\approx\mathrm{ch}\alpha(l-x)=\frac{1}{2}\mathrm{e}^{\alpha(l-x)}$。这样不管绕组末端是否接地，绕组起始电压分布的大部分（$x<0.8l$）可近似地表示为

$$u(x)\Big|_{t=0^+}\approx U_0\frac{\frac{1}{2}\mathrm{e}^{\alpha(l-x)}}{\frac{1}{2}\mathrm{e}^{\alpha l}}=U_0\mathrm{e}^{-\alpha x}\tag{3-41}$$

不同 αl 值时绕组初始电压分布如图 3-28 所示。

根据以上分析及起始电压分布曲线，可见：

(1) 无论绕组末端是接地还是不接地，两者起始电压分布是很接近的。电压沿绕组呈不均匀分布，大部分电压降落于首端附近。

(2) 起始电压分布不均匀的程度，与 αl 值有关，αl 越大，分布越不均匀，如图 3-28 所示。由于 $\alpha l=\sqrt{\frac{C_0}{K_0}}l=\sqrt{\frac{C_0 l}{\frac{K_0}{l}}}$，即绕组起始电压分布的均匀程度取决于绕组全部对地电容

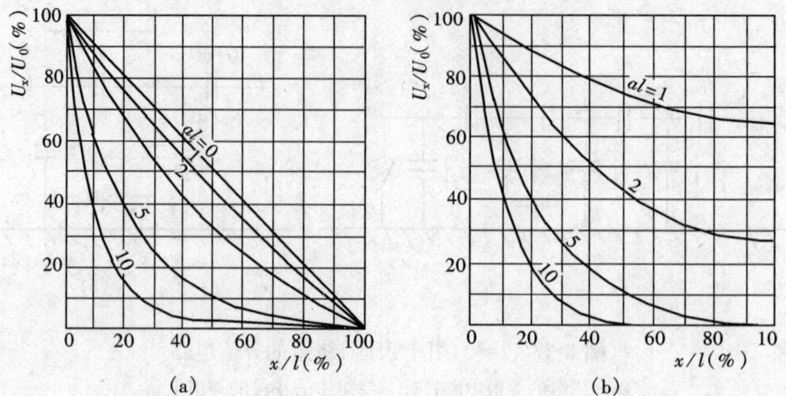

图 3-28 电压沿绕组的起始电压分布

(a) 绕组末端接地；(b) 绕组末端开路

$(C_0 l)$ 与全部纵向电容 $\left(\frac{K_0}{l}\right)$ 之比的平方根，可见 αl 是与绕组结构有关的特性参数。

(3) 绕组首端 ($x=0$ 处)，电位梯度最大，即

$$\left.\frac{\mathrm{d}u}{\mathrm{d}x}\right|_{x=0} \approx \left.\frac{\mathrm{d}}{\mathrm{d}x}\left[U_0 \mathrm{e}^{-\alpha l}\right]\right|_{x=0} = -\alpha U_0 = -\frac{U_0}{l}(\alpha l) \tag{3-42}$$

可见绕组首端电位梯度可达平均电位梯度 $\frac{U_0}{l}$ 的 αl 倍，即一般为 5～15 倍。这会危及绕组首端的纵绝缘，因此，在这些部位的绝缘应得到重点加强。

在 $t=0^+$ 时，变压器绕组如图 3-27 所示的等值电路，从其端口看可等值为一个电容，这就是变压器的入口电容 C_T。由

$$C_T \approx \frac{Q|_{x=0}}{U_0}$$

可得

$$C_T \approx \sqrt{C_0 K_0} = \sqrt{CK} \tag{3-43}$$

即变压器入口电容为绕组全部对地电容与全部纵向电容的几何平均值。入口电容与变压器的额定电压、容量有关，其值一般为 500～5000pF。

试验表明，在较陡的冲击电压（如雷电过电压）作用下，变压器绕组中的振荡过程一般在 10μs 以内尚未建立起来，在此期间绕组的电压分布仍与起始电压分布相近，这就是为什么在雷电冲击电压作用下分析变压器防雷保护时，不论变压器接地与否，都可能简单地用其入口电容来等值。

3. 绕组的稳态电压分布

稳态电压分布就是暂态电磁过程结束之后的电压分布。在无穷长直角波电压作用下，就是 $t\to\infty$ 时的电压分布。当绕组末端接地时，稳态电压按绕组电阻均匀分布（因绕组电阻是均匀分布的），见图 3-29 (a) 中直线 2，其分布函数为

$$u(x) = U_0\left(1-\frac{x}{l}\right) \tag{3-44}$$

当绕组末端不接地时，绕组各点对地电压都为 U_0，见图 3-29（b）中直线 2，其分布函数为

$$u(x) = U_0 \tag{3-45}$$

4. 绕组中的暂态振荡过程及对地最大电压包络线

由于变压器绕组的起始电压分布（见图 3-29 中曲线 1）与稳态电压分布不同，就必定发生从起始分布发展至稳态分布的暂态过程，而且由于绕组电感和电容能量间的不断转换，此暂态过程具有振荡性质。振荡的激烈程度与起始分布、稳态分布间差值大小有关，差值越大，振荡过程越激烈。在振荡过程中的不同时刻，电压分布是不同的。将暂态过程中绕组各点出现的最大对地电压记录下来并将它们连接成曲线，就是绕组对地最大电压包络线。应注意，最大电压包络线是各点最大对地电压的集合，这些对地最大电压出现于不同时刻，有别于出现于同一时刻的电压分布。作定性分析时，通常通过将稳态电压分布与起始电压分布之间的差值叠加在稳态电压分布曲线上来得到最大电压包络线（见图 3-29 中的虚线 3），这是因为在直流电源激励单频 LC 回路的暂态过程中，出现的最大电压幅值可根据下式估算

最大幅值 =（稳态值 − 起始值）+ 稳态值　　(3-46)

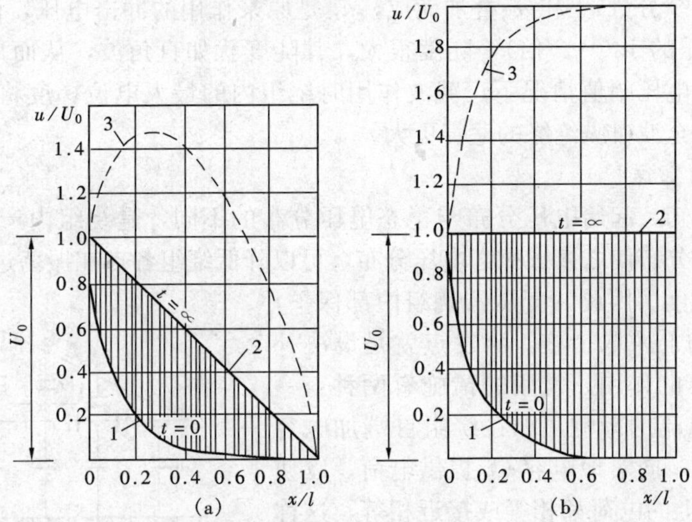

图 3-29　振荡过程中绕组的电压分布

（a）绕组末端接地；（b）绕组末端不接地

1—起始电压分布；2—稳态电压分布；3—最大电压包络线

实例表明，无穷长直角波电压 U_0 作用于变压器绕组首端，当绕组末端接地时，最高对地电压出现于离绕组首端附近不到$\frac{1}{3}$的部位，其值可达 $(1.2 \sim 1.3)U_0$；当绕组末端不接地时，最高对地电压出现于绕组末端，其值可达 $1.5 \sim 1.8U_0$（理论值为 $2U_0$）。因此，变压器绕组的主绝缘，在这些部位应得到加强。

另外，影响到纵绝缘的最大电压梯度$\frac{\mathrm{d}u}{\mathrm{d}t}$随着暂态振荡过程的发展，从出现于绕组首端（$t=0^+$ 时）到出现于绕组不同部位，这也应予以注意。

5. 电压波形对变压器绕组中波过程的影响

变压器绕组中的波过程与作用在绕组上冲击电压波形有关。冲击电压波头时间越长，波

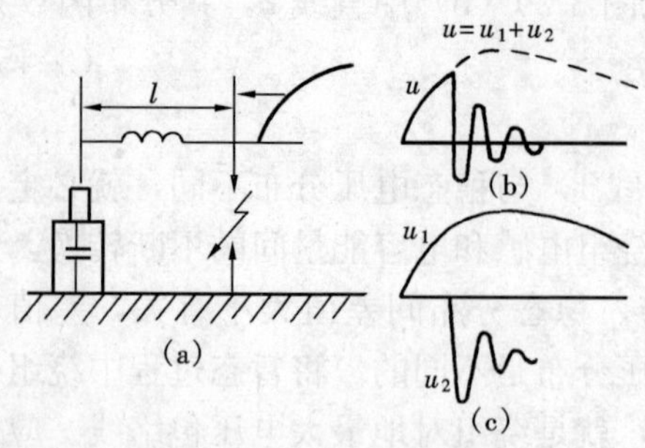

图 3-30　冲击截波及其波形分解

(a) 排气式避雷器动作或设备闪络造成截波；(b) 截波波形；(c) 分解波

头陡度越小，因绕组上起始电压分布受电感分流的影响而与稳态电压分布就越为接近，振荡过程越缓和，绕组各点的最大电位和纵向电位梯度也将越低。反之，当波头很陡的冲击电压作用时，绕组内的振荡过程较激烈，绕组各点的最大电位和纵向电位梯度也较高。所以降低作用于变压器冲击电压的陡度，对绕组的主绝缘，尤其是对纵绝缘的保护具有重要的意义。

在运行中，变压器绕组还可能受到截波的作用。截波的形成及波形如图 3-30 (a) 所示。变电所内，由于保护间隙放电或绝缘的闪络使入侵的冲击电压波发生截断。因变压器入口电容与线段 l 的电感构成一振荡回路，所以截断后要经过一振荡过程电压才降至零。而此振荡截波电压 u 可以看成由两个分量 u_1 和 u_2 叠加而成，u_1 是原来作用的冲击电压，而 u_2 的幅值很大(可达到截断时电压的 1.6～2 倍)，陡度很大，其陡度犹如直角波，从而危及绕组纵绝缘。实测表明，在相同电压幅值情况下，截波作用时绕组内的最大电位梯度将比全波作用时为大，因此，截波比全波对纵绝缘的危害更大。

6. 变压器的内部保护

由前面分析可知，起始电压分布与稳态电压分布的不同，是绕组内产生振荡的根本原因，改变起始电压分布使之接近稳态电压分布，可以降低绕组各点在振荡过程中的对地最大电压和最大电位梯度。因此，变压器绕组内部保护，从变压器内部结构上采取措施，出发点就是设法补偿或降低对地电容的作用。常用的措施有两种：一是补偿对地电容电流的影响，如在绕组首端加电容环或采用屏蔽线匝，向对地电容 C_0 提供电荷，以使所有纵向电容 K_0 上的电荷都相等或接近相等，这称为横补偿，如图 3-31 所示；二是尽量加大纵向电容 K_0 的数值，如采用纠结式绕组，以削弱对地电容电流的影响，这称为纵补偿。

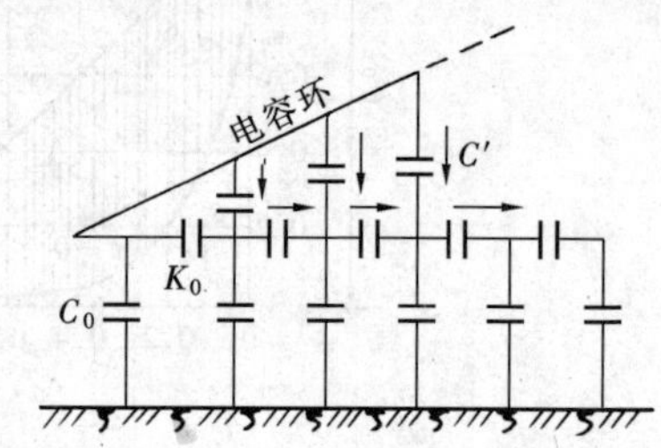

图 3-31　电容环补偿对地电容电流示意图

二、三相绕组中的波过程

三相绕组中波过程的规律与单相绕组基本相同，只是随着三相绕组的接线方式与进波方式的不同而有所差异。

1. 中性点接地的星形接线

每一相绕组可以看成末端接地的独立绕组。无论一相、二相，还是三相进波，进波相绕组中的波过程与单相绕组中的波过程完全相同。

2. 中性点不接地的星形接线

此时，一相进波、两相同时进波、三相同时进波时的波过程各不相同。

(1) 一相进波。设幅值为 U_0 的无穷长直角电压波从 A 相侵入，如图 3-32 (a) 所示。由于绕组的阻抗远大于线路的波阻抗，故定性分析时，B、C 两相绕组可被近似看成接地。

在此电压作用下，绕组的起始电压分布与稳态电压分布如图 3-32（b）中曲线 1 和曲线 2 所示。因稳态时绕组对地电压按电阻分布，故中性点 O 的稳态对地电压为$\frac{1}{3}U_0$。这样，在暂态振荡过程中，中性点 O 的最大对地电压可近似接近$\frac{2}{3}U_0$。

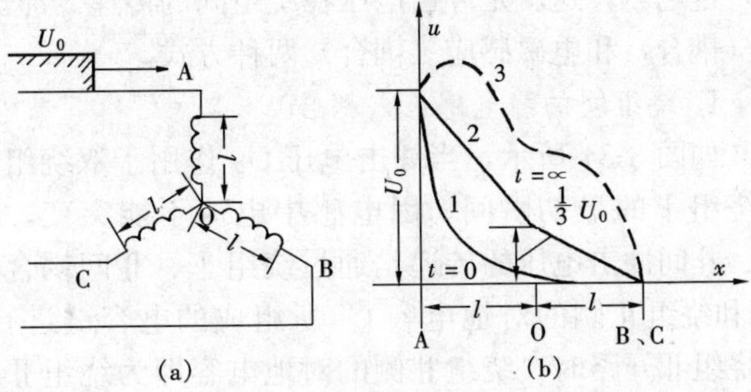

图 3-32　星形接线单相进波时的电压分布

（a）接线示意图；（b）电压位图

1—起始分布；2—稳态分布；3—最大电位包络线

（2）两相同时进波。采用叠加法（每相单独进波后结果的叠加）可得中性点对地最大电压可近似接近$\frac{4}{3}U_0$。

（3）三相同时进波。采用叠加法可知中性点对地最大电压可近似接近 $2U_0$。不采用叠加法也可分析得出中性点对地最大电压为 $2U_0$，因为三相绕组首端都是等电位，所以三相绕组为并联关系，这样各相绕组中的波过程与末端不接地的单相绕组中波过程完全相同，中性点（相当于单相绕组的末端）对地电压可接近 $2U_0$。

3. 三角形接线

（1）单相进波。设 U_0 电压从 A 相入侵，如图 3-33（a）所示。与前述相同的理由，B、C 两点可近似看成接地。这样 AB、AC 绕组中的波过程与末端接地的单相绕组中波过程相同，而 BC 绕组中无波过程。

（2）三相同时进波。此时，每相绕组中波过程相同。每个绕组中起始电压分布、稳态电压分布可采用叠加法后得到［如图 3-33（c）中曲线 3、4 所示］。这样，在暂态过程（波过程）中的最高对地电压将出现在各绕组中部，可接近 $2U_0$。

（3）两相同时进波。设从 A、B 同时侵入，则 AB 绕组中的波过程与三相同时进波时绕组中的波过程相同，而 AC、BC 绕组中的波过程与单相进波时情况相同。

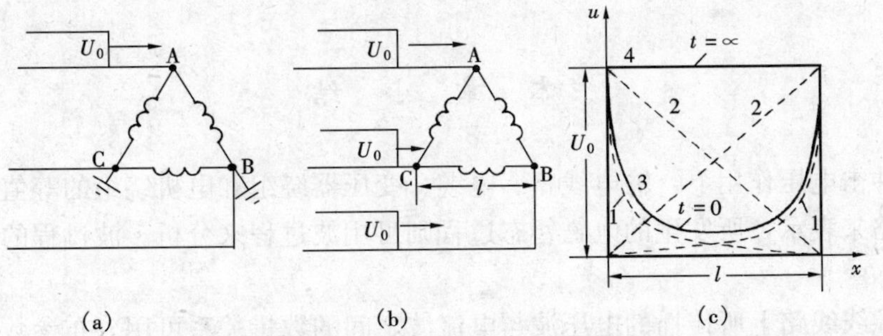

图 3-33　三角形接线的变压器绕组单相和三相同时进波

三、冲击电压在绕组间的传递

当冲击电压作用于变压器的某一绕组时，除了在该绕组因暂态振荡产生过电压之外，由于绕组间存在着静电感应（耦合）和电磁感应（耦合），在其他绕组上也可能出现感应（耦合）过电压，这就是冲击电压在绕组间的传递。冲击电压在绕组间的传递途径主要有静电感应（耦合）和电磁感应（耦合）两种方式。

1. 绕组间的静电感应（耦合）

如图 3-34 所示，当冲击电压 U_0 作用于双绕组变压器绕组Ⅰ的最初瞬间，因电感中电流不能突变，绕组Ⅰ、Ⅱ间冲击电压的传递是通过绕组Ⅰ、Ⅱ间耦合电容 C_{12} 和绕组Ⅱ侧的对地电容 C_2 所组成的电容链进行的。当绕组Ⅱ开路时，绕组Ⅱ侧的对地电容即为绕组Ⅱ的对地电容。此时，绕组Ⅱ上的静电感应（耦合）电压分量为

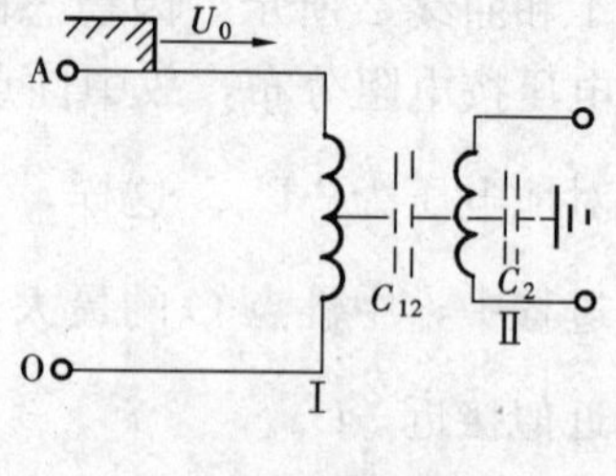

图 3-34　变压器绕组间的静电耦合

$$u_2 = \frac{C_{12}}{C_{12} + C_2} U_0 \tag{3-47}$$

当绕组Ⅰ为三绕组变压器的高压绕组，绕组Ⅱ为低压绕组，而冲击电压从高压侧侵入，变压器又处于高、中压运行，低压开路的运行方式，此时 C_2（低压绕组对地电容）较小，这样在低压绕组上出现的静电感应电压分量（接近 U_0）就可能危及低压绕组的绝缘而需对其采取适当的保护措施。对于双绕组变压器，因不存在高压运行、低压开路的运行方式，此时低压绕组常和许多出线、电缆连接，相当于加大了 C_2 值，所以静电感应电压分量较低；对低压绕组绝缘不会构成威胁。

2. 绕组间的电磁感应（耦合）

当绕组Ⅰ在冲击电压作用下，随着时间的增长，绕组电感中会逐渐通过电流，所产生的磁通将在绕组Ⅱ中感应出电压，这就是电磁感应（耦合）电压分量。电磁感应（耦合）分量按绕组间的变比传递。对于三相绕组，还与绕组的接线方式、进波的相数等有关。

对于电磁感应（耦合）分量，只有在低压绕组进波的情况（如由于配电变压器低压侧线路遭受雷击），才有可能对高压绕组的绝缘构成威胁。而在高压绕组进波的情况下，按变比传递至低压绕组后电压已大大降低，再由于低压绕组的相对冲击强度（冲击耐压与额定相电压之比）较高压绕组大得多，所以电磁感应（耦合）电压分量不会对低压绕组的绝缘构成威胁。

本 章 小 结

在雷电冲击电压作用下，输电线路、电缆、变压器绕组和电机绕组的等值电路必须用分布参数的电路来表示，所发生的电磁暂态过程则可用波过程来分析。波过程的实质是电磁场的传播过程。

无损单导线线路上所传播的电压波与电流波之间的数量关系可用分布参数线路的一个特征参数——波阻抗 Z 来关联。若电压波、电流波传播方向与规定正方向一致（称为前行波）时，$\frac{u}{i}=Z$；若电压波、电流波传播方向与规定正方向相反（称为反行波）时，$\frac{u}{i}=-Z$。$Z=\sqrt{\frac{L_0}{C_0}}$，与线路单位长度的电感和对地电容有关而与线路长度无关。对于架空线路，一般为

数百欧；对于电缆，波阻抗一般为几十欧。无损单导线线路上电压波、电流波的传播速度 $v=\frac{1}{\sqrt{L_0C_0}}$，架空线路中的波速就是光速（300m/μs），而电缆中的波速则为 1/2～1/3 光速。

当电压波、电流波从波阻抗为 Z_1 的线路传向与之相连的波阻抗为 Z_2（$Z_2\neq Z_1$）的线路或电阻 R（$R\neq Z_1$）时，在相连节点将发生波的折射和反射。折、反射波的大小可用折射系数 α 和反射系数 β 进行计算，折、反射波的波形保持不变。折射波电压、电流也可采用彼德逊等值电路（集中参数电路）进行求解。

电压波、电流波通过在两分布参数线路（Z_1、Z_2）间串联的电感和并联的对地电容后，折、反射波的波形将发生变形，这种变形使 Z_2 上折射波的波头陡度 $\mathrm{d}u_2/\mathrm{d}t$ 变小。当入射电压波为无穷长直角电压 U_0 时，通过串联电感 L 或并联电容 C 后，Z_2 上折射电压的最大陡度将降至 $\frac{2Z_2}{L}U_0$ 或 $\frac{2}{Z_1C}U_0$。而且，$t\to\infty$ 时，L、C 都将不起作用（L 视为短接，C 视为开路）。

电压波、电流波在一段有限长线路的两节点间来回多次折、反射计算的网格法基于：将两节点上所发生的多次折、反射波按时间一一求出，构成网格图，然后，任一时刻任一点上的电压或电流值即为该时刻通过（包括之前已通过）该点的所有电压波或电流波（交界节点只能计及一侧的波）的代数和。

幅值为 U_0 的无穷长直角电压波从波阻抗为 Z_1 的线路向串有长度为 l_0、波阻抗为 Z_0 的线路段向波阻抗为 Z_2 线路传播，当 $Z_1>Z_0<Z_2$ 或 $Z_1<Z_0>Z_2$ 时，在 Z_2 线路上折射电压的最大陡度 $\left(\frac{\mathrm{d}u_2}{\mathrm{d}t}\right)$ 为 $\frac{\alpha_1\alpha_2}{2l_0/v_0}U_0$（$\alpha_1$、$\alpha_2$ 分别为波从 Z_1 向 Z_0 和从 Z_0 向 Z_2 的折射系数，v_0 为波在 Z_0 线路上的波速），而且 $t\to\infty$ 时，该有限长线路段将不起作用（可视为短接）。

平行多导线系统中，导线上电压波的相互作用可用耦合系数来表征。导线 m 对导线 n 的耦合系数定义为：当导线 m 上有电压波 u_m 传播时，在导线 n 上因耦合得到的电压 u_n 与 u_m 的比值，$K_\mathrm{mn}=u_\mathrm{n}/u_\mathrm{m}$。耦合系数具体数值的计算可根据电压方程并代入已知条件后按此定义求得。

行波在线路上传播时出现的冲击电晕对波过程的影响作用表现为使导线间的耦合系数增大，使导线的自波阻抗减小、使波速减小。由于冲击电晕的强弱程度与电压的高低有关，因此不同电压值下的波速不同，这导致了波在传播过程中发生波形的畸变，而畸变的结果使波的幅值衰减和波的陡度降低。

变压器绕组中的波过程就是在冲击电压作用下，绕组各点对地电压从起始分布发展至最终稳态分布的暂态过程。按振荡性暂态过程中最大电压的估算公式，就可定性求出绕组各点对地最大电压的包络线。根据分析可知，单相绕组末端接地时，最大电压出现于绕组首端（进波端）附近；单相绕组末端开路时，最大电压出现于绕组末端，两者的对地最大电压理论上分别可达 1.4 和 2.0 倍进波电压幅值。绕组波过程分析表明，在较陡雷电冲击过电压作用下，变压器可简单地用其入口电容来等值。

三相不同连接绕组中波过程的定性分析时，先转化成相当的单相绕组，然后采用单相绕组波过程的分析方法确定最大电压包络线。

复习思考题与习题

3-1 电力系统过电压可分哪几类，它们各自的特点是什么？

3-2 从物理意义上比较分布参数线路的波阻抗与集中参数阻抗的不同。

3-3 冲击电晕对线路上波过程有哪些影响作用？

3-4 冲击截断波比冲击全波对变压器绕组的什么绝缘危害最大？为什么？

3-5 什么是变压器的入口电容？为什么在定性分析雷电冲击电压作用下的过电压时，变压器可简单地用其入口电容来等值？

3-6 为什么绕组各点对地最大电压的连线称为最大电压包络线而不称为最大电压分布？定性分析时如何画出最大电压包络线？

3-7 分析在阶跃电压（即无穷长直角电压波）作用下绕组起始电压分布与稳态电压分布不一致的原因。

3-8 某变电所母线上接有三路出线，每路出线的波阻抗都为 500Ω 勿略工作电压。

(1) 设其中一条线路上有幅值为 1000kV 的电压波侵入变电所，求母线上的电压幅值。

(2) 若其中两条线路上分别有幅值为 1000kV 和幅值为－800kV 的电压波同时侵入变电所，求母线上的电压和三条线路上的电流。

3-9 某 10kV 发电机直接与一架空线路连接。当有一幅值为 80kV 的直角波电压沿线路的三相同时进入电机，为了保证电机入口处的冲击电压上升速度不超过 5kV/μs，需接并联电容进行保护。设线路三相总的波阻抗为 280Ω，电机绕组三相总的波阻抗为 400Ω，求三相并联电容器总的电容值。

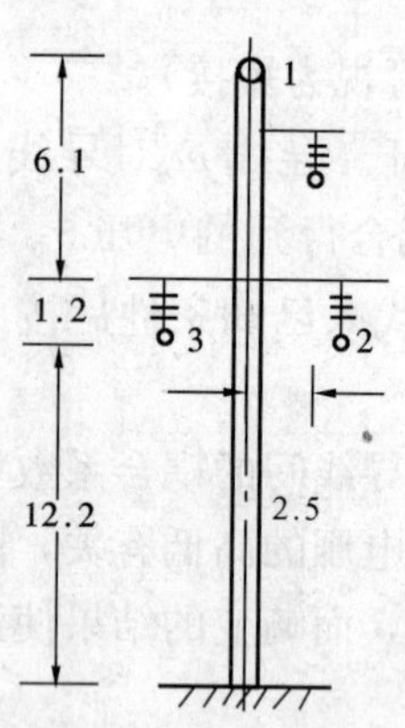

图 3-35 题 3-11 图

3-10 为限制侵入发电机电压波的陡度，需在发电机与架空线路之间加入一段电缆，已知架空线路、电缆线路、发电机绕组的波阻抗分别为 350Ω、50Ω 和 750Ω，波在电缆和发电机中的传播速度分别为 150m/μs 和60m/μs，发电机每匝长 3m，匝间耐压为 600V。沿架空线路侵入的电压波为幅值 U_0＝100kV 的无限长矩形波。

(1) 求应接多长电缆。

(2) 在此电缆长度下求 6.5μs 时发电机上的电压和电流，设侵入波电压在 t＝0 时传至架空线路与电缆线路连接节点。

(3) 求 $t\to\infty$时发电机上电压和电流。

3-11 110kV 单回架空线路，杆塔布置如图 3-35 所示，图 3-35 中尺寸单位为 m，导线直径 21.5mm，地线直径 7.8mm。导线弧垂 5.3m，地线弧垂 2.8m。试计算：

(1) 地线 1、导线 2 的自波阻抗和它们之间的互波阻抗；

(2) 导线 1 对导线 2 的耦合系数。

第 4 章　雷电及防雷设备

本 章 提 要

由于雷电过电压对电气设备绝缘威胁很大，因此为了保证电力系统安全经济运行，必须了解雷电放电过程及其参数并采用保护设备加以限制。

本章主要介绍雷电放电的基本过程、电气参数和主要的防雷设备。学习本章要求掌握雷电的电气参数：雷电流、雷暴日、地面落雷密度和输电线路落雷次数；理解避雷针（线）的保护原理；掌握其保护范围的计算，并能加以应用；掌握避雷器的分类和它们的作用原理；着重掌握阀式避雷器和氧化锌避雷器的结构与工作原理；掌握阀式避雷器和金属氧化物避雷器的主要电气参数。

§4-1　雷电放电及其电气参数

一、雷电放电

雷电（其词意是指雷电时所表现出的电闪雷鸣）是一种自然现象，雷电的实质是大气中出现于带电荷的雷云（雷电云）与大地之间或带异号电荷雷云之间的气体放电。从雷电放电所造成的后果来讲，人们更关心的是雷云与地之间的放电。

至于雷云的形成，一般认为，在有利的大气和大地条件下，由强大的潮湿热气流不断上升进入稀薄的大气层冷凝成水滴，同时强烈气流穿过云层，使水滴被撞分裂带电。轻微的水珠带负电，被风吹得较高，形成大块的带负电的雷云；大滴水珠带正电，凝聚成雨下降，或悬浮在云中，形成一些局部带正电的区域。带有正电荷或负电荷的雷云在地面上又会感应出大量异极性电荷。这样，在带有大量不同极性电荷的雷云间或雷云与大地之间就形成了强大的电场，其电位差可达数兆伏甚至数十兆伏。随着雷云的发展和运动，一旦空间电场强度超过大气游离放电的临界强度时，就会发生雷云之间或雷云与大地之间的气体放电，放电电流可达几十乃至几百千安，放电时产生强烈的光，即闪电，放电引起空气急剧膨胀震动，发生霹雳轰鸣，即雷鸣。

实测表明，对地放电的雷云绝大多数带负电荷，因此放电时流过的雷电流也以负极性电流居多。对地放电的基本过程可用图 4-1 来表示。

雷云中的负电荷逐渐积聚，同时在相近地面上感应出正电荷。在雷云与大地之间，当局部电场强度超过大气游离的临界场强时就开始有放电通道自雷云向地面发展，此过程为先导放电，如图4-1 (a)所示。先导放电通道具有良好导电性，因此雷云中的负电荷沿通道分布，并继续向地面延伸，地面上的感应正电荷也逐渐增多。当先导通道发展临近地面时，由于局部空间的电场强度增大，常出现正电荷的先导放电向天空发展，这称为迎面先导，如图4-1 (b)中 2 所示。当先导通道到达地面或者与迎面先导相遇以后，就在通道端部因大气强烈游离而产生高密度的等离子区，此区域自下而上迅速传播，形成一条高导电率的等离子体

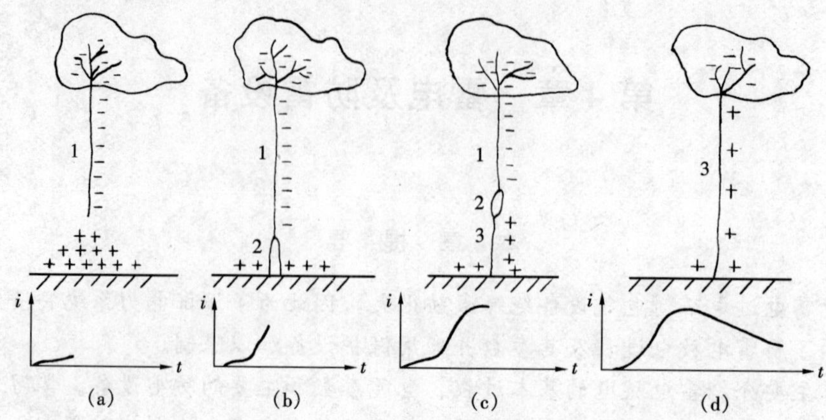

图 4-1　雷电放电的基本过程

(a) 先导放电；(b) 迎面先导；(c)、(d) 主放电过程

1—先导放电；2—强游离区；3—主放电通道

通道，使先导通道以及雷云中的负电荷与大地的正电荷迅速中和，形成数值很大的雷电流，这就是主放电过程，如图 4-1 (c) 和 (d) 所示。

先导放电和主放电对应的电流变化见图 4-1 所示。先导放电发展的平均速度较低，约为 1.5×10^5m/s，表现出的电流不大，约为数百安。而主放电的发展速度很高，约为 2×10^7～1.5×10^8m/s，所以出现甚强的冲击电流，可达几十至数百千安。

雷电观测表明，雷云对大地的放电通常包括若干次重复的放电过程，而且每一次都有先导放电和主放电组成，这是由于雷云中可能存在多个电荷中心。这种重复放电之间的间歇时间大约为几十微秒，而重复次数一般为 2～3 次，最多可达 40 多次。

二、雷电放电的等值电路

雷击地面时由先导放电发展为主放电的过程可用图 4-2 (a) 所示的模型来模拟。图中 Z 为被击物与大地（零电位）之间的阻抗，σ 是先导放电通道中电荷的线密度。开关 S 的闭合表示主放电的开始。此时，大量的正、负电荷沿先导通道逆向运动，如图 4-2 (b) 所示。此过程表现为有幅值甚高的主放电电流（即雷电流）i 流过阻抗 Z，此时 A 点电位也突然升至 $u=iZ$。研究表明，先导通道具有分布参数的特征，称之为雷电通道，其波阻抗为 Z_0（我国规定 $Z_0=300\sim400\Omega$）。这样主放电过程就可以看作是沿波阻抗为 Z_0 的无限长雷电通道自天空向地面传来的前行波 u_0、i_0（$u_0=Z_0i_0$）到达 A 点的过程，如图 4-2 (c) 所示。此等值模型表示成彼德逊等值电路如图 4-2 (d) 所示。

三、雷电的电气参数

1. 雷电流

在雷电放电过程中，流过被击物的电流 i 是可以测知的。由 i 可根据雷电放电等值电路反推雷电的参数，以供工程应用。由图 4-2 (d) 所示的等值电路以及 $u_0=Z_0i_0$，有

$$i=\frac{2u_0}{Z_0+Z}=\frac{2Z_0}{Z_0+Z}i_0 \tag{4-1}$$

我国规程以及国际上都规定，雷击于低接地阻抗（$Z\approx0$ 或 $Z\ll Z_0$）物体时，流过该物

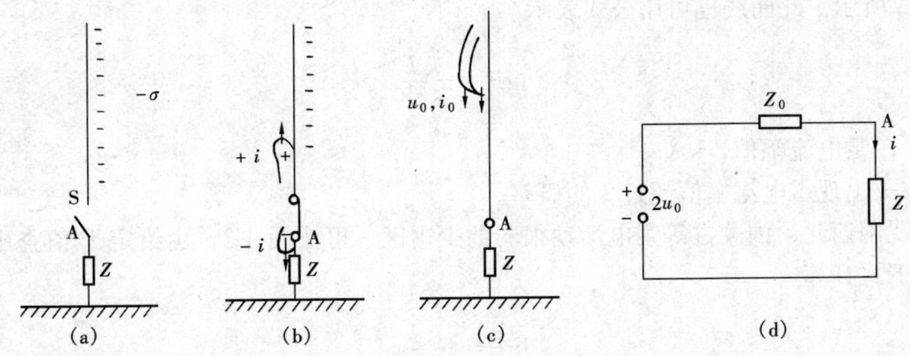

图 4-2 雷电放电的计算模型

(a) 先导放电发展为主放电；(b) 主放电；(c) 主放电过程；(d) 彼德逊等值电路

体的电流定义为雷电流。此时

$$i=2i_0 \tag{4-2}$$

即雷电流为沿雷电通道 Z_0 传播而来的雷电流波 i_0 的两倍。若图 4-2（d）的等值电路用诺顿等值电路表示，那么等值电流源即雷电流。

2. 雷暴日及雷暴小时

在进行防雷设计和采取防雷措施时，必须要从该地区雷电活动的具体情况出发。不同地区雷电活动的频繁程度用雷暴日（又称雷电日）或雷暴小时（又称雷电小时）来表示。雷暴日为该地区一年中有雷电的累计天数，而雷暴小时为一年中有雷电的累计小时数，一天中或一小时中只要听到雷声就记作为一个雷暴日或一个雷暴小时。由于不同年份的雷电活动情况有所不同，所以均采用多年的平均值。我国根据长期观察结果，绘制出了全国平均雷暴日分布图，给防雷设计提供依据。我国规程规定：年平均雷暴日不超过 15 的地区为少雷区；超过 40 的为多雷区；超过 90 的地区为强雷区。

3. 地面落雷密度 γ 和线路落雷次数

雷暴日或雷暴小时仅表示某一地区雷电活动的强弱，而没有区分是雷云之间的放电还是雷云对地面的放电。地面落雷密度就表示雷云对地放电的频繁程度。在雷暴日每平方公里地面遭受雷击的次数称为地面落雷密度，以 γ 表示。我国有关标准建议在雷暴日为 40 的地区，γ 取 0.07。但在土壤电阻率突变地带的低电阻率地区，易形成雷云的向阳或迎风的山坡，雷云经常经过的峡谷，这些地区的 γ 值要大得多，在选择发、变电站位置时应尽量避开这些地区。

对于雷暴日为 40 的地区，避雷线平均高度为 h 的线路，每 100km 线路每年受雷击的次数为

$$N=0.28(b+4h) \tag{4-3}$$

式中 b——两根避雷线之间的距离，m。

4. 雷电流幅值 I

雷电流幅值与气象、自然条件等因素有关，是一个随机变量，但符合统计规律。根据大量的实测数据，我国大部分地区（雷暴日大于 20 的雷电活动区）的雷电流幅值概率分布曲

线如图 4-3 所示。此曲线也可用公式表示

$$\lg P = -\frac{I}{88} \tag{4-4}$$

式中 I——雷电流幅值，kA；

P——出现雷电流幅值超过 I 的概率。

对于我国西北、内蒙古等雷电活动很弱的少雷区，可按图 4-3，由给定 P 值查出 I 后减半，或按下式计算

$$\lg P = -\frac{I}{44}$$

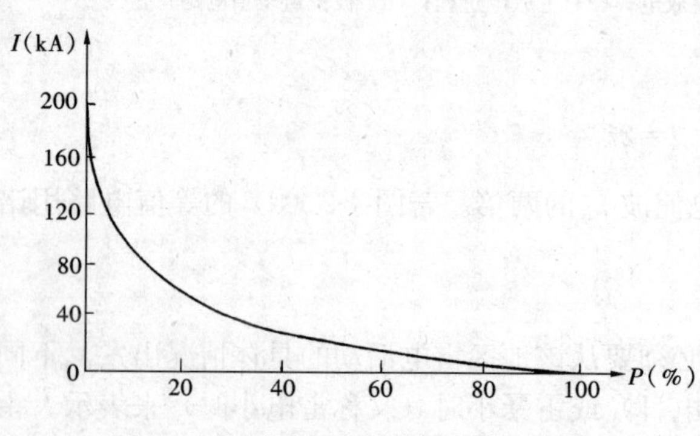

图 4-3 我国雷电流幅值概率分布曲线

5. 雷电流的波头和波头陡度

根据实测结果，雷电流的波前时间在 1～5μs 范围内，平均为 2.5～2.6μs。半峰值时间为 20～100μs，平均为 50μs。工程上根据不同情况的需要，规定出相应的波前与半峰值时间。

在防雷设计时，规程规定雷电流波前时间为 2.6μs，半峰值时间为 50μs。由于半峰值时间对防雷计算结果几乎无影响，为简化计算，也可视为无限长。

雷电流的幅值与波前时间，决定了雷电流的上升陡度，或波头陡度，它是防雷设计时的一个重要参数。雷电流的波头陡度与幅值线性相关（相关系数约为 0.6），即幅值越大，陡度越大。一般认为陡度超过 50kA/μs 的雷电流出现的概率已经很小（约为 0.04）。

6. 雷电流的波形

实测结果表明，雷电流的幅值、波前时间、半峰值时间虽然每次不尽相同，但都为单极性的冲击波。电气设备绝缘强度试验时和电力系统防雷保护设计时，要求将雷电流波形典型化等值，以使其可用公式表达，便于计算。常用的等值波形有三种，如图 4-4 所示。

图 4-4（a）为标准冲击波，可用双指数形式表示

$$i = I_0(e^{-\alpha t} - e^{-\beta t}) \tag{4-5}$$

式中 I_0——某一固定电流值；

α、β——固定常数。

双指数标准冲击波形也用作为绝缘强度试验的标准电压波形，如 1.2/50μs 雷电标准冲击电压波形。

图 4-4（b）为斜角平顶波形。在防雷保护计算中常采用此波形，波头时间为 2.6μs，波头陡度为$\frac{I}{2.6}$kA/μs。

图 4-4（c）为等值余弦波形，其波头部分表达式为

$$i = \frac{I}{2}(1 - \cos\omega t) \tag{4-6}$$

式中　I——雷电流幅值，kA；

ω——角频率，由波头 t_f 所决定，$\omega=\frac{\pi}{t_f}$。

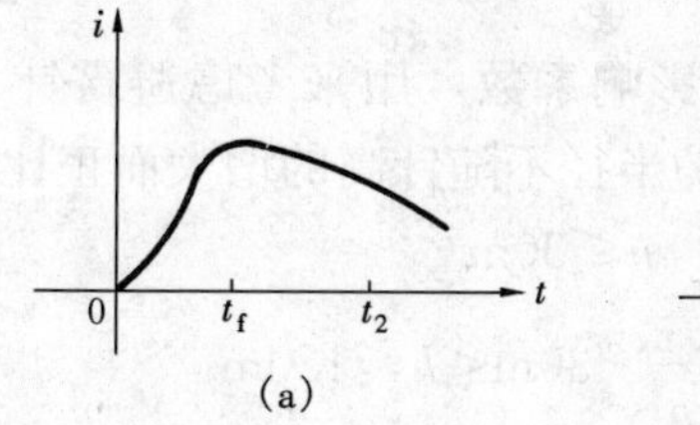

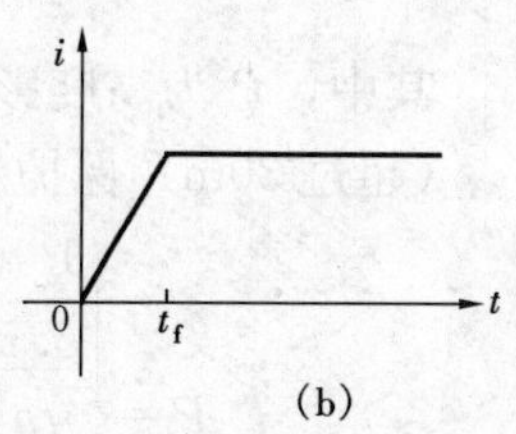

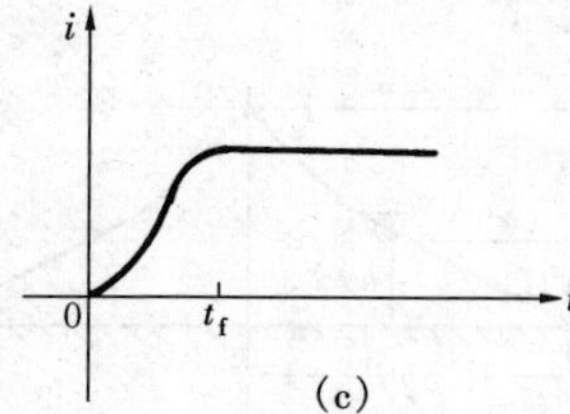

图 4-4　雷电流典型等值波形

(a) 标准冲击波；(b) 斜角平顶波；(c) 等值余弦波

这种等值波形多用于分析雷电流波头作用，因为用余弦函数波头计算雷电流通过电感支路时所引起的压降比较方便。此时最大陡度出现在波头中间，即 $t=\frac{t_f}{2}$，其值为

$$\left.\frac{\mathrm{d}i}{\mathrm{d}t}\right|_{\max}=\frac{I\omega}{2} \tag{4-7}$$

7. 雷电流的极性

国内外实测结果表明，对地的雷电放电中负极性占绝大多数，约为 75%～90%，加之负极性的冲击过电压波沿线路传播时衰减小，对设备危害大，故防雷设计时一般按负极考虑。

§4-2　避雷针和避雷线的保护范围

一、避雷针及避雷针的保护范围

为了防止设备、线路（或建筑）遭受直击雷击，常采用避雷针或避雷线。避雷针由金属制成，它高于被保护对象，并与足够截面的接地引下线和良好的接地装置连接。

避雷针的保护原理是吸引雷电击于自身，并使雷电流泄入大地。当雷云的先导向下发展到离地面一定高度时，高出被保护对象的避雷针的顶端形成局部电场强度集中的空间，以至于有可能产生局部游离而形成向上的迎面先导，这就影响了下行先导的发展方向，使其仅对避雷针放电，从而使避雷针附近一定空间范围内的物体免遭雷击，受到保护。

避雷针的保护范围是指其周围的一定空间，在此空间内被保护物不遭受雷击。我国规程所规定保护范围的计算方法是根据模拟试验和长期运行经验得出的。需指出的是，在保护范围内并不是绝对保险的，只不过保护失效率（即屏蔽失效率或绕击率）仅为 0.1%，实践证明，此概率是可以被接受的。

二、避雷针保护范围的计算

1. 单支避雷针

单支避雷针的保护范围是一类似于圆锥体的空间，其剖面边界线为折线，折线的分界点为避雷针半高处，如图 4-5 所示。设避雷针的高度为 h（m），被保护物体的高度为 h_x（m），在高度 h_x 水平面上避雷针保护范围的半径 r_x（m）可由下式计算

$$r_x=\begin{cases}(h-h_x)P & h_x\geqslant\dfrac{h}{2}\\(1.5h-2h_x)P & h_x<\dfrac{h}{2}\end{cases}\tag{4-8}$$

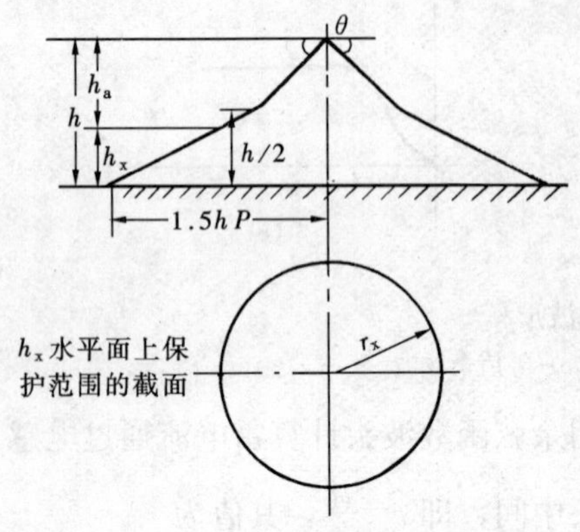

图 4-5 单支避雷针的保护范围

其中，P 为高度影响系数，用来考虑避雷针太高时（超过 30m）保护半径不随针高的增大而正比增大。

$$P=\begin{cases}1 & h\leqslant 30\text{m}\\\dfrac{5.5}{\sqrt{h}} & 30\text{m}<h\leqslant 120\text{m}\\\dfrac{5.5}{\sqrt{120}} & h>120\text{m}\end{cases}\tag{4-9}$$

由此可见，当 $h\leqslant 30$m 时，图 4-5 中保护范围的半顶角为 45°，而当 $h>30$m 时，半顶角小于 45°。

2. 两支等高避雷针

当要求保护范围较大时，采用单避雷针往往要求提高针的高度，而由于受高度影响系数的影响，一味提高针高来扩大保护范围效果并不好，为此在工程上都采用两针或多针联合进行保护。

两支等高避雷针联合的保护范围要比两针各自保护范围的叠加还要大。两针联合保护范围如图 4-6 所示。两针外侧的保护范围按单针的方法确定。两针之间的保护范围由通过 1、O、2 三点的圆弧画出，O 点的高度 h_0 按下式计算

$$h_0=h-\frac{D}{7P}$$

式中 D——两针之间的距离，m；

P——高度影响系数，其值的确定同上。

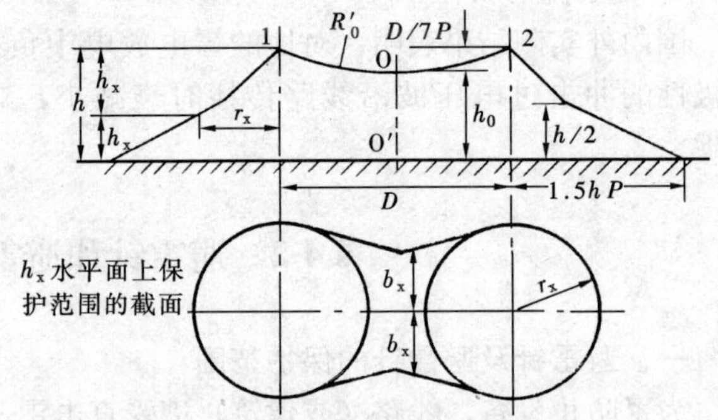

图 4-6 两等高避雷针的保护范围

在 O-O′截面上高度为 h_x 的水平保护宽度为 $2b_x$，b_x 计算式为

$$b_x=1.5(h_0-h_x)\tag{4-10}$$

当 $b_x\geqslant 0$ 时，两针联合保护范围比两单针保护范围叠加还有所扩大，见图4-6中两圆之间部分。

由此可见，要使两针能有效构成联合保护，两针间的距离太大是不行的。当被保护物高度为 h_x 时，两针间的距离必须小于$7(h-h_x)P$，一般二针间距离与针高之比 D/h 不宜大于 5。

当 $b_x<0$ 时，保护范围不扩大，即仅为两单针的保护范围。

若计算出 $b_x\geqslant r_x$ 时，仍取 $b_x=r_x$。由此可见，两针之间保护范围的最大宽度为 r_x。

3. 多支等高避雷针

等高三针联合保护范围如图 4-7（a）所示。由 1、2、3 点所组成三角形外侧的保护范围分别按三组等高双针的方法确定，其内侧，如果所有相邻两针之间的 b_x 都大于等于 0，那么

由1、2、3三点所组成的三角形内都能得到保护。显然，三针联合保护范围要比三组等高双针保护范围的叠加还要扩大。

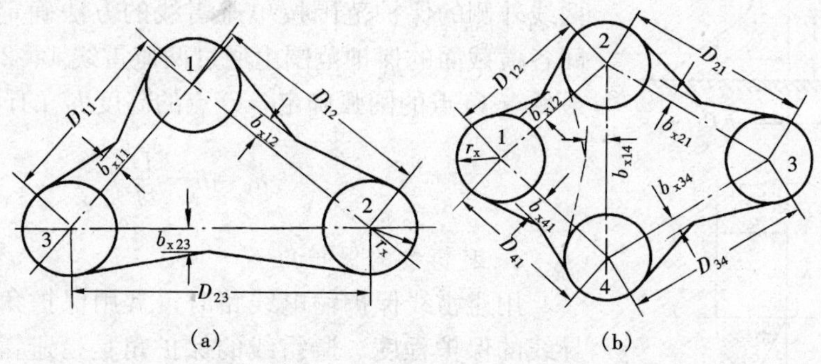

图4-7　三、四支等高避雷针在 h_x 水平面上的保护范围

(a) 三支等高避雷针在 h_x 水平面上的保护范围；(b) 四支等高避雷针在 h_x 水平面上的保护范围

四根以上等高多针联合保护范围，可先将由避雷针构成的多边形分成若干个三角形，然后按各等高三避雷针的方法确定保护范围。四等高避雷针的保护范围如图4-7（b）所示。

4．两支不等高避雷针

两支不等高避雷针的保护范围可这样确定，如图4-8所示。首先按单避雷针分别作出它们的保护范围，然后由低针2的顶点作水平线，与高针1的保护范围交于点3，点3即为一假想等高针的顶点，再按两支等高避雷针的方法确定避雷针2和3之间的保护范围。

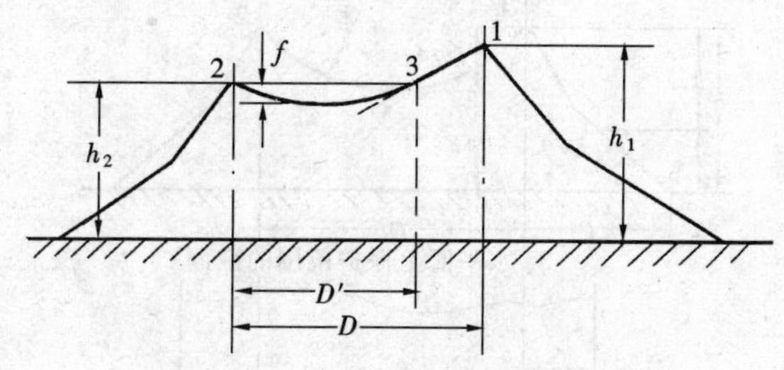

图4-8　两支不等高避雷针的保护范围

5．多支不等高避雷针

三支不等高避雷针，各相邻两避雷针外侧保护范围按两支不等高避雷针的方法确定。其内侧，若所有相邻两针之间的 b_x 都大于等于0，那么此三角形内全部受到保护。四支及以上不等高避雷针，可仿效多支等高避雷针的方法确定其保护范围。

三、避雷线的保护范围

1．单根避雷线

避雷线是高于带电导线的接地导线，也称为架空地线。当然除了保护线路之外，也有用来保护建筑物的。由于避雷线使电力线只发生两度空间的集中而不像避雷针发生三度空间的集中，所以避雷线的引雷作用要小于避雷针，还要考虑到避雷线受风吹而摆动，因此避雷线的保护宽度比避雷针要小。

单根避雷线的保护范围如图4-9所示。在 h_x 水平面上每侧保护范围的宽度 r_x 为

$$r_x=\begin{cases}0.47(h-h_x)P & h_x\geqslant\dfrac{h}{2}\\(h-1.53h_x)P & h_x<\dfrac{h}{2}\end{cases}$$

由此可见，当 $h_x\leqslant30$m时，保护范围的半顶角约为25°，大大小于单避雷针的45°。

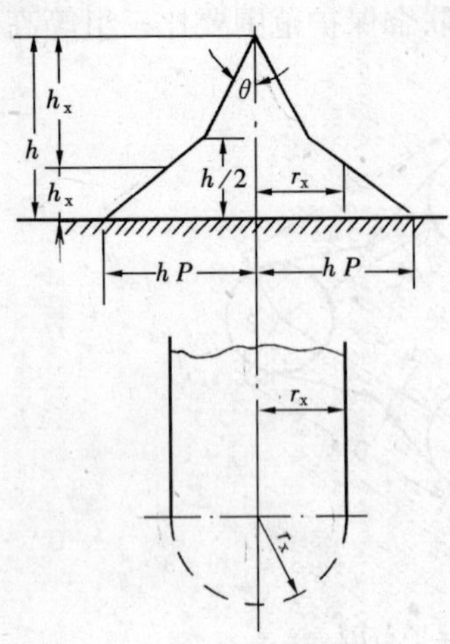

图 4-9　单根避雷线的保护范围

2. 两等高平行避雷线

两根等高平行避雷线的联合保护范围如图 4-10 所示。两线外侧的保护范围按单避雷线的方法确定。两避雷线之间各横截面的保护范围由通过两避雷线 1、2 点及保护范围最低点 O 点的圆弧确定，O 点的高度 h_0 的计算式

$$h_0 = h - \frac{D}{4P}$$

3. 避雷线的保护角

用避雷线保护输电线路时，常用保护角表示避雷线对导线的保护程度。避雷线的保护角是指避雷线和外侧导线的连线与过避雷线铅垂线之间的夹角，如图 4-11 中的角 α。显然，α 越小，导线就越在避雷线的保护范围之内，对导线的直击雷保护越可靠，雷绕击导线的概率越小。高压输电线路的保护角一般不超过 30°，超高压输电线路甚至采用负保护角。

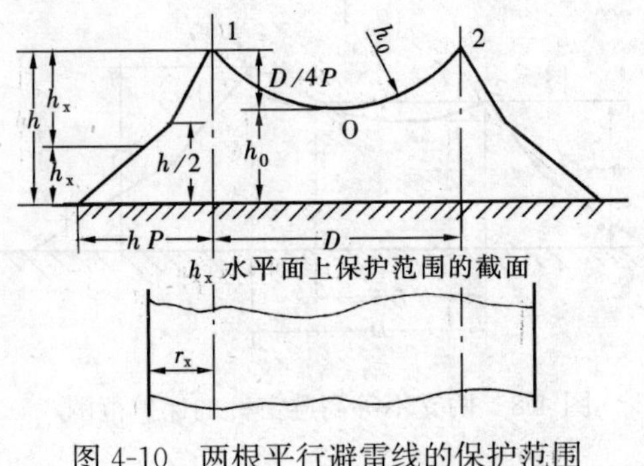

图 4-10　两根平行避雷线的保护范围

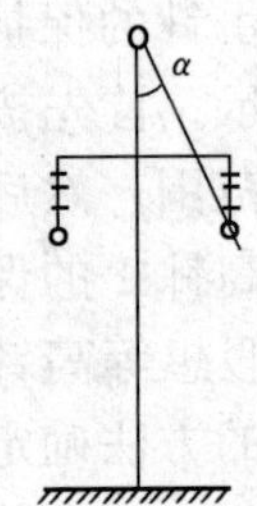

图 4-11　避雷线的保护角

§4-3　避　雷　器

对于发电厂、变电所来讲，可以安装避雷针（线）使它们免受雷击。但对于延伸甚广的输电线路，即使是全线架设避雷线，也不能完全排除在导线上出现雷电过电压的可能性（由于屏蔽失效引起绕击或雷击杆塔引起反击）。由雷击产生的过电压波，将沿线路传到变电所，危及电气设备的绝缘。为了限制这种过电压，就需装设避雷器。避雷器接在相、地之间，与被保护电气设备的绝缘相并联。当出现过电压时，避雷器在被保护设备绝缘击穿前先动作，当然这要由两者的全伏秒特性的配合来保证，由于避雷器的动作，强大的冲击电流泄入大地；短暂的过电压作用结束后，工频电流将沿原冲击电流通道继续流过，此电流称为工频续流，所以避雷器还应能迅速切断工频续流，才能保护电力系统的安全运行。

目前使用的避雷器主要是金属氧化物避雷器，有些地方阀式避雷器也仍在使用，在某些情况下也使用保护间隙。除了限制雷电过电压外，金属氧化物避雷器还可以用来限制内部过电压。虽然排气式避雷器和磁吹阀式避雷器现已不使用，作为了解避雷器发展演变过程，仍

作简单介绍。

一、保护间隙与排气式避雷器

保护间隙可以说是最简单的一种避雷器。常用的角形保护间隙如图 4-12 所示。它由主间隙和辅助间隙串联而成。辅助间隙是为了防止主间隙被外物（如小鸟）短路引起误动作而设的。主间隙的两个电极做成角形，可以使工频续流电弧在自身电动力和热气流作用下易于上升而自行熄灭。保护间隙的主要缺点是灭弧能力低。在中性点有效接地系统中一相间隙动作或在中性点非有效接地系统中两相间隙动作后，流过保护间隙的工频续流就是电网的短路电流。对于这种续流电弧，保护间隙一般是不能自行熄灭的。因此保护间一般只用于不重要的和不会造成严重后果的场合，例如低压配电网以及中性点非有效接地电网。

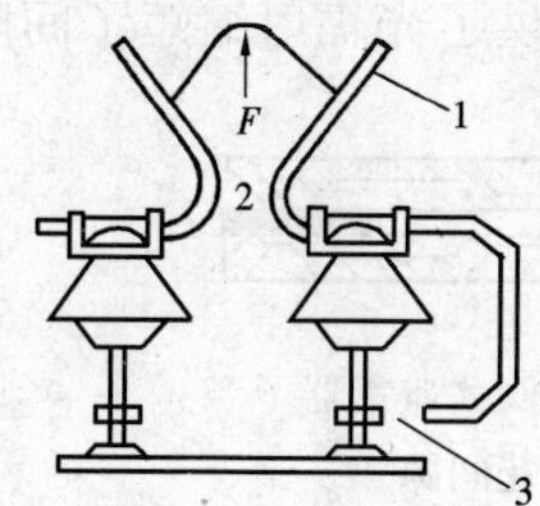

图 4-12 角形保护间隙

1—ϕ612mm 的圆钢；2—主间隙；3—辅助间隙；F—电弧运动方向

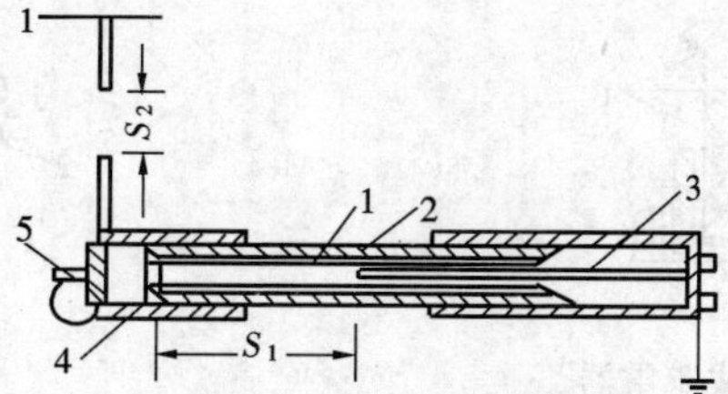

图 4-13 排气式避雷器

1—产气管；2—胶木管；3—棒形电极；4—环形电极；5—动作指示器；S_1—内间隙；S_2—外间隙

排气式避雷器实质上也是放电间隙，只不过其熄弧能力比放电间隙强。它的原理结构图如图 4-13 所示。内间隙 S_1 置于由产气材料制成的灭弧管内，外间隙 S_2 把灭弧管与电网隔开。当雷电过电压使其内外间隙击穿后，冲击电流即被导入大地。而后，流过工频续流，此时在电弧高温作用下，产气材料产生大量气体，其压力使气体从开口端喷出，形成强烈的纵吹作用，经过 1～3 个周波后，工频电弧电流在过零时熄灭，从而解决了保护间隙不能可靠自动熄弧，使供电中断的缺点。

为了使工频续流电弧熄灭，排气式避雷器必须能产生足够的气体，而产气的多少又与流过排气式避雷器的短路电流大小有关，若短路电流过小，产气不足，不能切断电弧；若短路电流过大，产气过多，使灭弧管爆炸。因此排气式避雷器不但有一个切断电流的下限，而且还有一个切断电流的上限。排气式避雷器的上限电流 I_{max} 和下限电流 I_{min} 通常表示在其型号中，如 GXS $\dfrac{U_N}{I_{min}-I_{max}}$，$U_N$ 是额定工作电压。显然，排气式避雷器安装点的系统最大与最小短路电流要分别小于和大于排气式避雷器的上、下限。

排气式避雷器与保护间隙有相同缺点，一是伏秒特性较陡，不易与被保护设备配合；二是动作后都形成截波，不利于绕组的纵绝缘。因此排气式避雷器只用于输电线路个别地段的保护，如大跨距和交叉档距处，或变电所的进线段保护。

二、阀式避雷器

由于排气式避雷器与保护间隙有上述缺点，所以在电气设备的过电压保护中一般都采用阀式避雷器或目前被广泛采用的金属氧化物避雷器。它们的保护特性是决定电气设备绝缘水平的基础。

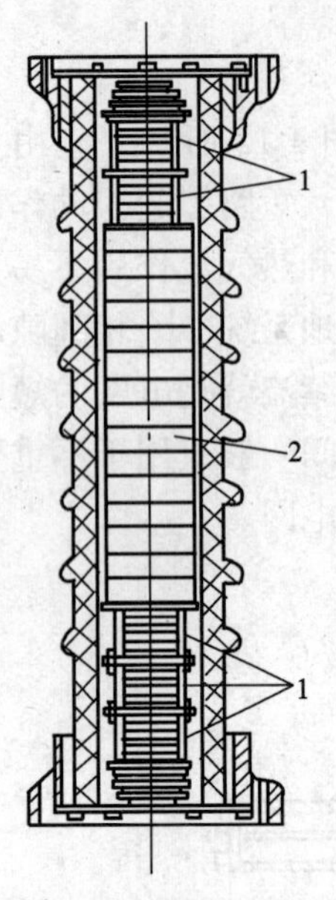

图 4-14 阀式避雷器

1—火花间隙；2—阀片

1. 组成结构

阀式避雷器由装在密封瓷套中的火花间隙组和非线性电阻（称为阀片）组成，如图 4-14 所示。阀式避雷器有普通阀式和磁吹阀式两类，它们的区别在于火花间隙不同。

(1) 普通阀式避雷器的火花间隙由如图 4-15 所示的许多单个短间隙串联而成。间隙的电极由黄铜材料冲压成小圆盘状，中间以云母垫圈隔开，间距为 0.5～1mm。由于电极间电场接近均匀电场，而且在云母垫圈与电极接触处的薄层气隙中当未达到间隙放电电压时就因场强大而产生局部放电，对间隙提供了光辐射缩短了间隙的放电时间，因此间隙的伏秒特性较平，放电分散性较小，有利于与被保护设备绝缘之间的伏秒特性配合。单个火花间隙工频放电电压约为 2.730kV（有效值），其冲击系数为 1.1 左右。

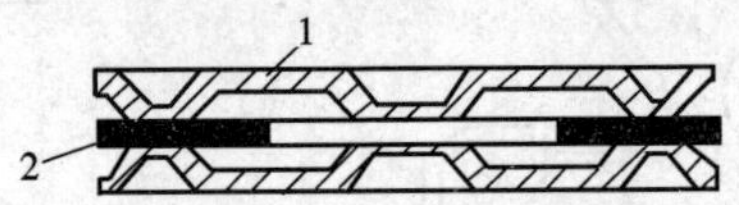

图 4-15 普通阀式避雷器的单个火花间隙

1—黄铜电极；2—云母垫圈

避雷器动作后，工频续流电弧被火花间隙分成许多串联的短电弧，利用短电弧自然熄弧能力使电弧熄灭。在没有热电子发射时，单个间隙的初始恢复强度可达 250V 左右，为此，间隙的工频续流应限制在 80A 峰值（配电型为 50A）以下，以保证工频续流第一次过零时电弧熄灭。

(2) 磁吹阀式避雷器的火花间隙也是由许多单个间隙串联而成的。间隙放电后的工频续流是利用磁场（由磁吹线圈产生）使电弧产生运动（旋转或拉长）来加强去游离，从而提高间隙的灭弧能力。磁吹间隙的种类较多，用得较多的是电弧拉长型火花间隙，如图 4-16 所示。间隙由一对角形电极 1 所组成，磁场是轴向的，续流电弧被轴向磁场力拉长，吹入灭弧栅中（图中虚线所示），电弧最终长度可达起始长度的数十倍，灭弧盒 2 用陶瓷或云母、玻璃等材料制成，电弧在灭弧栅中受到强烈的去游离作用，因而电弧电阻很长，能起到限制工频续流的作用，故这种间隙又称限流型间隙。此种间隙可切断 450A 左右的续流。

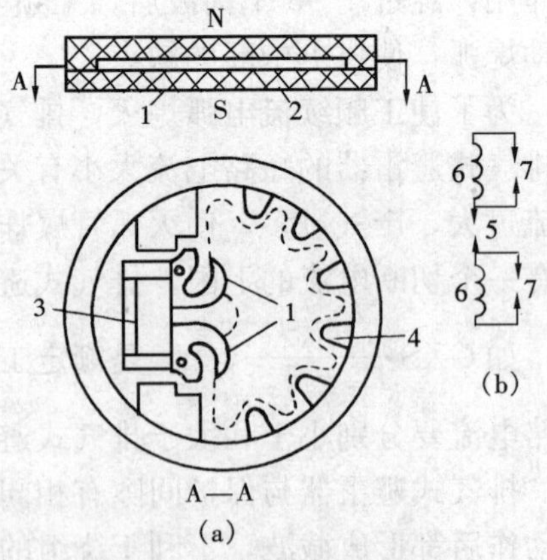

图 4-16 磁吹阀式避雷器的单个火花间隙

1—角形电极；2—灭弧盒；3—并联电阻；4—灭弧栅；5—主间隙；6—磁吹线圈；7—辅助间隙

在过电压作用时，放电电流通过磁吹线圈 6，该线圈有一定的电感值，因此会在线圈上产生很大压降，它与阀片上的压降一起加于被保护设备，使保护性能变差。为此，在每个磁吹线圈两端并联一个小的辅助间隙7。在冲击过电压作用下，线圈所并的辅助间隙被击穿，主间隙5也被击穿，放电电流便经过辅助间隙、主间隙和阀片电阻流入大地，使避雷器的压降不致增高。而当放电之后，工频续流通过，磁吹线圈的阻抗很小，压降也很低，不能维持辅助间隙的电弧，所以辅助间隙中的电流很快转入线圈中，线圈所产生的磁场迅速吹灭电弧。

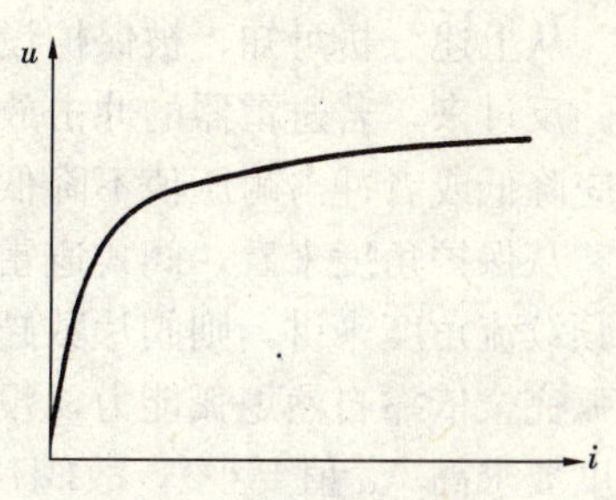

图4-17 阀片的伏安特性

(3) 阀式避雷器的阀片电阻是由许多阀片串联而成的。其电阻是随流过电流的大小呈非线性变化的，电流大时阻值小，电流小时阻值大，其非线性的伏安特性如图4-17所示。也可用下式表示

$$u=Ci^{\alpha}$$

式中 C——取决于材料的常数；

α——非线性系数，$0<\alpha<1$，α值越小，非线性程度越高。

阀片电阻是由金刚砂（主要为SiC）粉末与黏合剂模压成圆饼状，再经高温焙烧而成。普通阀式避雷器阀片电阻的非线性系数α约为0.2左右，磁吹阀式避雷器的阀片电阻的非线性系数约为0.24左右。

多个短间隙串联后，由于对地电容的存在，会出现工频恢复电压在各个间隙上的分布不均匀问题，从而降低了避雷器的熄弧能力，同时其工频放电电压也将下降。为解决此问题，除了用于配电系统的阀式避雷器外，对每个火花间隙组并一均压电阻，称为分路电阻。并联分路电阻以后，在工频电压作用下，由于间隙的等值容抗大于分路电阻值，间隙电压主要由电阻决定，因而可使间隙工频电压分布均匀，不至于降低它的工频放电电压和灭弧能力。在冲击过电压作用下，由于其等值频率很高，间隙的等值容抗小于分路电阻值，分路电阻对间隙电压分布无影响。而冲击电压下间隙的电压分布由于对地杂散电容影响是不均匀的，因此避雷器的冲击放电电压低于单个间隙放电电压之和，由此降低了避雷器的冲击系数，这对改善避雷器的保护性能是有好处的。为防止避雷器冲击系数过低而引起不必要的动作，有时需在避雷器顶部装均压环。

分路电阻长期处于工作电压作用之下，因此必须有足够大的电阻值和热容量，通常采用以SiC为主要成分的非线性电阻，其伏安特性为$u=Ci^{\alpha}$，非线性系数α约为0.35～0.45。

2. 工作原理

在电力系统正常工作时，阀式避雷器的火花间隙不放电，将阀片电阻与工作电压隔离，以免在阀片电阻中长期流过电流使阀片烧坏。当系统中出现雷电过电压且其幅值超过间隙放电电压时，间隙击穿，很大的冲击电流通过阀片流入大地，由于阀片的非线性特性，此时呈低阻值，使阀片电阻上的压降（称为残压），也即避雷器上的压降受到限制，并使其低于被保护电气设备绝缘的冲击耐压值，电气设备绝缘就得到了保护。当短暂的过电压作用之后，在工作电压作用下，间隙中仍有工频电弧电流（即工频续流）通过，但由于此工频续流远比冲击电流小，所以阀片电阻呈高阻值，工频续流受到阀片电阻的限制，使火花间隙能在工频续流第一次经过零值时就将电弧切断。以后，就依靠间隙的绝缘强度能耐受电网恢复电压的作用而不会发生重燃。这样，避雷器从间隙击穿到工频续流切断不超过半个工频周期，继电保护来不及动作系统就已恢复正常。

从上述分析可知，被保护设备绝缘的冲击耐压值必须要高于避雷器的冲击放电电压和残压。反过来，若避雷器的冲击放电电压和残压能够降低，则电气设备绝缘的冲击耐压值也可相应降低或者冲击耐压值不降低但提高了绝缘的安全裕度。

从保护角度来看，阀式避雷器的阀片数越少，阀片电阻越小，保护效果越好；但从切断工频续流角度来讲，则阀片数越多，工频续流越小，切断工频续流越容易。普通阀式避雷器熄弧完全依靠自然熄弧能力，没有采取强迫熄弧措施，所以阀片电阻不能太小。同时非线性程度要求高（α 值要小），故阀片的通流容量有限，只能用于220kV及以下系统中作为限制大气过电压用。磁吹避雷器依靠磁吹电弧强迫工频续流熄弧，故阀片电阻可小些，非线性程度可差些（α 可大一些），故阀片的通流容量大，不仅可用于限制大气过电压，也可用作限制内部过电压的后备措施，如用在330kV及以上超高压系统中。

3. 电气参数

我国生产的阀式避雷器，普通阀式有FS和FZ两种系列，磁吹阀式有FCZ和FCD两种系列。FS系列的火花间隙没有分路电阻，阀片较小（ϕ55mm），适用于配电系统。FZ系列的间隙有分路电阻，阀片较大（ϕ100mm），适用于变电所电气设备的大气过电压保护。FCZ系列曾用于330kV及以上超高压变电所电气设备的大气过电压保护，同时还可兼作内部过电压的后备保护。FCD系列主要用于旋转电机的保护。FCD型的部分间隙有并联电容。

阀式避雷器的主要电气参数有：

（1）额定电压。我国习惯把安装避雷器的系统电压称为避雷器的额定电压。但根据国际电工委员会（IEC）和很多国家的术语规定，避雷器的额定电压是指避雷器两端允许加的最高工频电压有效值，相当于下面所述的灭弧电压。

（2）灭弧电压。灭弧电压是指保证避雷器能够在工频续流第一次过零灭弧时，允许加在避雷器上的最高工频电压。灭弧电压应当大于避雷器工作母线上可能出现的最高工频电压，否则避雷器可能因为不能灭弧而爆炸。这个最高工频电压不能仅按正常工作时的相电压考虑，而应考虑到电网发生单相接地时非故障相电压升高的情况，即避雷器的灭弧电压应当高于单相接地时非故障相可能出现的最高工频电压。

电力系统暂态分析表明，在中性点有效接地系统、中性点不接地系统和中性点经消弧线圈接地系统中，发生单相接地故障时非故障相电压分别可达工作线电压的80%、110%和100%。所以，在这三种系统中选用阀式避雷器时，灭弧电压分别取系统最大工作线电压的80%、110%和100%。

（3）工频放电电压。工频放电电压是指在工频电压作用下，避雷器的放电电压值。由于避雷器火花间隙击穿电压的分散性，工频放电电压都给出上限和下限值。如果加在避雷器上的工频电压超过避雷器的工频放电电压上限值，避雷器一定击穿放电。反之，如加在避雷器上的工频电压低于避雷器工频放电电压值的下限，避雷器一定不会击穿放电。由于普通阀式避雷器不允许在内过电压下动作，因此避雷器工频放电电压的下限值应不低于避雷器安装点可能出现的内过电压值。35kV及以下系统和110kV及以上系统，此值分别为3.5和3.0倍相电压。

（4）冲击放电电压。冲击放电电压是指在预放电时间为1.5～20μs的冲击电压作用下避雷器的放电电压（幅值）。通常给出的是上限值，即不大于的值。在超高压系统中，还需要给出避雷器在标准操作冲击电压下以及在陡波（1200kV/μs）下的冲击放电电压。

(5) 残压。残压是指雷电流通过避雷器时的压降（即阀片电阻上的压降）。由于变电所一般都设有进线保护段，因此雷电直接击于线路只限于进线段（通常为2km）之外，这样流过避雷器的雷电流要经过进线段线路，其波头陡度和幅值都受到限制。根据实测统计分析，避雷器标准规定通过避雷器的雷电流波形为8/20μs，对220kV及以下系统幅值为5kA，对330kV及以上系统幅值取10kA。显然，被保护设备要得到保护，避雷器的冲击放电电压和残压都应低于设备的冲击耐受电压。

根据上述阀式避雷器的主要电气参数可得到综合评价避雷器整体保护性能的几个技术指标：

(1) 冲击系数：冲击放电电压与工频放电电压（幅值）之比，一般希望冲击系数接近于1，这样避雷器的伏秒特性比较平坦，有利于与被保护设备的配合。

(2) 切断比：工频放电电压（下限）与灭弧电压之比，它是体现间隙灭弧能力的重要指标。因为间隙绝缘强度的恢复需要一个去游离的过程，所以灭弧电压总是低于工频放电电压。切断比越小，说明绝缘强度的恢复越快，因而灭弧能力越强。一般普通阀式和磁吹阀式避雷器的切断比分别为1.8和1.4左右。

(3) 保护比：避雷器残压与灭弧电压（幅值）之比，保护比越小，说明残压越低或灭弧电压越高，避雷器的保护性能和灭弧性能越好。普通阀式避雷器的保护比约为2.3～2.5，磁吹阀式避雷器的保护比约为1.7～1.8。

另外，避雷器标准还规定了阀片通过电流能力的通流容量：普通阀式避雷器为波形20/40μs、幅值5kA冲击电流和幅值100A的工频电流各20次；磁吹阀式避雷器为2000μs方波幅值800～1000A的方波电流20次。

三、金属氧化物避雷器

金属氧化物避雷器（MOA）也称为氧化锌避雷器，是20世纪70年代开始出现的新一代避雷器。就其组成结构而言，可分为无间隙金属氧化物避雷器和有间隙金属氧化物避雷器。通常所说的金属氧化物避雷器，若不指明有间隙，一般是指无间隙金属氧化物避雷器。金属氧化物避雷器的结构非常简单，仅由相应数量的氧化锌阀片电阻密封在瓷套内组成。

1. 氧化锌阀片电阻的伏安特性

氧化锌阀片电阻是以氧化锌为主要成分再加以少量其他金属氧化物添加物，经过成型、烧结、表面处理等工艺过程而制成的。氧化锌阀片电阻较之碳化硅阀片电阻有非常优异的非线性伏安特性，两者比较如图4-18所示。从图可见，在10^4A下残压相同，而在工作电压U_φ下，SiC阀片电阻中的电流有100A，而ZnO阀片电阻中的电流却只有几十微安。也就是说，在工作电压下氧化锌阀片电阻实际上相当于一绝缘体，所以金属氧化物避雷器可以不用串联间隙隔离阀片电阻。

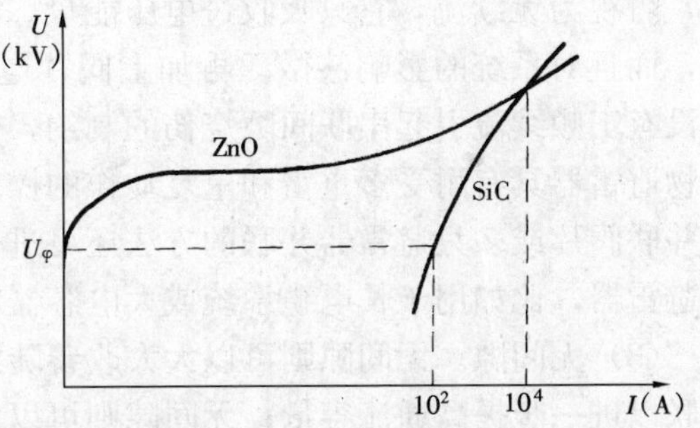

图4-18 两种阀片伏安特性比较

氧化锌阀片电阻的全伏安特性如图4-19所示。伏安特性可分三个典型区域，区域Ⅰ是小电流区，电流在1mA以下，非线性系数α较高，约为0.2左右，故伏安特性陡峭。在正常运行电压下，氧化锌阀片电阻工作于此小电流区。区域Ⅱ为工作电流区，电流在10^{-3}～3

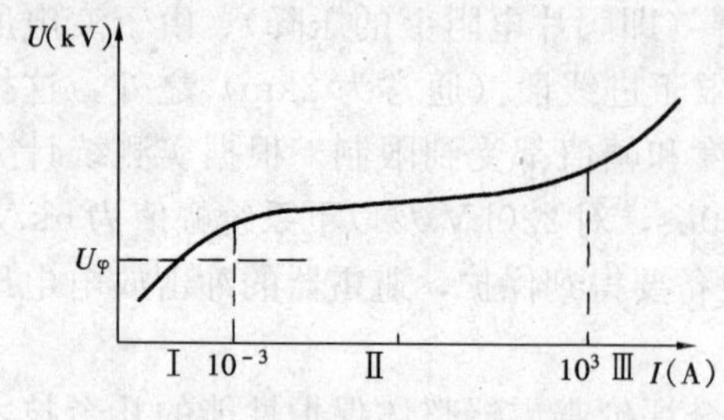

图 4-19 ZnO 阀片的全伏安特性

$\times 10^3$A 之间，非线性系数 α 大大降低，约在 0.02～0.04 之间。此区域内有平坦的伏秒特性，呈现出理想的非线性关系，所以此区域也称为非线性区。区域Ⅲ为饱和电流区，随电压的增加电流增长趋缓，α 约为 0.1 左右，非线性减弱。

氧化锌阀片电阻从小电流区过渡到工作电流区，其过程类似于有一与放电间隙串联的非线性电阻在电压达到放电电压时的击穿过程，故称此过渡电压为动作电压。实际上这种过渡并不是在某一点上突变，而是在伏安特性上很窄的一段内渐变的，难以取定某一值为动作电压值。通常在由小电流区向大电流区过渡区域内选定一合适的电流（称为参考电流），氧化锌阀片通过参考电流时的压降称为参考电压，以参考电压取代动作电压。参考电流值由厂家确定，一般为 120mA。

2. 金属氧化物避雷器的优点

与碳化硅阀式避雷器相比，金属氧化物避雷器有其明显的优点。

(1) 保护性能好。虽然 10kA 雷电流下的残压目前仍与碳化硅阀式避雷器的大致相同，但后者串联间隙要等到电压升至较高的冲击放电电压时才可将电流泄放，而金属氧化物避雷器在整个过电压过程中都有电流流过，电压还未升至很高数值之前已不断泄放过电压的能量，这对抑制过电压的发展是有利的。

由于没有间隙，金属氧化物避雷器在陡波头下伏秒特性上翘要比碳化硅阀式避雷器小得多，这样在陡波头下冲击放电电压的升高也小得多。金属氧化物避雷器的这种优越的陡波响应特性（伏秒特性）对于具有平坦伏秒特性的 SF_6 气体绝缘变电所（GIS）的过电压保护尤为合适，易于绝缘配合和增加安全裕度。

(2) 无续流和通流容量大。金属氧化物避雷器在过电压作用之后，流过的续流为微安级，可视为无续流，它只吸收过电压能量，不吸收工频续流能量，这不仅减轻了其本身的负载，而且对系统的影响甚微。再加上阀片电阻通流能力要比碳化硅阀片电阻大 4～4.5 倍，又没有工频续流引起串联间隙烧伤的制约，金属氧化物避雷器的通流能力很大，所以金属氧化物避雷器具有耐受多重雷和重复动作的操作过电压或一定持续时间短时过电压的能力。通过并联阀片或多只避雷器并联的方法还可进一步提高避雷器的通流能力，制成特殊用途的重载避雷器，比如用于长电缆系统或大电容器组的过电压保护。

(3) 无间隙。无间隙则可以大大改善陡波响应，提高吸收过电压能力，以及可采用阀片并联以进一步提高通流容量；无间隙则可以大大缩减避雷器尺寸和重量；无间隙则可以使运行维护简化（无火花间隙烧伤和间隙并联电阻烧坏）；无间隙则可以使避雷器有较好的耐污秽和带电水冲洗的性能。有间隙的阀式避雷器瓷套严重污秽，或在带电水冲洗时，由于瓷套表面电位分布的不均匀或发生局部闪络，通过电容耦合，使瓷套内部间隙放电电压降低，甚至此时在工作电压下动作，不能熄弧而爆炸；无间隙则可以使避雷器易于制成直流避雷器，因为直流续流不像工频续流那样会自然过零，而金属氧化物避雷器当电压恢复到正常时，其电流非常小，所以只要改进阀片电阻材料的配方以使其能长期承受直流电压作用，就可以制成直流避雷器。

由于金属氧化物避雷器具有这些碳化硅阀式避雷器所没有的优点，使得其在电力系统中得到了越来越广泛的应用，特别是超高压电力设备的过电压保护和绝缘配合已完全取决于金属氧化物避雷器的性能。

金属氧化物避雷器虽没有灭弧问题，但却存在阀式避雷器所没有的热稳定问题。图4-20为MOA的热平衡曲线。图中曲线P为MOA的发热功率曲线，因在工作电压下，MOA工作于小电流区域，电流随温度成指数上升，故曲线P亦按指数关系变化。曲线Q是MOA的散热曲线，它与MOA的结构有关，与温度T大致呈线性关系，热量由氧化锌阀片电阻通过瓷套向大气散热，所以当阀片电阻温度等于环境温度T_0时，Q为零。曲线P、Q相交于A、B两点，即是避雷器的两个热平衡状态。A点是稳定的热平衡点，当某种原因使温度略有波动时，热平衡都能自动恢复到原来的A点。例如温度自T_A上升ΔT，则曲线Q高于曲线P，散热大于发热，温度要下降，回至A点的温度T_A；若温度下降ΔT，则发热大于散热，温度同样要回升至T_A。所以T_A为正常工作温度。B点是不稳定热平衡点。若温度上升ΔT，发热大于散热，温度还再上升，最后达到MOA不能承受而损坏，这个过程称为热崩溃；若温度下降ΔT，散热大于发热，经过一段时间，MOA还可回复至A点工作。在设计和运行时必须避免热崩溃的出现。$\Delta T_{max}=T_B-T_A$，称为MOA的允许极端温升，这是衡量金属氧化物避雷器承受热负荷能力的重要指标，其值越大，热稳定性越好，一般在100℃以上。

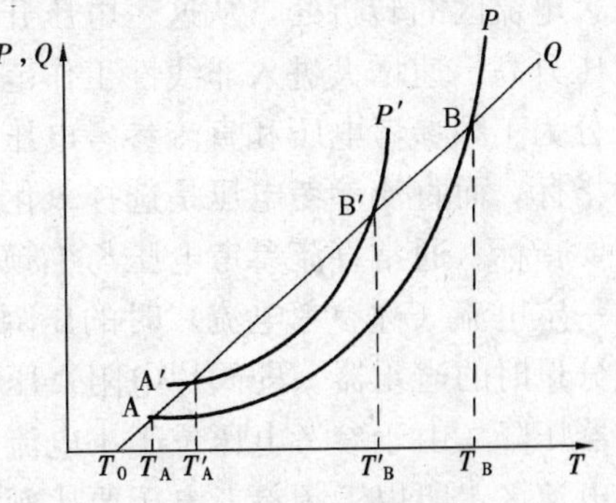

图4-20 MOA的热平衡

氧化锌阀片由于长期受工作电压作用而会老化，老化会使发热曲线P上移，如图4-20中从P移至P'，而老化后正常工作温度为T'_A，要高于T_A，从而更加速其老化。另外，老化使允许极限温升从T_B-T_A减至$T'_B-T'_A$，使热稳定性能变差。老化的最终结果是在持续运行电压或过电压作用下，失去热稳定，因热崩溃而损坏。为此对金属氧化物避雷器应定期检测其老化的程度。

3. 金属氧化物避雷器的电气参数

金属氧化物避雷器由于没有放电间隙，所以电气参数中就没有与间隙对应的工频放电电压和和冲击放电电压。其电气参数及含义与碳化硅避雷器也有所不同。

（1）额定电压。额定电压为避雷器两端之间允许施加的最大工频电压有效值。它相当于碳化硅阀式避雷器的灭弧电压，但它的含义是不同的。最大工频电压当然要考虑工频过电压，所以额定电压是金属氧化物避雷器运行特性的一重要指标，是表征其对工频过电压的耐受能力。避雷器的额定电压应大于或等于避雷器安装处可能出现的最大工频过电压。

（2）持续运行电压。持续运行电压为允许持久地施加于避雷器两端之间工频电压的有效值。持续运行电压也是金属氧化物避雷器运行特性的指标，是表征其对长期工作电压的耐受能力。避雷器的持续运行电压应大于或等于避雷器安装处的最高运行相电压，故有时也称最大持续运行电压。显然，持续运行电压低于额定电压。

金属氧化物避雷器额定电压和持续运行电压还具有的含义为：避雷器在一次或多次冲击电流作用后，再承受10s的额定电压，随后降至持续运行电压作用30min（这称为动作负载试验），而不出现热崩溃。所以这两参数是表征冲击电流作用后，在工频过电压和运行电压下能否达到热稳定的参数。

(3) 参考电压和参考电流。参考电压大致位于氧化锌阀片全伏安特性曲线由小电流区进入大电流区的转折处，从这一电压开始，认为避雷器已进入限制过电压的工作范围，电流随电压升高迅速增大进入非线性工作范围，所以也称为（起始）动作电压或转折电压。参考电压分为工频参考电压和直流参考电压，工频参考电压是反映寿命、热稳定性和保护性能的重要指标，而直流参考电压是选择氧化锌阀片数目的参考依据，是检验氧化锌阀片是否劣化的重要指标。通常直流参考电压与工频参考电压的峰值相同。实际中，参考电压往往表示成流过一定电流（称参考电流）时的压降，通常工频参考电压为流过 1mA（峰值）工频阻性电流分量时的避雷器（即阀片电阻）压降的峰值，直流参考电压为流过 1mA 直流电流时的避雷器压降。由于参考电压位于小电流区向工作区转折处，而额定电压，持续运行电压都位于小电流区，所以工频参考电压要比额定电压和持续运行电压都高。

(4) 残压。残压为指定波形和标称幅值冲击电流流过金属氧化物避雷器时的压降。根据冲击电流波形的不同，可分为雷电冲击残压、陡波冲击残压和操作冲击残压。雷电冲击电流的波形为8/20μs,陡波冲击电流的波形为 1/5μs，两者的冲击电流标称幅值根据避雷器所在系统额定电压的不同而不同，10kA，20kA 用于 330kV，500kV 超高压系统，5kA 用于 220kV 和 110kV 系统，3kA 和 1kA 用于 3～63kV 系统。操作冲击电流的波形为 30/60μs，标称幅值包括六个级别，分别为 62.5、125、250、500、1000、2000A。将雷电冲击电流下的残压与陡波冲击电流下最大残压除以 1.15，这两者中数值高者即为金属氧化物避雷器的雷电过电压保护水平。操作冲击电流下最大残压即为避雷器的操作过电压保护水平。

根据上述主要技术参数可得下列评价金属氧化物避雷器保护性能的指标：

(1) 残压比。简称压比，为雷电冲击电流（8/20μs）下的残压与参考电压之比。残压比越小，保护性能越好。目前的产品水平，压比在 1.6～2.0 之间。

(2) 荷电率。荷电率为持续运行电压的峰值与参考电压之比，是表征避雷器阀片上承受电压负荷的指标。由于参考电压要比持续运行电压大得多，所以荷电率一般为 45%～75%。荷电率越大，一定持续运行电压下的参考电压越低，过电压作用时越易动作，保护性能越好，但正常电压作用下，电压负荷高，易老化，运行寿命缩短；反之，荷电率越小，保护性能变差，但寿命延长。在中性点不接地或经消弧线圈接地系统，由于单相接地时健全相电压升高较大，一般采用较低的荷电率；而在中性点直接接地的系统中，工频电压升高不突出，故可采用较高的荷电率。

(3) 保护比。保护比为雷电冲击电流下的残压与持续电压峰值之比。由上可见，保护比也等于残压比与荷电率之比。保护比越小，保护性能越好，因此，降低残压比或提高荷电率均可提高金属氧化物避雷器的保护性能。

此外，金属氧化物避雷器还规定了通流容量的要求。雷电冲击电流的通流容量要求 4/10μs，65kA 大电流耐受 2 次和 18/40μs 标称雷电流耐受 20 次。内过电压下通流容量对轻负载避雷器要求耐受 2ms 方波电流 20 次，对重负载避雷器要求耐受长线能量释放 20 次。

本 章 小 结

雷电是一种自然现象，防雷保护主要关心是雷云形成以后对地面的放电，我们把流经阻抗为零被击物体时的电流定义为“雷电流”，其幅值与气象、自然条件等有关，具有概率分布规律，在线路防雷计算时，规程中取雷电流波头时间为2.6μs。由于地理与气象条件等因素的不同，统计雷电活动强度可以用雷暴日与雷暴小时表示。从电力系统防雷角度，更应注重地面落雷密度和输电线路落雷次数。避雷针一般用作发电厂和变电所的直击雷保护，避雷线主要用于保护线路，也可以保护发电厂、变电所。避雷针保护范围的计算主要基于单针和等高双针的基本计算公式，三针以上可以分成一个或多个三角形，但在划分三角形时要注意尽可能使三角形的边为最短。避雷器主要用于防止雷电波沿着输电线入侵发电厂、变电所时对电力设备造成的损坏。根据保护要求的不同，避雷器可分为保护间隙、排气式避雷器、阀式避雷器和金属氧化物避雷器四种类型，尽管它们结构有所不同，工作原理有所差别，但保护原理是一样的：在系统尚未有过电压入侵时，避雷器不影响系统正常工作，当入侵的雷电过电压要危及它所保护的电气设备的绝缘时，避雷器动作，避免了被保护设备上过高的电压升高，从而保护了设备；过电压消失后，迅速地截断流过避雷器的工频续流，使系统恢复正常运行。从保护性能看，阀式避雷器尤其是金属氧化物避雷器要优于保护间隙和排气式避雷器，金属氧化物避雷器以它独有的性能和优点而被广泛使用。

复习思考题与习题

4-1 表示雷电流的参数有哪些，分别是如何规定的？

4-2 何为一地区的雷电活动强度，地面落雷密度是如何规定的？

4-3 何为避雷针、避雷线的保护范围，何为避雷线的保护角？

4-4 要扩大保护范围，为什么一般采用多针联合保护而不采用单根很高避雷针？

4-5 单针、等高双针和等高多针避雷针的保护范围如何计算？

4-6 某电厂烟囱高200m，顶端直径为5m，其上有一根高出烟囱3m的避雷针，试验算其保护有效性。

4-7 为什么保护有线圈的电气设备一般不采用保护间隙或排气式避雷器而要采用碳化硅阀式避雷器或金属氧化物避雷器？

4-8 试述碳化硅阀式避雷器的工作原理和主要电气参数的含义。

4-9 试比较金属氧化物避雷器与碳化硅阀式避雷器之间的优缺点，试述金属氧化物避雷器电气参数及其含义。

第5章 输电线路的防雷保护

本章提要

本章主要介绍输电线路上感应雷过电压和直击雷过电压的计算以及防护原则，介绍输电线路在无避雷线和有避雷线两种情况下的耐雷水平和雷击跳闸率的计算，同时介绍输电线路的防雷原则和防雷保护措施。

§5-1 输电线路上的雷电过电压及其防雷原则

一、输电线路上的雷电过电压

根据过电压形成的物理过程，输电线路上的雷电过电压可以分为两类：感应雷过电压和直击雷过电压。

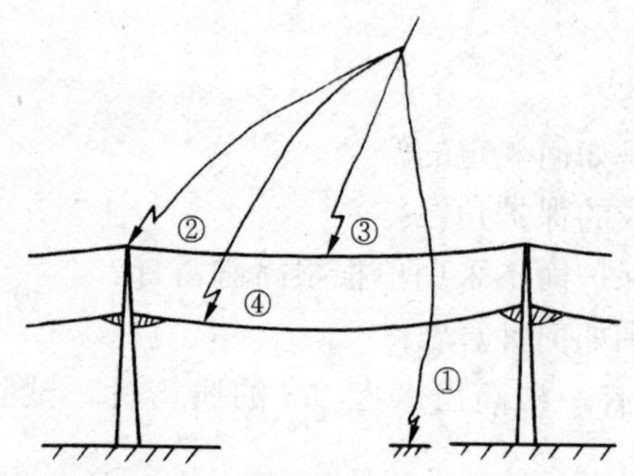

图5-1 雷击输电线路部位示意图
①—感应雷击电压；②、③—逆闪络；
④—雷直接击于线路导线上

感应雷过电压是雷击线路附近大地，通过电磁感应在线路导线上产生的过电压，如图5-1中①所示。

直击雷过电压是雷直接击于线路的不同部位，使线路导线上出现的过电压。根据雷击线路部位的不同，直击雷过电压又可分为两种情况：一种是雷绕过避雷线直接击于线路导线上（即此时避雷线屏蔽失效）或者无避雷线时雷直接击于线路导线上之后形成过电压，如图5-1中④所示；另一种是雷击于线路杆塔或避雷线，雷电流通过杆塔或避雷线使得雷击点对地电位大大升高，当雷击点与导线之间的电位差超过线路绝缘的冲击放电电压时，会出现对导线的闪络，结果导线上出现过电压。由于闪络时杆塔或避雷线的对地电位高于导线（正常时导线对地电位高于杆塔或避雷线的零电位），所以称为逆闪络，或称为反击，如图5-1中②和③所示。运行经验表明，直击雷过电压对电力系统的危害最大，而感应雷过电压只对35kV及以下的线路有威胁。

二、输电线路的防雷原则

为了防止雷害事故，达到保证可靠供电的目的，可以从下述几个方面着手。

1. 防止雷直击导线

架设避雷线可有效减少（但不能完全避免）雷直击导线的概率。有时还要装避雷针与其配合。在某些要求高的情况下改用电缆线路就完全避免受到直击雷击。

2. 防止雷击塔顶或避雷线后引起绝缘闪络

雷击杆塔或避雷线后引起对地电位提高，导致绝缘闪络后在线路导线上出现过电压。我们将雷击线路但不致引起线路绝缘闪络的最大雷电流幅值（kA）称为线路的耐雷水平。线路的耐雷水平愈高，线路绝缘在受雷击时发生闪络的机会愈小，导线上出现过电压次数也愈少。为此，可采用降低杆塔接地电阻，增大耦合系数等措施来减少绝缘闪络的概率。

3. 防止雷击绝缘后闪络转化为稳定的工频电弧（防止跳闸）

当绝缘子串发生闪络后，应尽量使它不转化为稳定的工频电弧，因为如果稳定工频电弧建立不了，线路则不会跳闸。由冲击闪络转化为稳定工频电弧的概率虽与电源容量及去游离条件等因素有关，但主要的影响因素是作用于电弧路径的平均电位梯度。根据试验数据和运行经验，冲击闪络转为稳定工频电弧的概率（称为建弧率 η）的计算公式为

$$\eta = (4.5E^{0.75} - 14)\% \tag{5-1}$$

式中　E——绝缘子串的平均运行电压梯度，kV（有效值）/m。

对中性点有效接地电网

$$E = \frac{U_N}{\sqrt{3}(l_j + 0.5l_m)} \tag{5-2}$$

对中性点非有效接地电网

$$E = \frac{U_N}{2l_j + l_m} \tag{5-3}$$

式中　U_N——额定电压，kV；

l_j——绝缘子串长度，m；

l_m——线路的线间距离（对铁横担和钢筋混凝土横担，$l_m=0$），m。

为降低建弧率可采取的措施有：适当增加绝缘子片数，减少绝缘子串上工频电场强度，电网中采用不接地或经消弧线圈接地方式。

根据线路每年受雷击次数、耐雷水平和建弧率就可算出线路的雷击跳闸率。雷击跳闸率是每 100km 线路每年(40 个雷电日)因雷击引起的线路跳闸次数，其单位为次/100km・a。显然，雷击跳闸率为衡量输电线路耐雷性能的综合指标。

4. 防止供电中断

根据运行经验，输电线路雷击事故为瞬时性故障，当线路跳闸后，电弧就会自行熄灭。由于断路器的动作很快，工频电弧燃烧时间不长，由此而导致线路绝缘损坏形成永久性故障的情况是不多的，因此可以利用自动重合闸，使线路恢复供电，或采用双回路、环网供电等措施来防止供电中断。

上述四条原则，称为线路防雷的四原则，有时也称四道防线。应用时应根据实际情况实施，例如根据线路的电压等级、重要程度、当地雷电活动强弱、已有线路的运行经验等，再由技术与经济比较的结果，确定因地制宜的具体保护措施。

§ 5-2　输电线路上的感应雷过电压

一、感应雷过电压的形成

当雷云接近输电线路上空时，根据静电感应的原理，将在线路上感应出一个与雷云电荷量相等但极性相反的电荷，这就是束缚电荷，而与雷云同号的电荷则通过线路的接地中性点或线路的漏导（中性点绝缘的线路）而逸入大地，其分布如图 5-2 所示。

此时，如雷云对输电线路附近地面放电，由于放电速度很快，雷云中的电荷便很快消

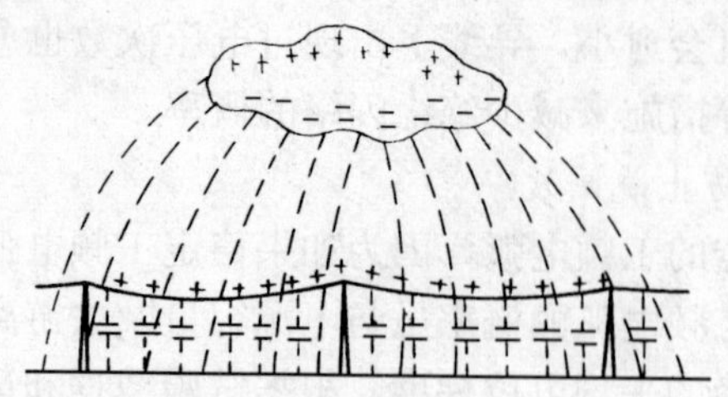

图 5-2 主放电前雷云电荷与线路上电荷的分布

失，于是输电线路上的束缚电荷就变成了自由电荷，释放后形成的电压波沿线路向两侧传播形成了感应雷过电压的静电分量。

与此同时，雷电流在放电通道周围空间建立起强大的脉冲磁场。这一磁场的变化也将在导线上感应出电压形成感应雷过电压的电磁分量。

在导线上所形成感应雷过电压的大小，可按有无避雷线两情况分别计算。

二、无避雷线时的感应雷过电压

根据理论分析和实测结果，规程规定，当雷击点距输电线路的距离 S 大于 65m，导线上所产生感应雷过电压的最大值可按下式计算，即

$$U = 25 \times \frac{Ih_{\mathrm{d}}}{S} \tag{5-4}$$

式中 I——雷电流幅值，kA；

h_{d}——线路导线对地平均高度，m；

S——雷击点距线路距离，m。

由此可见，感应雷过电压的幅值与雷电流幅值及导线平均高度成正比，与雷击点到线路距离成反比。根据感应雷过电压的形成过程，这不难解释，从产生静电分量角度看，雷电流幅值越大，说明主放电时中和的电荷越多越快，对应导线上束缚电荷也越多，释放也越快，释放后形成的过电压也越高；导线平均高度越高，则导线对地电容越小，释放同样束缚电荷所呈现的电压也就越高；雷击点至导线的距离越近，导线上束缚电荷越多，释放后的过电压也就越高。

从产生电磁分量角度看，雷电流幅值越大，雷击点距线路越近使导线与大地构成的回路中各部位的磁通密度加大。导线平均高度越高，上述回路面积越大，因而两者都增大了回路中磁通随时间的变化率，都使电磁分量增大。

由于对地雷击的自然接地电阻较大，所以雷电流一般不超过 100kA，这样感应雷过电压最大可达 300～400kV，这对 35kV 及以下的线路可能引起绝缘闪络，但对 110kV 及以上的线路，因其绝缘水平较高，一般不会引起闪络事故。

三、有避雷线时的感应雷过电压

线路有避雷线时，由于避雷线的屏蔽作用，导线上的感应雷过电压将会降低。此时导线上的感应雷过电压可用下法求得，先假定避雷线不接地，则避雷线和导线上的感应雷过电压分别为

$$U_{\mathrm{b}} = 25 \times \frac{Ih_{\mathrm{b}}}{S} \tag{5-5}$$

$$U_{\mathrm{d}} = 25 \times \frac{Ih_{\mathrm{d}}}{S} \tag{5-6}$$

两者的极性相同，式中 h_{b}、h_{d} 分别为避雷线和导线的对地平均高度。但实际上避雷线是接地的，其电位为零，所以第二步，在上述 U_{b}、U_{d} 基础上在避雷线上再叠加一个 $-U_{\mathrm{b}}$ 电压，而此 $-U_{\mathrm{b}}$ 电压在导线上将产生一耦合电压 $K(-U_{\mathrm{b}})$，K 为避雷线与导线之间的耦合系数。此时，导线上的感应雷过电压与实际等效，其值为

$$U'_{\mathrm{d}} = U_{\mathrm{d}} + K(-U_{\mathrm{b}}) = 25 \times \frac{Ih_{\mathrm{d}}}{S} - K \times 25 \times \frac{Ih_{\mathrm{b}}}{S}$$

$$= 25 \times \frac{Ih_{\mathrm{d}}}{S}\left(1 - K\frac{h_{\mathrm{b}}}{h_{\mathrm{d}}}\right) \tag{5-7}$$

式（5-7）表明，由于避雷线的存在使得导线上的感应雷过电压下降至无避雷线时的 $\left(1 - K \cdot \frac{h_{\mathrm{b}}}{h_{\mathrm{d}}}\right)$ 倍，耦合系数越大，导线上的感应雷过电压就越低。

感应雷过电压的极性与雷云电荷的极性（大都为负极性）相反，故一般为正极性，而与直击雷过电压的极性相反。感应雷过电压在三相导线上同时出现，故不会直接产生相间过电压。它的波形较为平缓，波头为几微秒到几十微秒，而波长可达数百微秒。

上述只适用于 $S>65\mathrm{m}$ 的情况，对于更近的落雷，因线路的引雷作用而直接击于线路。当雷击杆塔或线路附近的避雷线（针）时，由雷电通道所产生的电磁场的迅速变化，也将在导线上感应出与雷电流极性相反的过电压。目前，规程建议对一般高度（约 40m 以下）无避雷线的线路，此感应雷过电压最大值为

$$U_{\mathrm{gd}} = \alpha h_{\mathrm{d}} \tag{5-8}$$

式中　α——感应过电压系数，kV/m，其数值等于以 kA/μs 计的雷电流平均陡度，即 $\alpha = I/2.6$。

有避雷线时，由于其屏蔽效应，应为

$$U'_{\mathrm{gd}} = \alpha h_{\mathrm{d}}\left(1 - k_0\frac{h_{\mathrm{b}}}{h_{\mathrm{d}}}\right) \tag{5-9}$$

式中　k_0——几何耦合系数。

§5-3　输电线路上的直击雷过电压和耐雷水平

一、无避雷线时的直击雷过电压

线路无避雷线时，雷击线路部位只有两种，一是雷击导线，二是雷击塔顶。

1. 雷击导线的过电压及耐雷水平

如图 5-3（a）所示，当雷直击导线后，雷电流便沿着导线向两侧流动，设 Z_0 为雷电流通道的波阻抗，Z 为导线的波阻抗，对应的等值电路如图 5-3（b）所示。因此，雷击点 A 的电压幅值，即导线上直击雷过电压幅值为

$$U_{\mathrm{A}} = I\frac{Z_0\dfrac{Z}{2}}{Z_0 + \dfrac{Z}{2}}$$

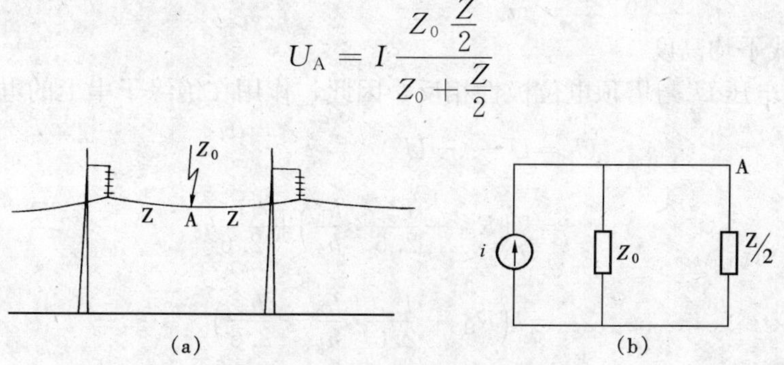

图 5-3　雷击无避雷线线路及等值电路

（a）示意图；（b）等值电路图

一般 $Z=400\Omega$，Z_0 近似地取为 200Ω，上式就变为

$$U_A = 100I \qquad (\text{kV}) \tag{5-10}$$

幅值为 U_A 的此过电压会以电压波沿线路向两侧传播到达杆塔绝缘子串，若 U_A 超过绝缘子串的冲击放电电压 $U_{50\%}$，绝缘子串就会闪络，根据耐雷水平的定义，就可得雷直击导线时线路的耐雷水平为

$$I_2 = \frac{U_{50\%}}{100} \qquad (\text{A}) \tag{5-11}$$

35kV 无避雷线线路雷直击导线时的耐雷水平仅为 3.5kA（$U_{50\%}$ 为 350kV），但由于 35kV 系统一般中性非直接接地，一相绝缘闪络后仍能正常运行 1～2h，所以允许全线不架设避雷线。而对于 110kV、220kV 线路，若无避雷线，雷直击导线时耐雷水平只有 7kA 和 12kA 左右，因此对于 110kV 及以上系统中性点直接接地的线路，都要求沿全线架设避雷线，以防止线路频繁发生雷击闪络跳闸事故。

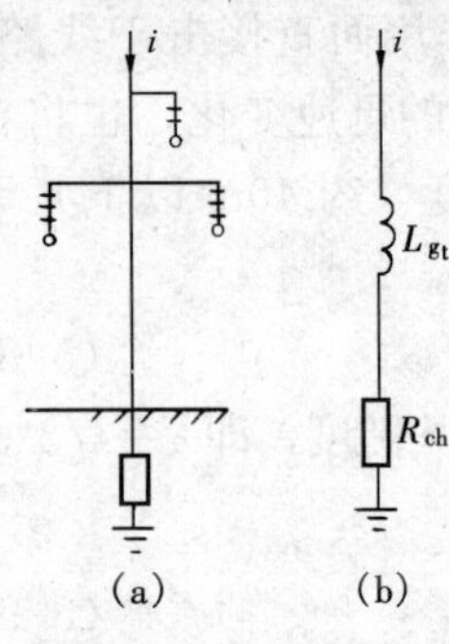

图 5-4 雷击塔顶
(a) 示意图；(b) 等值电路图

2. 雷击塔顶时的过电压及耐雷水平

当雷击于线路杆塔时，雷电流 i 将经杆塔及其接地电阻流入大地，如图 5-4（a）所示。对于一般高度（40m 以下）的杆塔，在工程近似计算中常采用如图 5-4（b）所示的电路来等值。图中 L_{gt} 为被击杆塔的等值电感，R_{ch} 为被击杆塔的冲击接地电阻。同时考虑到雷击点对地的阻抗（即 L_{gt} 和 R_{ch} 的阻抗）要比雷电通道波阻抗小得多，认为雷电流 i 直接注入杆塔。工程计算中雷电流取斜角平顶波，波头为 2.6μs，波头陡度 $\frac{dI}{dt}=\frac{I}{2.6}$。这样雷击杆塔（塔顶）时，塔顶电位幅值为

$$U = IR_{ch} + L_{gt}\frac{di}{dt} = I\left(R_{ch} + \frac{I}{2.6}\right)$$

此时导线上的感应过电压为

$$U' = ah_d \tag{5-12}$$

式中 a——雷击杆塔时的感应过电压系数，规程规定其值等于以 kA/μs 计的雷电流平均陡度，即 $a=\frac{I}{2.6}$。

h_d——导线平均高度。

由于感应过电压 U' 与塔顶电位极性相反，因此，作用在绝缘子串上的电压幅值为

$$\begin{aligned} U_j &= U-(-U') \\ &= I\left(R_{ch}+\frac{L_{gt}}{2.6}\cdot\frac{h_h}{h_g}\right)+\frac{I}{2.6}h_d \\ &= I\left(R_{ch}+\frac{L_{gt}}{2.6}\cdot\frac{h_h}{h_g}+\frac{h_d}{2.6}\right) \end{aligned} \tag{5-13}$$

式中 h_h——横担对地高度，m；

h_g——杆塔对地高度，m。

无避雷线线路只用于 60kV 及以下电网中，且电网采用中性点非直接接地方式，若 U_j 超过 $U_{50\%}$，绝缘子串发生闪络，由此引起的工频电弧电流很小，不能形成稳定的工频电弧，不会引起线路跳闸，而且一相闪络后仍能正常运行。只有当第一相闪络后，再出现第二相闪络，形成相间短路，才会出现大的短路电流，引起线路跳闸。此时两相导线之间的电位差为 U_j，再考虑两导线之间的耦合作用后，两导线间的电位差为

$$U'_j = (1-K)U_j = I\left(R_{ch} + \frac{L_{gt}}{2.6}\cdot\frac{h_h}{h_g} + \frac{h_d}{2.6}\right)(1-K) \tag{5-14}$$

式中　K——两导线之间的耦合系数。由于此时电压较高将出现电晕，所以 K 值应采用电晕修正后的系数。

由此得到雷击无避雷线线路杆塔时的耐雷水平为

$$I_1 = \frac{U_{50\%}}{(1-K)\left(R_{ch} + \frac{L_{gt}}{2.6}\cdot\frac{h_h}{h_g} + \frac{h_d}{2.6}\right)} \quad (\text{kA}) \tag{5-15}$$

二、有避雷线时的直击雷过电压

线路有避雷线时，雷击线路部位有三种：雷绕过避雷线而击于导线——绕击、雷击杆塔(塔顶)、雷击避雷线档距中央。

1. 绕击时的过电压及耐雷水平

绕击导线时的过电压和耐雷水平与无避雷线雷直击时相同。所不同的是，由于避雷线的存在，发生绕击的次数要远小于雷直击于无避雷线时的次数。我们将雷绕过避雷线击于导线(屏蔽失效）的次数与雷击线路总次数之比称为绕击率。模拟试验和多年运行经验表明，绕击率 P_α 与避雷线的保护角 α、杆塔高度 h 和地形条件有关，规程建议用下式计算：

对平原地区
$$\lg P_\alpha = \frac{\alpha\sqrt{h}}{86} - 3.90 \tag{5-16}$$

对山区
$$\lg P_\alpha = \frac{\alpha\sqrt{h}}{86} - 3.35 \tag{5-17}$$

其中，α 的单位为度，h 的单位为 m。

2. 雷击塔顶时的过电压及耐雷水平

(1) 雷击塔顶时雷电流的分布及等值电路图。雷击塔顶前，雷电通道的负电荷在杆塔及架空地线上感应正电荷；当雷击塔顶时，雷电通道中的负电荷与杆塔及架空地线上的正感应电荷迅速中和形成雷电流，如图 5-5 (a) 所示。雷击瞬间自雷击点（即塔顶）有一负雷电流波沿杆塔向下运动，另有两个相同的负电流波分别自塔顶沿两侧避雷线向相邻杆塔运动，与此同时，自塔顶有一正雷电波沿雷电通道向上运动，此正雷电流波的数值与三个负电流波之总和相等，线路绝缘上的过电压即由这几个电流波所引起。对于一般高度的杆塔（40m 以下)，在工程上常采用图 5-5 (b) 的集中参数等值电路进行分析计算，图中 L_{gt} 为杆塔的等值电感，R_{ch} 为被击杆塔的冲击接地电阻，L_b 为杆塔两侧一个档距内避雷线电感的并联值，i 是雷电流。不同类型杆塔的等值电感 L_{gt} 可由表 5-1 查得。单根避雷线的等值电感 L_b 约为

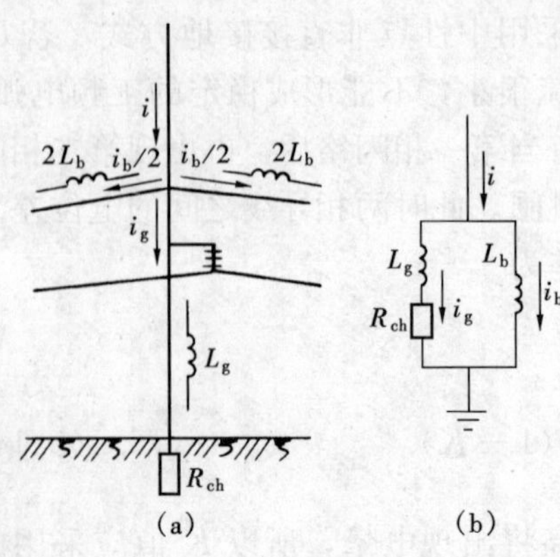

图 5-5 雷击塔顶时雷电流的分布及等值电路
(a) 分布图；(b) 等值电路图

$0.67l\mu H$ (l 为档距长度，m)，双根避雷线的 L_b 约为 $0.42l\mu H$。

表 5-1 杆塔的电感和波阻抗的平均值

杆 塔 型 式	杆塔电感 (μH/m)	杆塔波阻 (Ω)
无拉线水泥单杆	0.84	250
有拉线水泥单杆	0.42	125
无拉线水泥双杆	0.42	125
铁 塔	0.50	150
门 型 铁 塔	0.42	125

(2) 塔顶电位。考虑到雷击点的阻抗较低，故在计算中可略去雷电通道波阻的影响。由于避雷线的分流作用，流经杆塔的电流 i_{gt} 小于雷电流 i，即

$$i_{gt} = \beta i \tag{5-18}$$

式中 β——分流系数，对于不同电压等级一般长度档距的杆塔，β 值可由表 5-2 查得。

于是塔顶电位 u_{gt} 的计算式为

$$u_{gt} = R_{ch} i_{gt} + L_{gt} \frac{di_{gt}}{dt} = \beta R_{ch} i + \beta L_{gt} \frac{di}{dt}$$

而杆塔横担高度处电位则为

$$u_{gh} = \beta R_{ch} i + \beta L_{gt} \frac{h_h}{h_a} \frac{di}{dt}$$

表 5-2 一般长度档距的线路杆塔分流系数 β

线路额定电压 (kV)	避雷线根数	β 值
110	1 2	0.90 0.86
220	1 2	0.92 0.88
330	2	0.88
500	2	0.88

取 $\frac{di}{dt} = \frac{I}{2.6}$，则横担高度处杆塔电位的幅值 U_{gh} 为

$$U_{gt} = \beta I\left(R_{ch} + \frac{L_{gt}}{2.6}\frac{h_h}{h_d}\right) \tag{5-19}$$

式中 I——雷电流幅值。

(3) 导线电位和线路绝缘子串上的电压。当塔顶电位为 U_{gt} 时，则与塔顶相连的避雷线上也将有相同的电位 U_{gt}；由于避雷线与导线间的耦合作用，导线上将产生耦合电压 kU_{gt}，此电压与雷电流同极性；此外，由于雷电通道的作用，在导线上尚有感应过电压，此电压与雷电流异极性。所以，导线电位的幅值 U_d 为

$$U_d = kU_{gt} - \alpha h_d\left(1 - k_0 \frac{h_b}{h_d}\right) \tag{5-20}$$

线路绝缘子串上端电压为杆塔横担高度处电位和导线电位之差，故线路绝缘子串上的电压幅值U_j为

$$U_j = U_{gh} - U_d = U_{gh} - kU_{gt} + \alpha h_d \left(1 - k_0 \frac{h_b}{h_d}\right)$$

$$U_j = I\left[(1-k)\beta R_{ch} + \left(\frac{h_h}{h_g} - k\right)\beta \frac{L_{gt}}{2.6} + \left(1 - \frac{h_b}{h_d}k_0\right)\frac{h_d}{2.6}\right] \tag{5-21}$$

雷击时电压较高，将出现冲击电晕，k值应采用电晕修正后的数值。

还需指出，上述导线电位没有考虑线路上的工作电压，事实上，作用在线路绝缘上的电压还有导线上的工作电压。对220kV及以下的线路，因其值所占的比重不大，近似计算时一般可以略去不计；但对超高压线路，则不可不计，雷击时导线上工作电压的瞬时值及其极性应作为一随机变量来考虑。

（4）耐雷水平。当电压U_j未超过线路绝缘水平$U_{50\%}$时，导线与杆塔之间不会发生闪络，由此可得出雷击杆塔时线路的耐雷水平I_1为

$$I_1 = \frac{U_{50\%}}{(1-k)\beta R_{ch} + \left(\frac{h_h}{h_g} - k\right)\beta \frac{L_{gt}}{2.6} + \left(1 - \frac{h_b}{h_d}k_0\right)\frac{h_d}{2.6}} \tag{5-22}$$

需注意式中的$U_{50\%}$应取绝缘子串中的正极性50%冲击放电电压，因为流入杆塔电流大多是负极性的，此时导线相对于塔顶处于正电位，而且绝缘子串的$U_{50\%}$在导线为正极性时较低。由式（5-22）可看出，减少接地电阻R_{ch}、提高耦合系数k、减小分流系数β、加强线路绝缘都可以提高线路的耐雷水平。实际上往往采用降低杆塔接电阻R_{ch}和提高耦合系数k作为提高耐雷水平的主要手段。对一般高度杆塔，冲击接地电阻R_{ch}上的压降是塔顶电位升高的主要成分，因此降低接地电阻从而减小塔顶电位，可以有效提高耐雷水平；增大耦合系数k从而减少绝缘子串上的电压和感应过电压，同样可以提高耐雷水平。

如果雷击杆塔时雷电流幅值超过了线路的耐雷水平I_1，就会引起线路闪络，此闪络称为反击。反击这个概念很重要，因为原来被认为接了地的杆塔此时却处于高电位，反过来向输电线路放电，从而将雷电过电压施加到线路上，并进而侵入变电所。为了减少反击，必须提高线路的耐雷水平，规程规定，不同电压等级的输电线路，雷击杆塔时的耐雷水平I_1不应低于表5-3所列数值。

表5-3　有避雷线线路的耐雷水平

额定电压（kV）	35	60	110	220	330	500
耐雷水平（kA）	20～30	30～60	40～75	80～120	100～150	125～175

3. 雷击避雷线档距中央时的过电压及其空气间隙距离

雷击避雷线档距中央如图5-6（a）所示。在雷击点将产生过电压u_A，并沿避雷线向两侧传播，经$l/2v$（l为档距长度，v为波在避雷线上传播的速度）时间后到达两侧杆塔，因杆塔接地，在杆塔处将有一负反射波返回雷击点，再经$l/2v$时间后负反射波又到达雷击点A使雷击点电压下降，而在此之前，雷击点电压可用如图5-6（b）所示的等值电路来计算。

雷击点 A 的电压为

$$u_A = i\frac{Z_0 Z_b}{2Z_0 + Z_b}$$

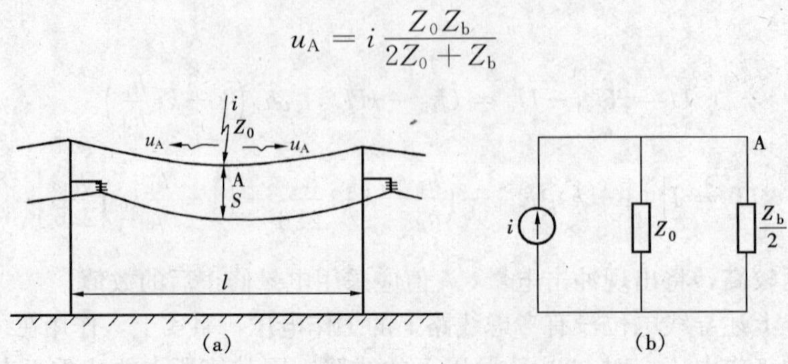

图 5-6 雷击避雷线档距中央及其等值电路

设雷电流为具有陡度 a 的斜角波头，对于一般档距长度，在 l/v 时间内雷电流波尚未达到幅值，此时雷电流达到 $\frac{al}{v}$，故雷击点 A 的最高电压为

$$U_A = \frac{al}{v}\cdot\frac{Z_0 Z_b}{2Z_0 + Z_b} \tag{5-23}$$

由于避雷线与导线间的耦合作用，在导线上将耦合 KU_A 的电压，所以雷击点处，避雷线与导线间空气间隙 S 上所承受的最高电压 U_S 为

$$U_S = (1-K)U_A = (1-K)\frac{al}{v}\cdot\frac{Z_0 Z_b}{2Z_0 + Z_b} \tag{5-24}$$

当 U_S 超过空气间隙 S 的 50%冲击放电电压 $U_{50\%}$ 时，将发生避雷线对导线的反击（空气间隙的击穿），造成系统接地短路。根据理论分析和运行经验，规程规定在档距中央，导线和避雷线之间的空气距离 S（m），在 15℃无风时应满足

$$S \geqslant 0.012l + 1 \tag{5-25}$$

式中 l——档距长度，m。

当档距长度较长时（如大跨越档），若按式（5-25）计算出的 S 大于表 5-4 中所规定的值时，可按表中规定值确定，但大跨越档导线与避雷线间空气距离不得小于表 5-4 中规定值。

表 5-4 防止反击要求的大跨越档线路导线与避雷线间的距离

系统电压（kV）	35	66	110	220	330	500
距离（m）	3.0	6.0	7.5	11.0	15.0	17.5

只要满足上述距离要求，多年运行经验表明，雷击避雷线档距中央时，导线与避雷线间一般不会发生闪络。所以，在计算雷击跳闸率时，就不计及这种情况。

§5-4 输电线路的雷击跳闸率

输电线路遭受雷击后，并非都会引起线路跳闸，首先雷电流必须超过线路的耐雷水平

（雷击不同部位时有不同的耐雷水平）才能引起线路绝缘发生冲击闪络，使雷电流沿闪络通道入地，由于雷电流的作用时间只有几十微秒，线路断路器来不及动作，即便发生冲击闪络也不一定跳闸，而只有当沿闪络通道流过的工频短路电流的电弧持续燃烧时，线路才会跳闸。所以研究雷击跳闸率时，必须考虑这两个因素。

一、无避雷线线路的雷击跳闸率

无避雷线线路只用于中性点非直接接地的 60kV 及以下系统中，雷击线路只有两种情况，即直击导线或雷击杆塔塔顶，两者都会使一相的绝缘子串闪络，但一相闪络后并不会跳闸而要等到第二相再闪络，形成相间短路才可能跳闸，考虑了发生冲击闪络以及建立持续工频电弧两因素，无避雷线线路的雷击跳闸率为

$$n = N\eta P \qquad [次/(100\text{km}\cdot\text{a})] \tag{5-26}$$

式中　η——建弧率；

P——雷电流幅值超过线路耐雷水平的概率；

N——100km 线路每年 40 个雷暴日落雷次数。

二、有避雷线线路的雷击跳闸率

引起有避雷线线路雷击跳闸的原因有两个，即绕击和雷击杆塔塔顶后反击，因此雷击跳闸率为这两种情况跳闸率之和。

1．雷击杆塔塔顶时的跳闸率

前面已推导过，100km 线路每年（40 个雷暴日）落雷次数为 N，这些次数中除了击于杆塔（包括杆塔附近避雷线）之外还包括绕击和击于避雷线档距中央，所以击于杆塔次数为 Ng，式中，g 为击杆率，其值为雷击杆塔次数与雷击线路总次数之比。它与避雷线的根数和地形有关。根据模拟试验及运行经验，规程建议击杆率可取表 5-5 所列的数值。

表 5-5　击　杆　率

避雷线根数	1	2
平原	$\frac{1}{4}$	$\frac{1}{6}$
山区	$\frac{1}{3}$	$\frac{1}{4}$

雷击杆塔塔顶的跳闸率为

$$n_1 = Ng\eta P_1 \qquad [次/(100\text{km}\cdot\text{a})] \tag{5-27}$$

式中　η——建弧率；

P_1——雷电流幅值超过雷击杆塔塔顶时耐雷水平 I_1 的概率。

2．绕击跳闸率

每 100km 线路每年发生绕击次数为 NP_a，P_a 为绕击率。线路绕击跳闸率为

$$n_2 = NP_1P_2\eta \qquad [次/(100\text{km}\cdot\text{a})] \tag{5-28}$$

式中　P_2——雷电流幅值超过绕击时耐雷水平 I_2 的概率。

3．线路雷击跳闸率

综合上述两种情况，有避雷线的线路，雷击跳闸率为

$$n = n_1 + n_2 = N\eta(gP_1 + P_aP_2) \qquad [次/(100\text{km}\cdot\text{a})] \tag{5-29}$$

我国 110～500kV 架空线路典型杆塔的耐雷水平和雷击跳闸率见表 5-6。

表 5-6　　110～500kV 架空送电线路典型杆塔的耐雷水平和雷击跳闸率

	标称电压（kV）	500	330	220	110
	杆塔型式				
	保护角	14°	20°	16.5°	25°
	保护方法	双避雷线	双避雷线	双避雷线	单避雷线
杆塔绝缘	绝缘子个数	25×XP－160	19×CP－10	13×X－4.5	7×X－4.5
杆塔绝缘	50％冲击放电电压（正极性）（kV）	2138	1645	1200	700
	档距长度（m）	400	400	400	300
	冲击接地电阻（Ω）	7～15	7～15	7～15	7～15
	雷击杆塔时耐雷水平（kA）	177～125	155～105	110～76	63～41
	建弧率（％）	100	100	91.8	85
平原线路	绕击率（％）	0.112	0.238	0.144	0.238
平原线路	击杆率	1/6	1/6	1/6	1/4
平原线路	跳闸率［次/（100km·a）］	0.081	0.12	0.25	0.83
山区线路	绕击率［次/（100km·a）］	0.40％	0.84％	0.5％	0.82％
山区线路	击杆率［次/（100km·a）］	1/4	1/4	1/4	1/3
山区线路	跳闸率［次/（100km·a）］	0.17～0.42	0.27～0.60	0.43～0.95	1.18～2.01

注　跳闸率栏，平原对应 R_{ct}＝7Ω，山区两数据分别对应 R_{ct} 为 7Ω 和 15Ω。

【例 5-1】　平原地区 220kV 双避雷线线路如图 5-7 所示，绝缘子串由 13×X-4.5 组成，其正级性 $U_{50\%}$ 为 1200kV，避雷线半径 r＝5.5mm，导线弧垂 12m，避雷线弧垂 7m，杆塔冲击接地电阻 R＝7Ω，求该线路的耐雷水平及雷击跳闸率。

解　(1) 计算避雷线和导线对地的平均高度 h_b 和 h_d。如图 5-7 所示，避雷线在杆塔端点距地高 h＝（23.4＋22＋3.5）m，避雷线弧垂 h' ＝ 7m。

则

$$h_b = h - \frac{2}{3}h' = (23.4 + 22 + 3.5) - \frac{2}{3} \times 7 = 24.5(\text{m})$$

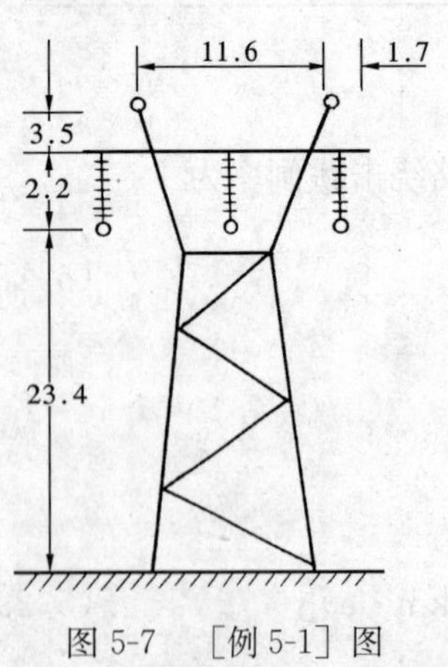

图 5-7　［例 5-1］图（单位：m）

导线在杆塔端点距地高 h＝23.4m，导线弧垂 h' ＝ 12m

则

$$h_d = h - \frac{2}{3}h' = 23.4 - \frac{2}{3} \times 12 = 15.4(\text{m})$$

(2) 计算双避雷线对外侧导线的几何耦合系数 k。因避雷线对外侧导线的耦合系数比对中相导线的耦合系数为小，线路绝缘的过电压也较为严重，故取作计算条件，双避雷线对外侧

导线的几何耦合系数设为 k_0，可算得

$$k_0=\frac{\ln\frac{\sqrt{39.9^2+1.7^2}}{\sqrt{9.1^2+1.7^2}}+\ln\frac{\sqrt{39.9^2+13.3^2}}{\sqrt{9.1^2+13.3^2}}}{\ln\frac{2\times 24.5}{0.0055}+\ln\frac{\sqrt{49^2+11.6^2}}{11.6}}=0.237$$

考虑电晕影响，电晕修正系数 $k_1=1.25$，于是校正后的耦合系数

$$k=k_1k_0=1.25\times 0.237=0.296$$

(3) 计算杆塔等值电感及分流系数。查表 5-1，铁塔的电感可按 $0.5\mu\text{H/m}$ 计算，故得

$$L_{gt}=0.5\times 29.1=14.55(\mu\text{H})$$

查表 5-2，可得分流系数 $\beta=0.88$。

(4) 计算雷击杆塔时耐雷水平 I_1。I_1 的计算式为

$$I_1=\frac{1200}{(1-0.296)\times 0.88\times 7+\left(\frac{25.6}{29.1}-0.296\right)\times 0.88\times\frac{14.5}{2.6}+\left(1-\frac{24.5}{15.4}\times 0.237\right)\times\frac{15.4}{2.6}}$$
$$=110(\text{kA})$$

(5) 计算雷绕击于导线时的耐雷水平 I_2。I_2 的计算式为

$$I_2=\frac{1200}{100}=12(\text{kA})$$

(6) 计算雷电流幅值超过耐雷水平的概率。根据雷电流幅值概率式（4-4），可得雷电流幅值超过 I_1 的概率 $P_1=5.6\%$，超过 I_2 的概率 $P_2=73.1\%$。

(7) 计算击杆率 g、绕击率 P_α 和建弧率 η。查表 5-5，得击杆率 $g=1/6$，可得绕击率

$$P_\alpha=\frac{16.6\sqrt{29.1}}{86}-3.9=0.144\%$$

为了求出建弧率 η，先计算 E

$$E=\frac{220}{\sqrt{32.2}}=57.735(\text{kV/m})$$

再计算

$$\eta=(4.5\times 57.735^{0.75}-14)\%=80\%$$

(8) 线路跳闸率 n 为

$$n=0.28\times(11.6+4\times 24.5)\times 0.8\left(\frac{1}{6}\times\frac{5.6}{100}+\frac{0.144}{100}\times\frac{73.1}{100}\right)$$
$$=0.25[\text{次}/(100\text{km}\cdot\text{a})]$$

§5-5　输电线路的防雷保护措施

输电线路防雷保护的目的是要提高线路的耐雷性能，降低线路的雷击跳闸率。根据线路上的雷电过电压的形成以及由此引起的跳闸，按照线路防雷的四原则，采取具体防雷措施，构筑线路防雷的四道防线。在确定具体措施时，应考虑系统运行方式，线路电压等级和重要程度，所经过地区雷电活动的强弱，地形地貌等综合因素，以便采取尽可能合理的措施。

一、防止雷直击于导线

具体措施就是架设避雷线。从上面计算例子可看到，雷直接击于导线或绕击导线时的耐雷水平是非常低的。但当有避雷线时，由于绕击率很小而使得由此引起的跳闸率很小。因此架设避雷线是线路防雷的首要措施和基本措施。

避雷线除了有防止雷直击于导线的作用之外，还具有在雷击杆塔时降低塔顶电位的升高（由于雷电流在避雷线上的分流）和降低绝缘子串上的电压（由于避雷线与导线间的耦合），以及降低导线上感应雷过电压（由于避雷线的屏蔽）的作用。

规程规定500kV，330kV，220kV线路应全线架设双避雷线，少雷区220kV线路可架设单避雷线。110kV线路，除少雷区外一般应全线架设单避雷线，而山区和雷电活动特别强烈地区宜架设双避雷线。35kV及以下中性点非直接接地系统的线路，一般不沿全线架设避雷线。

为了使避雷线有效地保护导线，规程规定，避雷线的保护角一般为20°～30°，500kV线路一般不大于15°，甚至采用负角。

为了降低正常工作时避雷线中感应电流所引起的附加损耗以及避雷线兼作通信通道，将避雷线经小间隙对地绝缘起来，雷击时此小间隙击穿，避雷线接地。此小间隙一般为10～40mm。

二、提高线路耐雷水平，减少由于雷击引起的绝缘闪络

架设避雷线后可将雷绕击导线的概率降至很小，而雷击避雷线档距中央时，通过设计避雷线与导线间具有足够的间距来避免闪络发生，那么剩下的就是雷击杆塔的情况，要提高这种情况下线路的耐雷水平，减少绝缘发生闪络（即反击）的次数，可采取以下具体措施。

1. 降低杆塔接地电阻

降低杆塔接地电阻可以减小雷击杆塔时的塔顶电位升高，从而提高线路耐雷水平。对于一般高度的杆塔，这是提高线路耐雷水平的有效措施，而且在土壤电阻率 $\rho \leqslant 300\Omega \cdot m$ 的土壤中，降低接地电阻并不困难，也不会使造价显著增加。规程规定，有避雷线的线路，每基杆塔不连避雷线时的工频接地电阻（冲击接地电阻为工频接地电阻乘以冲击系数）在雷季干燥时不宜超过表5-7所列的数值。

表5-7 有避雷线线路杆塔的工频接地电阻

土壤电阻率（Ω·m）	≤100	＞100～500	＞500～1000	＞1000～2000	＞2000
接地电阻（Ω）	10	15	20	25	30

2. 架设耦合地线

在降低杆塔接地电阻有困难时（如在土壤电阻率较高的山区），可采用架设耦合地线的措施，即在导线下方再架设一条地线，它的作用是加强避雷线与导线间的耦合作用（耦合地线与避雷线等电位）以降低绝缘子串上的电压，同时它还具有分流作用，可降低雷击杆塔时的塔顶电位升高。运行经验表明，耦合地线对降低雷击跳闸率的效果显著，约可降低50%左右。

3. 加强线路绝缘

由于输电线路个别路段需采用大跨越高杆塔（例如跨江杆塔），这就增加了杆塔落雷的机会。高杆塔落雷时，塔顶电位高，感应过电压大，而且受绕击概率也大，所以为了降低线

路雷击跳闸率，规程规定，全高超过 40m 的有避雷线杆塔，每增高 10m，应增加一片绝缘子，全高超过 100m 的杆塔，绝缘子数量应结合运行经验，通过雷电过电压计算确定。增加绝缘子片数可提高耐雷水平，但也增加了费用，增大了杆塔尺寸，所以一般线路不采用此措施提高耐雷水平。

规程规定，有避雷线线路的耐雷水平不应低于表 5-8 所列数值。

表 5-8　有避雷线线路的耐雷水平

电压等级（kA）	35	66	110	220	330	500
一般线路	20～30	30～60	40～75	75～110	100～150	125～175
大跨越档或进线保护段	30	60	75	110	150	175

三、降低由雷击闪络转为稳定工频电弧的概率

架设避雷线后，绕击仍不能完全避免，而提高线路耐雷水平后，对雷电流幅值较大的雷击，闪络也不能完全避免。为此还要采取措施，降低由雷击闪络转为稳定工频电弧（可引起跳闸）的概率。

1. 中性点非直接接地或经消弧线圈接地

对 110kV 及以上电压等级的线路，主要通过适当增加绝缘导片数，减小绝缘子串上工频电场强度来降低转为稳定工频电弧的概率。

对 35kV 及以下电压等级线路往往采用中性点不接地或经消弧线圈接地的措施降低工频电弧的出现概率。采取此措施后，雷击引起第一相绝缘子串的闪络不会引起跳闸（接地的电弧电流很小），要直到再对第二相反击后，引成相间短路，才会跳闸。由于先闪络相的导线此时已相当于一条避雷线，由此提高了第二相闪络时的耐雷水平，经验表明，中性点由直接接地改为不接地或经消弧线圈接地可使雷击跳闸率降低 1/3 左右。

处于雷电活动强烈的山区，对于接地电阻不易降低的 110kV 线路，也可以考虑将其中性点由直接接地改为经消弧线圈接地。

2. 采用不平衡绝缘方式

在现代高压及超高压线路中，采用同杆并架的双回路线路日益增多。当通常的防雷措施无法满足要求时，为降低雷击时两回线路同时跳闸的跳闸率，可考虑采用不平衡绝缘方式，也即使两回线路的绝缘子片数有差异。这样，雷击时绝缘子中片数少的这回线路先闪络，闪络后的导线相当于地线，由此增加了对另一回路线路导线的耦合作用，使其耐雷水平提高，不易再发生闪络，从而保证继续送电。一般认为两回线路绝缘水平的差异宜为$\sqrt{3}$倍相电压幅值，差异过大将使线路总跳闸率增加。

四、防止供电中断

即便采取了以上各种措施，但难免还会存在由于雷击引起的跳闸，最后，为了减少供电中断，可采取自动重合闸装置提高供电可靠性。由于线路绝缘具有自恢复性能，大多数雷击造成的闪络事故在线路跳闸后能自动消除。据统计，我国 110kV 及以上线路重合闸成功率达 75％～95％，35kV 及以下线路重合闸成功率约为 50％～80％，因此规程规定，各级电压线路应尽量装设自动重合闸装置。

本章小结

输电线路上的雷电过电压有两类：感应雷过电压和直击雷过电压。感应雷过电压是雷电对输电线路附近地面或设备放电，由静电和电磁感应引起的，其大小取决于雷击点距线路的距离、线路导线对地高度和雷电流的大小。由于避雷线的屏蔽和耦合作用，使有避雷线输电线路上的感应雷过电压低于无避雷线时的感应雷过电压。直击雷过电压可根据线路有、无避雷线，分为雷绕过避雷线击于或直接击于导线、雷击于杆塔塔顶二种情况来分析、计算。无避雷线线路只用于60kV及以下电网，且电网采用中性点非直接接地方式，即使由于雷击发生相对地闪络，由于工频电弧电流很小，不能形成稳定的工频电弧，不会引起线路跳闸，只有出现相间短路，才会出现大的短路电流而引起线路跳闸。对有避雷线的输电线路，在雷击杆塔塔顶时，线路的耐雷水平与接地电阻、耦合系数、分流系数、导线（避雷线）对地高度有关，了解这些因素对如何提高耐雷水平有好处。输电线路的耐雷水平和雷击跳闸率是衡量其防雷性能优劣的两个主要指标。对各种线路究竟采用什么防雷措施，可根据线路的重要程度、系统的运行方式、雷电活动的强弱、地形地貌等需要多方面综合考虑。

复习思考题与习题

5-1 输电线路的防雷原则和措施是什么？

5-2 输电线路的耐雷水平、建弧率、雷击跳闸率的含义是什么？

5-3 图5-6所示线路的例题中，若线路架设在山区，杆塔冲击接地电阻 $R_{ch}=15\Omega$，其余条件不变，求该线路的耐雷水平和雷击跳闸率，并列出提高耐雷水平可采取的措施。

5-4 试述避雷线在线路防雷保护中的作用，分析为何35kV及以下线路一般不采用全线架设避雷线的措施。

5-5 试述绕击与反击的区别。

5-6 试述雷电感应电压与雷电波耦合电压的区别。

第6章 发电厂和变电所的防雷保护

本章提要

发电厂和变电所是电力系统的中心环节，安装有电力系统的重要设备——发电机、变压器、断路器等，它们如果受到雷电过电压而损坏，将带来大面积的停电事故，造成很大的经济损失。因此，必须采取更为可靠的防雷措施。

发电厂和变电所的雷害事故来自于两个方面：一是雷直接击于发电厂和变电所；二是雷击输电线路后，在输电线路上产生的过电压以电压波沿线路侵入发电厂和变电所，这种过电压波称为雷电侵入波。本章主要介绍在这两种情况下的防护

对直击雷的防护一般采用避雷针或避雷线，对雷电侵入波的防护主要采用在发电厂和变电所内安装避雷器以限制电气设备上的过电压并配合以进线段防雷措施，对于直配旋转电机还需辅以电容器降低雷电侵入波的陡度。

§6-1 发电厂和变电所的直击雷防护

发电厂和变电所防护直击雷的措施是装设避雷针或避雷线，并配合以良好的接地体。

一、装设避雷针（线）的原则

（1）所有被保护对象均应在避雷针（线）的保护范围之内。

（2）防止避雷针（线）受到雷击时对被保护对象的闪络（即反击）。此类反击不但会在避雷针（线）与被保护对象之间的空气中发生，而且还会在它们的地下接地装置间发生。一旦出现反击，高电位就将加到被保护对象（如电气设备）上。因此，防止反击与保护范围同样重要，也就是说，被保护对象既要在保护范围内，又不会发生避雷针（线）对它们的反击，这样避雷针（线）的保护才是可靠的（运行经验表明，100个变电所每年发生绕击和反击约0.3次）。

出于对反击问题的考虑，避雷针按安装方式可分为独立式避雷针和架构式避雷针两种。

1. 独立式避雷针

如图6-1所示，由于避雷针的引雷作用，当雷击避雷针时，雷电流经避雷针及其接地体流入大地。在避雷针A点（高度为h）及接地装置的B点将出现电位u_A、u_B，即

$$u_A = L\frac{di}{dt} + iR_{ch} \tag{6-1}$$

$$u_B = iR_{ch} \tag{6-2}$$

式中 L——避雷针AB段的等值电感，μH；

i——流过避雷针的雷电流，kA；

$\frac{di}{dt}$——雷电流的陡度，kA/μs；

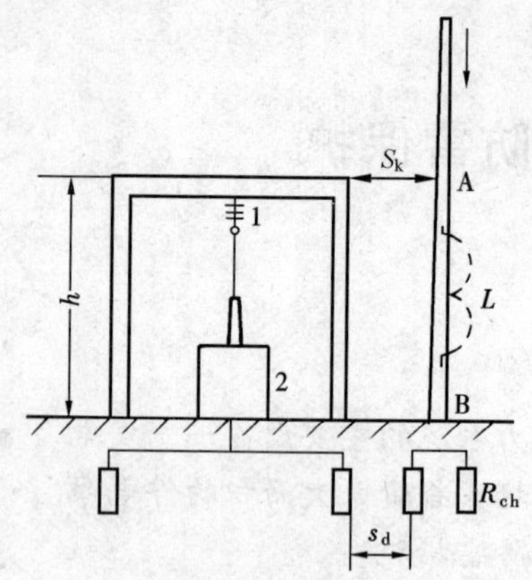

图 6-1 独立式避雷针高电位的分析

R_{ch}——避雷针的冲击接地电阻，Ω。

为了防止避雷针对被保护对象发生反击，避雷针与被保护对象之间的空气间隙 S_K 应具有足够的距离，两者接地体之间的间距 S_d 也应具有足够的距离。一般雷电流幅值取 140～150kA，$L=1.7h\cdot\mu H$，空气击穿场强500kV/m，土壤击穿场强 300kV/m，按斜角波头 2.6μs，并根据运行经验，规程规定

$$S_K \geqslant 0.2R_{ch} + 0.1h \quad (m) \tag{6-3}$$

$$S_d \geqslant 0.3R_{ch} \quad (m) \tag{6-4}$$

同时还规定了 S_K、S_d 的下限，S_K 不宜小于 5m，S_d 不宜小于 3m。独立避雷针宜设独立的接地装置，其接地电阻不宜超过 10Ω。

2. 架空避雷线

用架空避雷线作发电厂和变电所直击雷保护时，有两种布置形式：一种形式是避雷线一端接地、另一端绝缘；另一种形式是避雷线两端接地。同样，为了防止空气间隙和接地体之间发生反击，空气中的间隙 S_K 和地下接地装置之间间距 S_d 也要有足够的距离，规程规定对一端绝缘另一端接地的避雷线

$$S_K \geqslant 0.2R_{ch} + 0.1(h+\Delta l) \quad (m) \tag{6-5}$$

$$S_d \geqslant 0.3R_{ch} \quad (m)$$

式中 Δl——避雷线上校验的雷击点与接地支柱的距离。

对两端接地的避雷线

$$S_K \geqslant \beta[0.2R_{ch} + 0.1(h+\Delta l)] \quad (m) \tag{6-6}$$

$$S_d \geqslant \beta' 0.3R_{ch} \quad (m)$$

$$\beta' \approx \frac{l_2 + h}{l_2 + \Delta l + 2h} \tag{6-7}$$

式中 β'——避雷线的分流系数。

l_2——避雷线上校验的雷击点与另一端支柱间的距离，$l_2 = l - \Delta l$(m)，l 为避雷线两支柱间距离（m）。

Δl、R_{ch}、h 同上。

当然，S_K、S_d 同样不能小于 5m 和 3m 的下限值。

3. 架构式避雷针

对于 110kV 及以上的配电装置，由于电气设备的绝缘水平较高，在土壤电阻率不太高（不大于 1000Ω·m）的地区，不易发生反击，可采用架构式避雷针，即把避雷针装于配电装置的架构上，这样可以节省投资，也便于布置。

架构式避雷针同样需考虑防止反击问题。装有避雷针的架构上，接地部分与带电部分间的空气中距离不得小于绝缘子串的长度。同时此架构应就近埋设辅助接地装置，此接地装置

与变电所接地网的连接点离主变压器接地装置与变电所接地网的连接点之间的距离不应小于15m。这样，雷击避雷针时，在避雷针接地装置上产生的高电位电压波，沿接地网向变压器连接点传播过程中逐渐衰减，到达变压器接地点时才不会造成对变压器的反击。

二、避雷针（线）装设的具体规定

规程对直击雷保护的对象以及避雷针（线）的装设作了具体的规定。

1. 需采用避雷针或避雷线进行直击雷保护的设施

（1）屋外配电装置，包括组合导线和母线廊道。

（2）火力发电厂的烟囱、冷却塔和输煤系统的高建筑物。

（3）易燃燃料（如油）泵房、油罐、库等建筑物。

（4）易燃易爆气体制气站、罐、架空管道等。

（5）多雷区的列车电站。

2. 不宜或不需装设避雷针（线）的设施

（1）发电厂的主厂房、主控制室和配电装置室一般不装设避雷针（线），以免发生感应或反击使继电保护误动作或造成绝缘损坏。

（2）露天布置的 GIS 的外壳不需装设直击雷保护，但应接地。

3. 宜采用独立避雷针而不能采用架构式避雷针的设施

（1）易燃和易爆气、油罐以及相应设施。

（2）35kV 及以下的配电装置。

（3）66kV 配电装置在土壤电阻率大于 500Ω·m 时，以及 110kV 配电装置在土壤电阻率大于 1000Ω·m 时。

（4）变压器的门形架构。

（5）离变压器主接地线小于 15m 的配电装置架构。

同时，严禁在装有避雷针、避雷线的构筑物上架设未采用保护措施的通信线，广播线和低压线。

4. 线路终端杆塔避雷线的连接

线路进变电所之前最后一个杆塔称为终端杆塔，终端杆塔与变电所架构之间为最后一档线路，这档线路的距离可能比较大，如允许将杆塔上的避雷线引至变电所的架构上，那么最后一档线路将受到保护，比用避雷针经济。但由于避雷线有两端分流的特点，所以其规定比避雷针放宽一些。规程规定：

（1）110kV 及以上的配电装置，可将线路避雷线引接到出线门形架构上，但土壤电阻率大于 1000Ω·m 的地区，应装设集中接地装置。

（2）35、66kV 的配电装置，在土壤电阻率不大于 500Ω·m 的地区，允许将线路的避雷线引接到出线门形架构上，但应装设集中接地装置。当土壤电阻率大于 500Ω·m 时，避雷线应终止于线路杆塔，进变电所的最后一档线路防雷保护，可采用独立避雷针，也可在线路终端杆塔上装设避雷针。

§6-2　发电厂和变电所的雷电侵入波防护

发电厂和变电所采用了避雷针（线）进行直击雷防护后，发生绕击和反击雷害事故率是非常低的。造成发电厂和变电所雷害事故的主要原因是雷电侵入波，这是因为：即使线路采取各种防雷措施，由于线路较长，整条线路上不可避免仍会出现雷电过电压，而此雷电过电压沿线路传播最终侵入发电厂和变电所；发电厂和变电所中电气设备的绝缘水平低于线路的绝缘水平，例如110kV线路绝缘子串的50%冲击放电电压为700kV，而110kV变压器的全波冲击绝缘水平只有425kV，若不采取专门的保护措施，则一旦线路绝缘子闪络，在线路上形成的雷电过电压传至变电所变压器，势必造成变压器的损坏。对雷电侵入波过电压限制的基本措施就是装设避雷器。

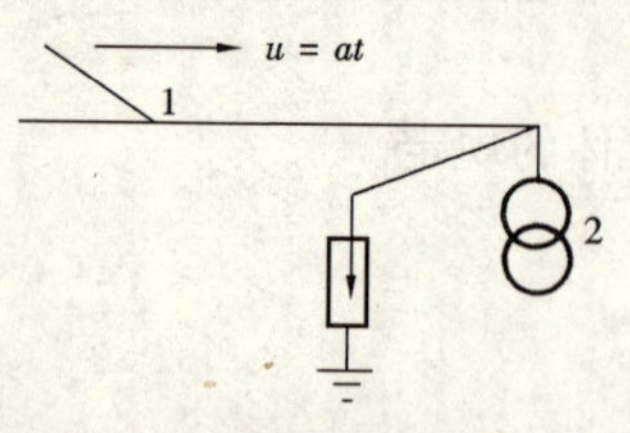

图 6-2 避雷器直接接在变压器旁
1—避雷器；2—变压器

一、避雷器的保护作用

1. 避雷器直接接在被保护设备旁

首先考虑避雷器直接接在被保护设备（如变压器）旁，侵入的电压为 $u=at$，如图 6-2 所示。为了简化分析，忽略变压器入口电容的作用，即变压器端视为开路，避雷器动作后相当于接上非线性的阀片电阻。用图解法求解这一简单非线性电路，可求得避雷器上的电压波形，如图 6-3（a）所示。波形中第一个峰值相当于避雷器的冲击放电电压，即作用在避雷器上电压与其伏秒特性（图中虚线）的交点。避雷器动作后的电压则由其伏秒特性决定。当雷电流经过最大值时，电压也达到最大值。由于阀片电阻的非线性，当流过避雷器的电流在很大范围内变化时，其残压变化很小，且与冲击放电电压大致相同，因此可以将避雷器上的电压近似地看成一个斜角平顶波，其幅值为避雷器的额定残压 U_{rem}，如图 6-3（b）所示。而此理想化的电压波形又可看成侵入的电压 $u=at$ 在 $t=t_0$（t_0 为避雷器动作时刻）后叠加上一负电压波，即 $-a(t-t_0)$ 所成。

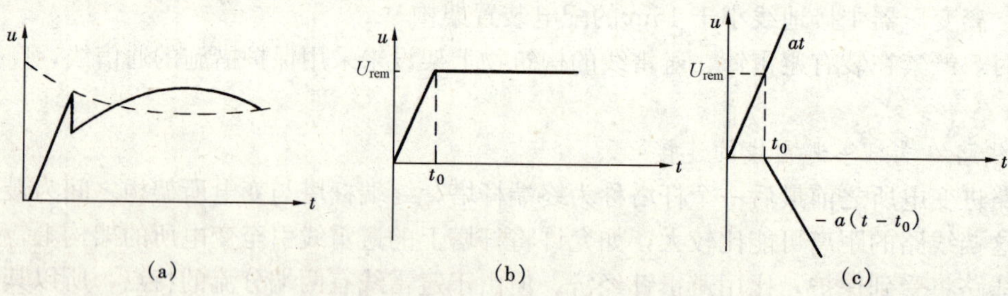

图 6-3 避雷器上的电压波形及理想化波形

上述结果是在有间隙的阀式避雷器动作后得到的。对于金属氧化物避雷器，该过程也是类似的，而且由于金属氧化物避雷器无间隙而没有一个负的电压跃变，还有很好的非线性而动作后电压几乎不随电流增大而增高，这样更接近于理想波形。

2. 与避雷器有一定电气距离时被保护设备上的过电压

上述所讨论的是避雷器与被保护设备直接相接，当然被保护设备上的电压就等于避雷器上的电压，其最大电压也就等于避雷器的残压。

在实际应用中，不可能也没有必要在每个电气设备旁都安装一组（三相）避雷器，一般只在变电所母线上装一组或两组避雷器，靠它们对所有接在母线上的电气设备提供雷电侵入波防护。这样，避雷器与各被保护设备之间就有一段长度不等的距离，此距离不是空间的距离，而是沿连接线的距离，称为电气距离。在这种情况下，当避雷器动作时，由于电压波在这段电气距离内的折射与反射，会使得作用于被保护设备上的电压高于避雷器的冲击放电电压或残压，下面我们通过一最简单的接线来说明此效应。

如图 6-4 所示，避雷器与变压器之间的电气距离为 l，雷电侵入波电压为 $u=at$，同样忽略变压器的入口电容。设 $t=0$ 时，侵入波到达避雷器节点 1，该节点电压将按 $u_1=at$ 上升，经过时间 $\tau=l/v$（v 为波速），波到达变压器节点 2，由于忽略变压器的入口电容，即节点 2 视为开路，所以波在节点 2 处发生全反射，使节点 2 的电压在 $t=\tau$ 之后按 $u_2=2a(t-\tau)$ 上升。再经过时间 τ，即在 $t=2\tau$ 时，从节点 2 反射的电压波又到达节点 1，此时节点 1 的电压等于入射电压波 at 和反射电压 $a(t-2\tau)$ 之和，即 $t\geqslant 2\tau$ 时，$u_1=at+a(t-\tau)=2a(t-\tau)$。在 $t=t_0$ 时，u_1 曲线与伏秒特性曲线相交，避雷器动作。之后，由于阀片电阻非线性特性，使 u_1 电压基本保持电压 U_{rem}。u_1 的电压波如图 6-5（a）所示。

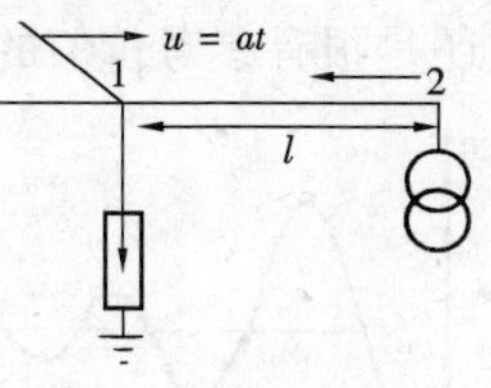

图 6-4　避雷器距变压器一定电气距离

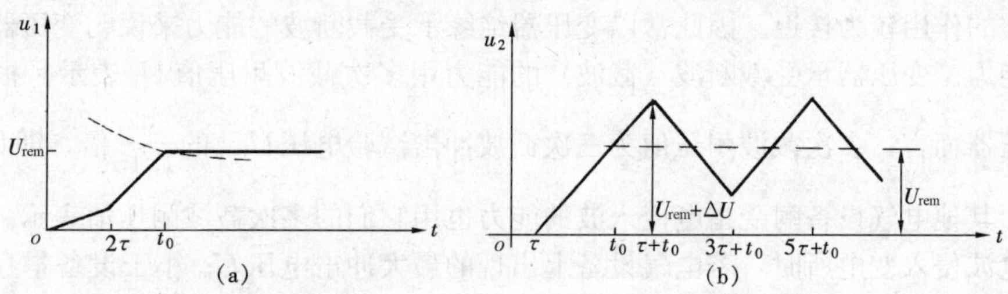

图 6-5　避雷器和变压器上的电压波形

再来看变压器节点 2 的电压波形，当侵入波在 $t=\tau$ 时传至节点 2 并发生全反射，使节点 2 的电压以 $u_2=2a(t-\tau)$ 上升。在 $t=t_0$，避雷器动作，节点 1 的电压保持 U_{rem} 而不再升高，这可看作为在节点 1 上叠加一电压 $-2a(t-t_0)$ 而成，此负电压波在 $t=t_0+\tau$ 时到达节点 2，又发生全反射而使节点 2 的电压下降。来回多次反射的结果，使变压器节点 2 上的电压具有振荡的波形，如图 6-5（b）所示。

从图 6-5 可见，在 $t=2\tau$ 至 $t=t_0$。这段时间内，节点 1 和节点 2 的电压是相同的。而在 $t=t_0$ 之后，避雷器上的电压基本保持在其残压 U_{rem} 附近，而变压器上电压仍以 $2a$ 的速率随时间上升，直到 $t=t_0+\tau$ 时才下降，所以在这段时间内（即从 $t=t_0$ 至 $t=t_0+\tau$）升高的电压就是变压器上最大电压比避雷器上最大电压高出的值 ΔU，即

$$\Delta U=2a\tau=2a\frac{l}{v} \tag{6-8}$$

式中　a——雷电侵入波的陡度，kV/μs；

l——避雷器距离变压器的电气距离，m；

v——波速，m/μs。

这样，变压器上的最高电压为

$$U_2=U_{rem}+2a\frac{l}{v} \tag{6-9}$$

虽然上述分析是从最简单情况也是最严重的情况（只有一条出线）出发的，并忽略变压器的入口电容以及连线的电感和冲击电晕等一些影响因素，使得实际波形与上面分析得到的波形有差异，但上述变压器上电压高出避雷器残压的结论还是正确的，而且这种简单估算公式还是很有参考价值的。

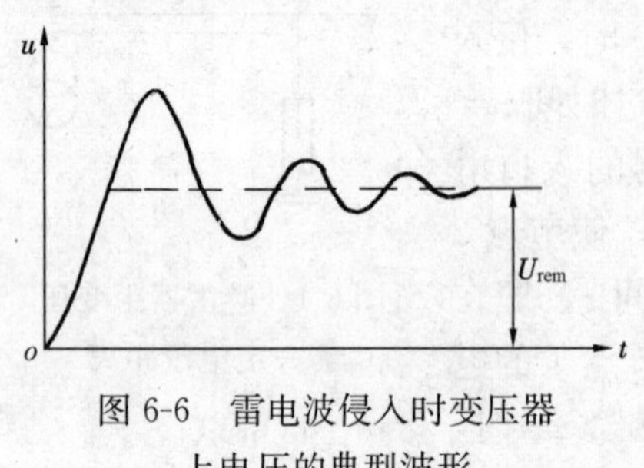

图 6-6　雷电波侵入时变压器上电压的典型波形

图 6-6 给出了变压器上实际电压的典型波形。由图可见，也是一个振荡波，其电压的最大值也高出避雷器的残压 U_{rem}，这与上述简单情况的结论是一致的。在实际情况中，由于冲击电晕和避雷器阀片电阻等因素的衰减作用，波形是衰减振荡波。振荡的周期与避雷器到变压器的电气距离以及变压器入口电容有关。电气距离越长，入口电容越大，振荡周期越长，变压器上电压高出避雷器残压越多。

我们看到这种电压波形与标准雷电冲击电压波形（全波）相差很大，它对变压器绝缘的作用与截波的作用较为接近。因此常以变压器绝缘承受截断波的能力来说明变压器承受雷电侵入波的能力。变压器承受截断波（截波）的能力用多次截波耐压值 U_j 表示。根据实践经验，对变压器而言，多次截波耐压值为三次截波冲击试验电压 $U_{j\cdot 3}$ 的$\frac{1}{1.15}$倍，即 $U_j=\frac{U_{j\cdot 3}}{1.15}$

同样，其他电气设备耐受雷电侵入波的能力也用它们的多次截波耐压值表示。

当雷电波侵入变电所时，若电气设备上出现的最大冲击电压 U_m 小于设备本身的多次截波耐压值 U_j 时，则设备不会发生事故。因此为了保证设备安全运行，必须满足

$$U_m \leqslant U_j \tag{6-10}$$

表 6-1 列出了不同电压等级变压器的多次截波耐压值以及对应作侵入波保护避雷器的残压值。从表中可见，变压器的多次截波耐压值比普通阀式避雷器残压高出 43%～46%，比磁吹阀式避雷器残压高出 38%～85%，比金属氧化物避雷器残压高出 31%～77%。

表 6-1　　**变压器多次截波耐压值与避雷器残压值的比较**

额定电压有效值（kV）	35	110	220	330	500
三次截波耐压（kV）	225	550	1090	1300	1675
多次截波耐压（kV）	196	478	949	1130	1456
FZ 避雷器残压（kV）	134	332	664		
FCZ 避雷器残压（kV）	108	260	515	820	
金属氧化物避雷器残压（kV）		270	540	750	1110
变压器多次截波耐压与避雷器残压之比					
FZ 避雷器	1.46	1.44	1.43		
FCZ 避雷器	1.81	1.83	1.85	1.38	
金属氧化物避雷器		1.77	1.76	1.51	1.31

二、变电所中避雷器距变压器最大允许电气距离 l_m

从上面分析可知，要保证变压器在雷电侵入波作用下仍能安全运行，必须满足

$$U_m \leqslant U_j$$

即

$$U_{rem}+2a\frac{l}{v} \leqslant U_j$$

由此可行最大允许电气距离

$$l_{m} \leqslant \frac{U_{j}-U_{rem}}{2a/v} \tag{6-11}$$

可以看出避雷器的保护作用是有一定电气距离范围的，变压器绝缘水平一定（即多次截波耐压值一定）时，降低雷电侵入波陡度，选用残压较低的避雷器可增大避雷器距变压器的最大允许电气距离。此外，最大允许电气距离还与变电所进线数目有关。根据模拟实验，各电压等级在用普通阀式避雷器（330kV 为磁吹阀式）保护时，避雷器距变压器最大允许电气距离与侵入波陡度 a'（kV/m）的关系如图 6-7 所示。

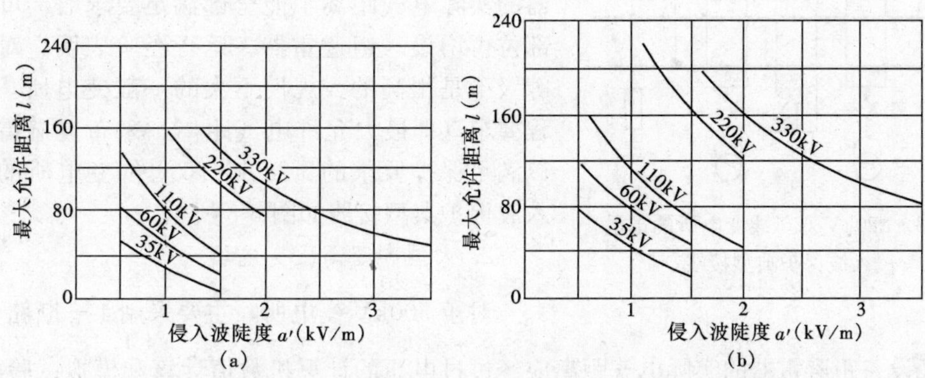

图 6-7　变电所中避雷器距变压器的最大允许电气距离与侵入波陡度的关系

(a) 一路进线；(b) 两路进线

由于雷电侵入波的陡度与进线保护有关，一旦进线保护段的长度确定后，则变压器距避雷器最大允许电气距离也就能确定，所以规程规定了避雷器距变压器的最大允许电气距离，见表 6-2 和表 6-3。架空线路若采用双回路杆塔，由于有同时遭到雷击的可能，所以确定最大允许电气距离时，仍按一路考虑。

表 6-2　　普通阀式避雷器距变压器最大允许电气距离　　单位：m

系统电压 (kV)	进线段长度 (km)	进线路数			
		1	2	3	≥4
35	1	25	40	50	55
	1.5	40	55	65	75
	2	50	75	90	105
110	1	45	70	80	90
	1.5	70	95	115	130
	2	100	135	160	180
220	2	105	165	195	220

表 6-3　　金属氧化物避雷器距变压器最大允许电气距离　　单位：m

系统电压 (kV)	进线段长度 (km)	进线路数			
		1	2	3	≥4
110	1	55	85	105	115
	1.5	90	120	145	165
	2	125	170	205	230
220	2	125	195	235	265
330	2	90	140	170	190

变电所中其他的电气设备，由于它们的冲击的耐压值比变压器的高，故它们距避雷器的最大允许电气距离可相应增加35%。

三、变电所雷电侵入波防护时避雷器的配置

变电所雷电侵入波的防护主要就是要选择保护用的避雷器并确定它们的安装位置，基本原则是在任何可能的运行方式下，变电所内所有设备距避雷器的实际电气距离都应小于相应的最大允许电气距离。

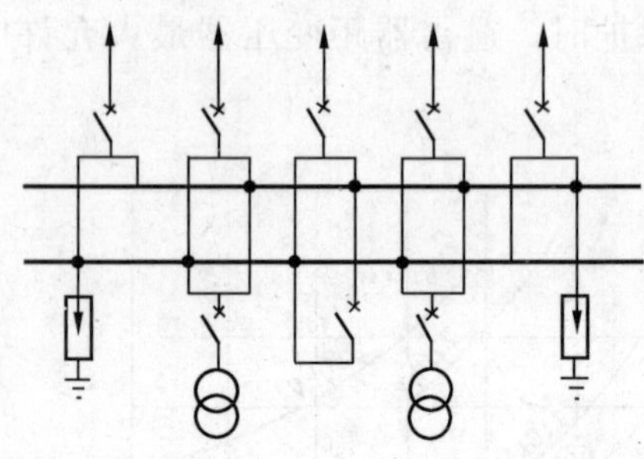

图 6-8 220kV 双母线变电所的雷电侵入波保护典型接线

1. 一般变电所

通常在母线上安装一组避雷器，若设备距避雷器的实际电气距离不能全部满足要求时，可在适当部位再增设一组避雷器。运行经验表明，对于电压等级不是很高的、规模不大的一般变电所，按照规程要求（即最大允许电气距离）来布置避雷器是可以满足保护要求的。220kV 双母线变电所的雷电侵入波保护典型接线如图 6-8 所示。

2. 大型和超高压变电所

对于 500kV 变电所，主要采用 $1\frac{1}{2}$断路器接线。其各电气设备距避雷器的实际电气距离应经过过电压的计算机数值计算和模拟试验的校核。500kV 敞开式变电所雷电侵入波保护的特点是接线电气距离长，这样每组避雷器一般主要只能保护与它靠近的某些电气设备。所以规程规定，在每回线路的入口处，即在出线断路器的线路侧装设一组线路型金属氧化物避雷器，同时在每一变压器的出口处装设一组电站型金属氧化物避雷器。如果线路入口有并联电抗器并且通过断路器进行操作，则在电抗器侧增设一组避雷器，典型接线图如图 6-9 所示。当母线较长时，经过计算机计算或模拟试验结果证明不能满足保护要求时，才需要再考虑在适当位置增设避雷器。

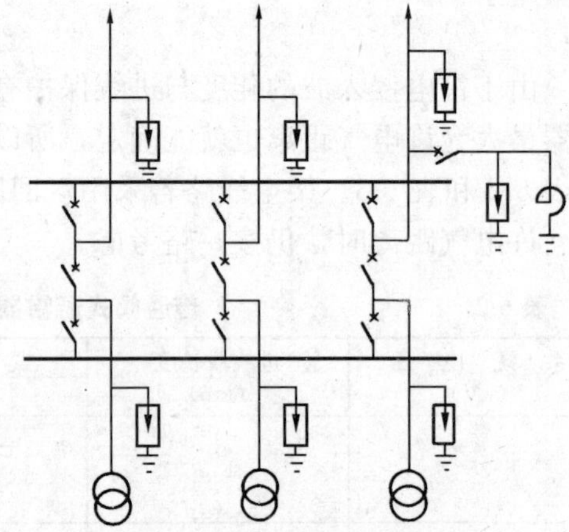

图 6-9 500kV 变电所的雷电侵入波保护典型接线

3. 气体绝缘变电所

全封闭 SF_6 气体绝缘变电所（GIS）是除变压器以外的整个变电所的高压电气设备及母线封闭在一个接地的金属壳内，壳内充以高于大气压的 SF_6 气体作为相间及相对地的绝缘，它是近年来发展起来的一种新型变电所。与通常的敞开式变电所相比，GIS 变电所具有以下特点：

（1）GIS 绝缘的伏秒特性曲线比较平坦，其冲击系数很小，约为 1.2～1.3。因此它的绝缘水平主要决定于雷电冲击电压。

（2）GIS 的波阻抗一般在 60～100Ω 之间，远比架空线路低，这对变电所的侵入波保护是有利的。

（3）GIS 变电所结构紧凑，设备之间的电气距离小，避雷器离被保护设备较近，防雷保护措施容易实现。

（4）GIS 绝缘完全不允许电晕，一旦发生电晕，将立即击穿，而且没有恢复能力。致命的绝缘损伤可能导致整个 GIS 系统的损坏。因此要求包括母线在内的整套 GIS 装置的雷电过电压保护应有较高的可靠性，在设备绝缘配合上留有足够的裕度。

实际的 GIS 变电所可能有不同的主接线方式，就架空线路（雷电侵入波沿架空线路进入变电所）与 GIS 变电所连接大体可分为两类，即架空线路直接与 GIS 相连接和架空线路经电缆段与 GIS 相连接。

对于与架空线路直接连接的 GIS 变电所，作雷电侵入波保护避雷器的配置如图 6-10 所示。如变压器和 GIS 中电气设备的电气距离最大不超过 50m（66kV）和 130m（110，220kV）或虽超过但经校验，装一组避雷器能符合保护要求时可按图 6-10（a）配置避雷器，即在 GIS 入口处外侧，即线路侧装设一组避雷器。当然，这组避雷器也可装在 GIS 入口处的内侧，即 GIS 侧。如电气距离不符合上述要求且经校验后达不到保护要求时，需在变压器出口处增加一组避雷器，如图 6-10（b）所示。两种情况都要求连接 GIS 架空线路进线保护段的长度不应小于 2km。

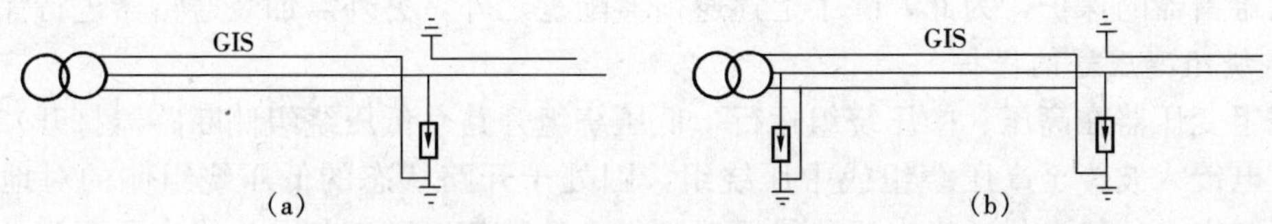

图 6-10　与架空线路直接连接的 GIS 雷电侵入波保护接线

经电缆段与架空线路连接的 GIS 变电所，雷电侵入波保护时避雷器的配置如图 6-11 所示。图 6-11（a）为三芯电缆时的接线，在电缆段与架空线路连接处应装设一组避雷器。图 6-11（b）为单芯电缆时的接线，此时在电缆与 GIS 连接处应加接一组金属氧化物电缆护层保护器 FC。同样，当电气距离不符合要求且经校验后达不到保护要求时，需在变压器出口处增加一组避雷器。

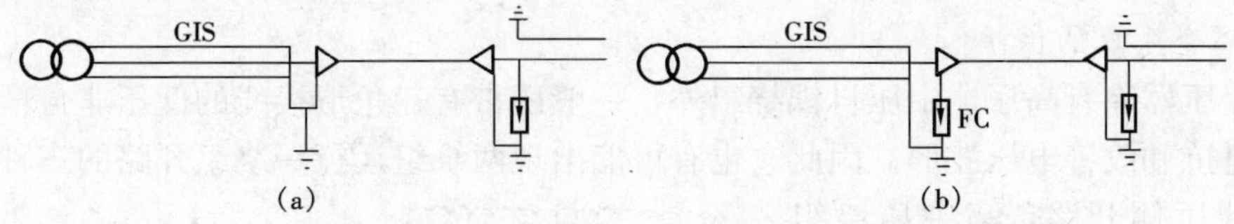

图 6-11　经电缆段进线的 GIS 雷电侵入波保护接线

GIS 变电所保护用的避雷器一般采用保护性能优良的金属氧化物避雷器。另外值得注意的一个问题是，如 GIS 内部也装有保护用的避雷器，若与外部避雷器保护性能不同，可能出现避雷器动作后放电电流负担不均匀的问题。

4．3～10kV 配电所

对于 3～10kV 的配电所（配电装置），雷电侵入波保护时避雷器的配置如图 6-12 所示。在母线上装设避雷器 F2（当无变压器时，此避雷器可不装）且距变压器的电气距离不宜大于表 6-4 所列的数值。

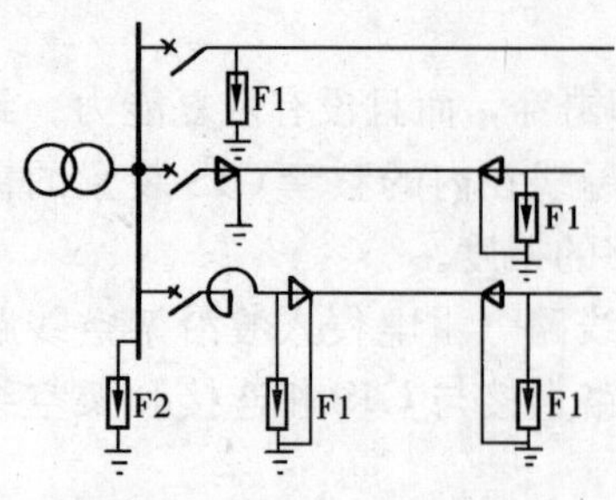

图 6-12 3～10kV 配电所雷电侵入波保护接线

表 6-4 避雷器至 3～10kV 主变压器最大允许电气距离 单位：m

雷季经常运行的进线路数	1	2	3	≥4
最大允许电气距离	15	20	25	30

图 6-12 中的三条出线分别表示配电所（装置）直接与架空线路连接、经电缆段后与架空线连接、经限流电抗器和电缆段后与架空线连接三种情况下避雷器的配置，避雷器的接地端（包括电缆金属护层）应以最短的接地线与配电所（配电装置）的主接地网连接，同时避雷器附近应装设集中接地装置。

四、三绕组变压器和自耦变压器的雷电侵入波保护

双绕组变压器正常运行时，其高压侧和低压侧的断路器打开或闭合一般都是一致的，高、低压绕组都受到两侧的避雷器保护。但是对于三绕组变压器和自耦变压器，在正常运行时可能出现两绕组运行一绕组开路的情况，对于开路的绕组，由于此时绕组侧断路器的打开而得不到避雷器的保护，为此，除了上述避雷器配置之外，另外需加装避雷器进行保护。

1. 三绕组变压器的保护

三绕组变压器在高压、中压绕组运行，低压绕组开路（低压绕组侧断路器打开）时，若线路有雷电侵入波传至高压绕组或中压绕组，因处于开路状态的低压绕组侧的对地电容较小，低压绕组上的静电传递过电压分量可达到很高的数值以至于危及绝缘水平不高的低压绕组，所以规程规定，三绕组变压器和下面所述的自耦变压器的低压绕组如有开路运行的可能，应在变压器低压绕组三相出线端（在低压侧断路器之前）对地装设避雷器。对于发电厂双绕组变压器，当发电机断开由高压侧倒送厂用电时，由于此时低压侧虽不是开路但低压侧对地电容较小，所以同样需在低压绕组三相出线端对地装设避雷器。

三绕组变压器虽也存在中压绕组开路，低压高压绕组运行的可能性，由于中压绕组对地电容较大，绝缘水平较高，传递至中压绕组上的过电压不会损坏绕组，因而不必加装上述要求的避雷器。

2. 自耦变压器的保护

自耦变压器除有高压、中压自耦绕组外，一般还带有三角形接线的低压非自耦绕组，以减小零序电抗和改善电压波形。因此它也有可能出现两绕组运行一绕组开路的三种情况：

（1）低压侧开路，高中压绕组运行。与三绕组变压器相同，应在低压绕组三相出线端对地装设避雷器。

（2）中压侧开路，高压侧进波。雷电侵入波从高压侧线路传至高压绕组，设侵入波的幅值为 U_0，则绕组的起始电压分布 1、稳态电压分布 2 和最大电位包线 3 都与中性点接地单绕组相同，如图 6-13（a）所示。

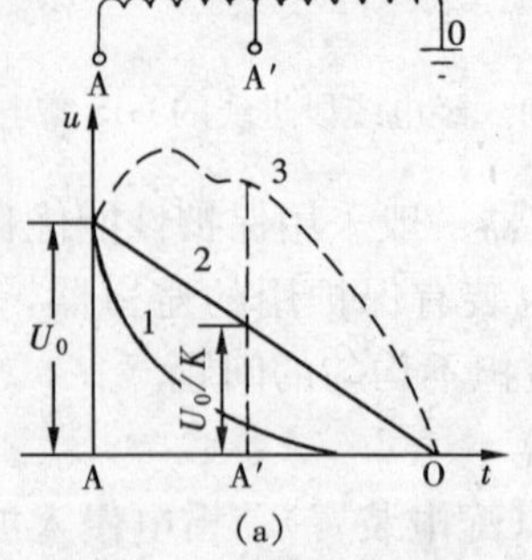

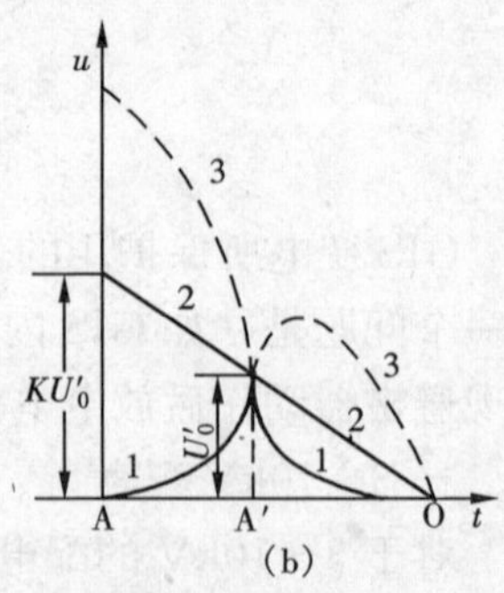

图 6-13 雷电波侵入自耦变压器

(a) 高压端 A 进波；(b) 中压端 A 进波

在开路的中压绕组出线端 A′上可能出现的最大电压为 U_0 的 $2/K$ 倍（K 为高压与中压间的变比），这可能造成开路的中压端套管闪络，因此应在中压绕组出线端（在中压侧断路器之前）对地装设一组避雷器进行保护，如图6-14所示。

（3）高压侧开路，中压侧进波。中压侧有幅值为 U'_0 的雷电波侵入，则绕组的起始电压分布 1、稳态电压分布 2 和最大电压包线 3 如图 6-13（b）所示。其中 A′至 O 这段绕组与末端接地的单绕组相同。A′至 A 这段绕组的稳态电压分布是由 A′O 这段稳态分布通过电磁感应形成的，高压端的稳态电压为 KU'_0。在振荡过程中 A 点的电位最高可达 $2KU'_0$，这将危及处于开路状态的高压端绝缘和高压绕组，因此应在高压绕组出线端对地装设一组避雷器进和保护，如图6-14所示。

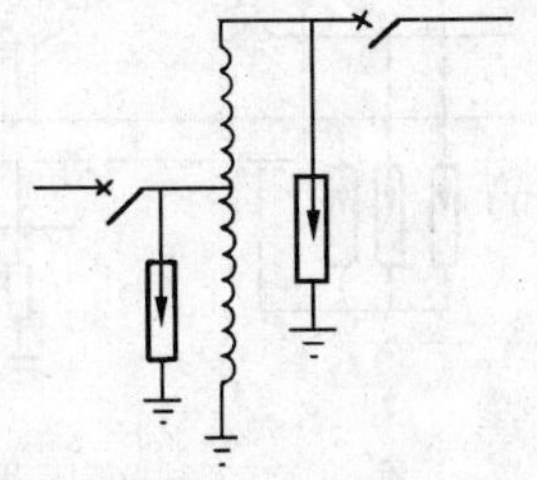

图 6-14　自耦变压器的雷电侵入波典型保护接线

在采用图 6-14 的保护接线时，还应注意高中压电压之比是否小于 1.25，若小于 1.25 则在 A 与 A′之间还应跨接一组避雷器，此避雷器的灭弧电压应大于高压或中压侧接地短路条件下 AA′这段绕组上出现的最高工频电压。加装这组避雷器是考虑到：当中压侧接有出线（线路波阻抗相对于绕组波阻抗来说可忽略，视中压侧为接地）高压侧进波，或高压侧接有出线中压侧进波时，进波电压大部分将加在绕组 AA′段上面使其损坏。

3. 变压器中性点的保护

变压器中性点的绝缘水平有两种：全绝缘和分级绝缘。全绝缘是中性点处的绝缘水平与相线端的绝缘水平相等，分级绝缘是中性点处的绝缘水平低于相线端的绝缘水平。

对于中性点不接地或经消弧线圈接地的系统，变压器中性点一般是全绝缘的。第三章中已讲到，当雷电侵入波三相同时进波时，中性点上电压可达到进波电压的 2 倍，但三相同时来波的概率是很小的，且大多数侵入波来自于线路较远处，到达变电所时陡度还不大，加上进线数不止一条时的分流作用，所以变压器中性点在这些系统中一般不需加装避雷器保护。但对于多雷区单进线变电所的变压器中性点和有单进线运行可能时的接有消弧线圈的变压器中性点，需装设避雷器（或放电间隙）加以保护。

在中性点直接接地的系统中，由于继电保护的需要，可能有一部分变压器的中性点不接地运行，这就要考虑是否在中性点上装设避雷器进行保护。若中性点为全绝缘时，其中性点一般不需保护，但变电所为单变压器又是单线运行时，考虑到一般为 110kV 及以上电压等级，如变压器中性点绝缘损坏，经济损失会很大，故规程规定中性点装设同电压等级的避雷器加以保护；若中性点为分级绝缘时，应在中性点上装设与中性点绝缘等级相同的避雷器进行保护，但若采用阀式避雷器要注意避雷器的灭弧电压应始终大于中性点可能出现的最高工频电压，例如，110kV 分级绝缘的变压器中性点（其绝缘水平与 35kV 绝缘水平对应）就不能选用 FZ-35 或 FCZ-35，而应考虑选用 FZ-40。

五、配电变压器的雷电侵入波保护

配电变压器 3～10kV 侧应装设避雷器 F1。阀式避雷器应尽量靠近变压器装设，且其接地线应与变压器侧中性点以及外壳连接在一起后再接地，这叫三点联合接地。这是因为：F1 在冲击电压下的等值电阻 R 只不过 3.4～10Ω，而若避雷器独立接地，则接地电阻可能在 10Ω 左右，这样，在雷电侵入波作用下雷电流流过接地电阻的压降可能要比流过避雷器的压

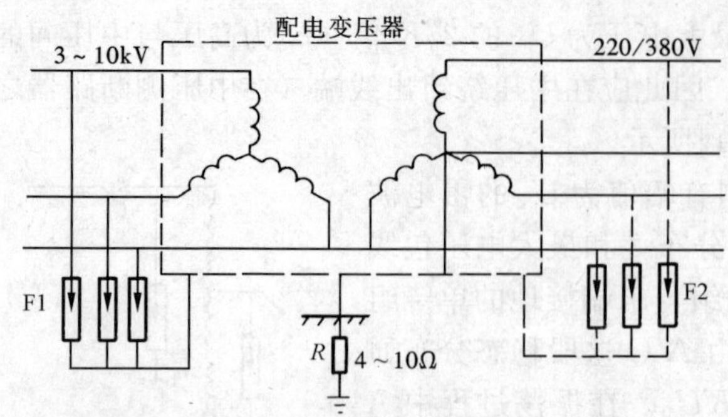

图 6-15 配电变压器的雷电侵入波保护接线

降（即残压）还要大，变压器绝缘将承受上述两个压降叠加的作用而损坏。而通过将F1接地端直接接在外壳上，则变压器绝缘只承受避雷器残压作用，但此时外壳的电位很高，可能发生由外壳向低压侧绕组的反击（逆闪络），所以必须再将低压侧的中性点也连接到外壳上。

上述高压侧装设阀式避雷器之后，仍会发生遭雷击损坏，这是因为：

（1）雷直击于低压线路或低压线路遭感应雷，使低压侧绝缘损坏。

（2）同上原因，也会使高压侧绝缘损坏，这是因为此时通过电磁耦合，在高压侧绕组上也出现了与变比成正比的过电压，即所谓正变换过电压，由于高压侧绝缘裕度比低压侧小，所以可能造成高压侧损坏。

（3）雷直击于高压线路或高压线路遭受感应雷，高压侧避雷器动作，在接地电阻上产生压降，若以5kA和7Ω计，则此压降可达35kV。这一压降将作用在低压侧中性点上，即此压降作用在低压绕组及与其相连接的线路处，因绕组波阻抗比线路波阻抗大得多，此压降绝大部分都加在低压绕组上，经过电磁耦合，在高压绕组上又将按变比出现过电压，可达$35\times\frac{10000}{380}=92$（kV），这称为反变换过程。此92kV电压沿绕组分布，由于此时高压侧F1避雷器已动作，高压绕组出线端电位被避雷器残压所固定，所以在高压侧中性点处电位最高，可能击穿中性点附近的绝缘，也可能击穿绕组的纵绝缘。为此应在低压侧也加装一组避雷器F2，接法与高压侧相同。此低压绕组侧的避雷器，不仅保护低压绕组，同时也在发生正反变换过程时，保护高压绕组。

§6-3 变电所的进线段保护

由本章第二节可知，发电厂变电所的雷电侵入波保护主要依靠所安装的阀式和金属氧化物避雷器，而要使避雷器能可靠地保护电气设备，必须使流过避雷器的雷电流幅值不超过允许值（220kV及以下为5kA，330kV及以上为10kA），而且必须保证侵入波陡度限制在允许值范围内。此任务就由进线段保护来完成。

一、进线段保护的接线

进线段是指临近变电所的1～2km的一段线路，进线保护是指对进线段加强防雷保护措施。

1. 35～110kV全线无避雷线线路

进线段保护应在1～2km的进线段线路上架设避雷线，且具有较小的保护角，这段线路的耐雷水平也应符合表5-6的规定。保护接线如图6-16（a）所示。图中避雷器F1仅对冲击绝缘水平比较高的木杆或木横担线路以及降压运行的线路才需装设，因为在这种情况下侵入波电压比较高，流过避雷器的电流可能超过规定值，所以就要在进线段首端装设避雷器F1。

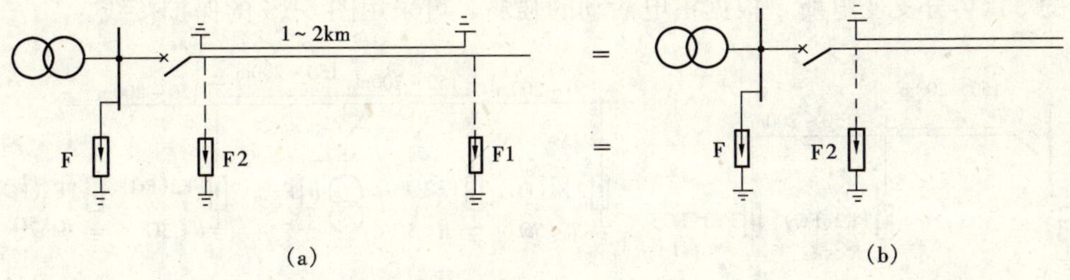

图 6-16　变电所进线段雷电侵入波保护接线

对于进线断路器或隔离开关在雷雨季节可能经常处于开路状态，而线路侧又经常带电的线路，需要安装避雷器 F2，否则沿线路有雷电波侵入时，在开断点将发生全反射使过电压升高到 2 倍，有可能使开路状态的断路器或隔离开关对地闪络，由于线路侧带电，这将导致工频短路，烧毁断路器或隔离开关的绝缘部件。但是装有 F2 而断路器又在合闸位置运行时，侵入波不应使 F2 动作，不然 F2 动作产生截波而危及变压器的纵绝缘。在需装设 F1 或 F2 又选不到参数合适的避雷器时，也可用保护间隙代替。

2. 全线有避雷线的线路

进线段保护时应使被保护的进线段具有比其余部分线路更高的耐雷水平，具体也应符合表 5-6 的规定，避雷线应具有较小的保护角，一般不超过 20°。接线如图 6-16（b）所示。

3. 接有电缆的线路

进线段保护时，与电缆段连接的 1km 架空线路应架设避雷线，在电缆与架空线连接处应装设避雷器，其接地端应与电缆金属护层连接。对三芯电缆，末端的金属护层应直接接地，如图 6-17（a）所示；对单芯电缆，其末端金属护层应经金属氧化物电缆护层保护器 FC（或保护间隙）接地，如图 6-17（b）所示。若电缆长度超过 50m，且断路器在雷季可能经常断开运行，则还需在电缆末端再加装避雷器。

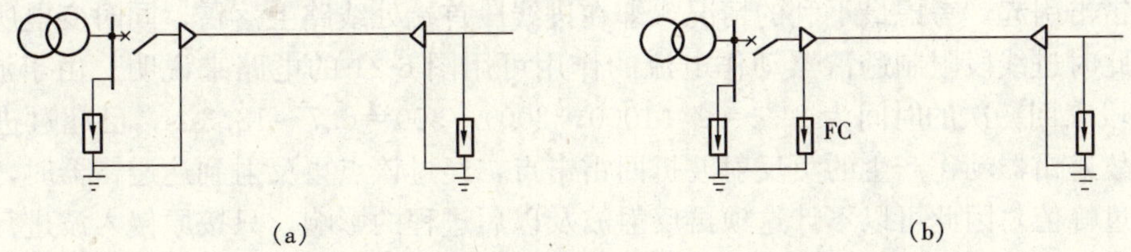

图 6-17　接有电缆线路的进线雷电侵入波保护接线

（a）接三芯电缆；（b）接单芯电缆

4. 小容量变电所的简易进线段保护接线

对 35kV 的小容量（5000kVA 以下）变电所，可根据变电所的重要性和雷电活动强度等情况采取简化的进线段保护。对于 3150～5000kVA 的小容量变电所，进线段保护接线与图 6-16（a）相同，但进线段的长度可从 1～2km 缩短到 500～600m，这是因为变电所范围小，避雷器距变压器的距离一般在 10m 以内，这样侵入波陡度就允许增加，进线段长度相应就可缩短。但要注意电缆首端避雷器的接地电阻不应超过 5Ω；对于小于 3150kVA 供非重要负荷变电所的 35kV 侧，根据雷电活动的强弱，可采用图 6-18（a）的保护接线；对于容量为 1000kVA 及以下的变电所可采用图 6-18（b）的接线；对于容量小于 3150kVA 供非重要负荷的 35kV 分支变电所，根据雷电活动的强弱，可采用图 6-19 的保护接线。

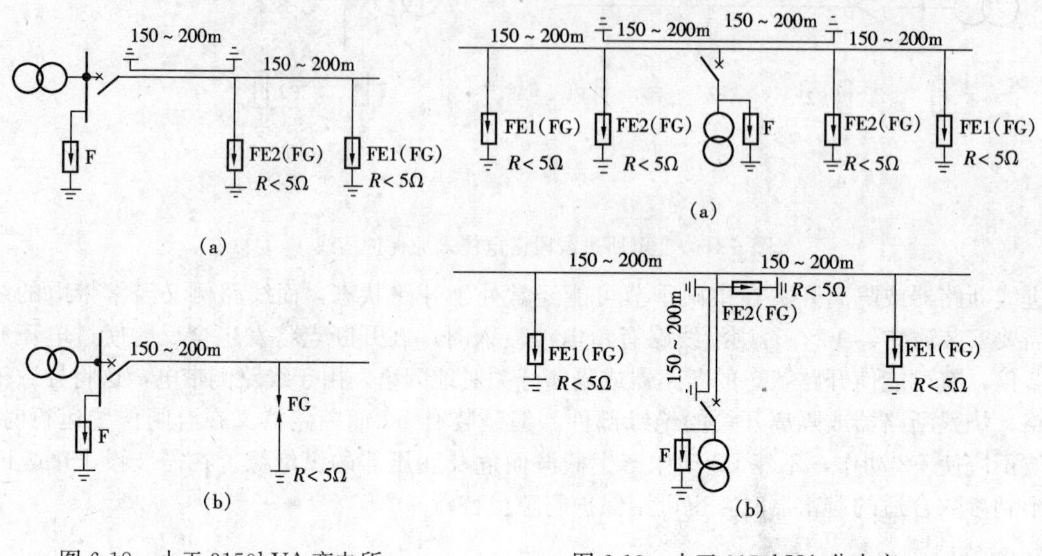

图 6-18 小于 3150kVA 变电所的简易保护接线
（a）采用避雷线；（b）不采用避雷线

图 6-19 小于 3150kVA 分支变电所的简易保护接线
（a）分支线较短时；（b）分支线较长时

对于 35kV 变电所，若进线段架设避雷线有困难，或进线杆塔接电阻很难降低。满足不了耐雷水平的要求，可在进线的终端杆上安装一组 1000μH 左右的电感线圈来代替进线段保护，如图 6-20 所示。此电感线圈既能减小流过避雷器的雷电流，又能降低侵入波的陡度。

二、进线段保护的作用

1. 限制避雷器的动作电流

由于保护的进线段具有较高的耐雷水平，所以可以认为侵入变电所的雷电波主要由进线段之外受雷击引起。考虑最不利的情况，即在进线段首端处线路上落雷，同时变电所只有一条线路。此时进线段限制避雷器动作电流的作用可用图 6-21 的电路来说明。由于波在 1～2km 进线段来回一次的时间为 $2l/v=2\ (1000-200)\ /300=6.7\sim13.3\mu s$，已超过进波的波头时间，故避雷器动作产生的负反射波折回雷击点，经过该点再反射到达避雷器时，避雷器的电流已过峰值，因此可以不计这项再反射波及以后过程的影响，只按原侵入波进行分析计算。对图 6-21（b）所示的等值计算电路可用图解法或解析法求出通过避雷器的最大电流，但也可利用下述的简单近似解法。例如对 220kV 线路，由于受线路绝缘限制，侵入波电压的最大值不会超过线路绝缘强度 $U_{50\%}$，$U_{50\%}=1200\sim1400$kV，线路波阻抗 $Z=400\Omega$，取避

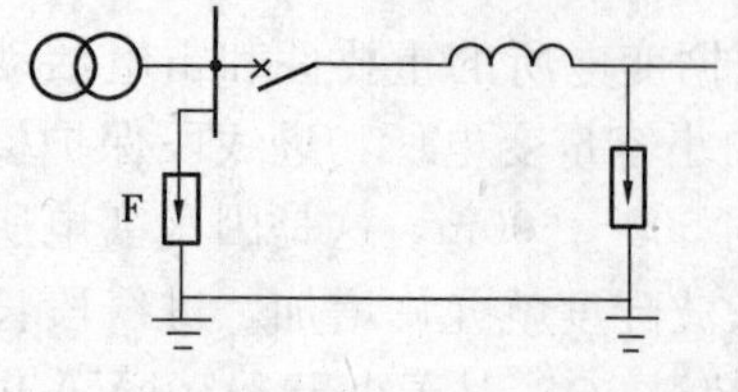

图 6-20 用电抗器代替进线段的保护接线

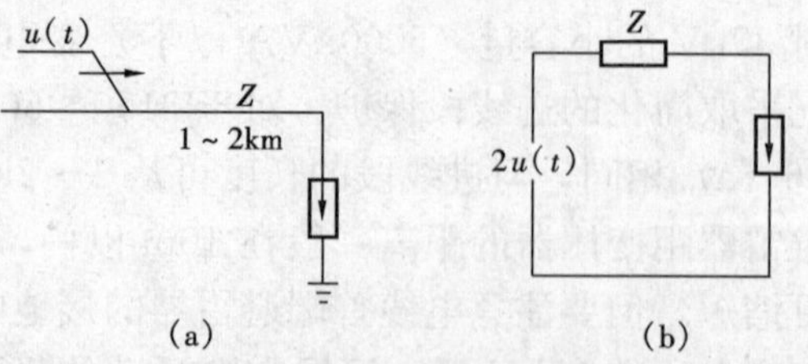

图 6-21 进线段限制通过避雷器电流的计算

雷器端电压等于 5kA 下的残压，即 $U_C=664$kV，由此可得

$$I\approx\frac{2U_{50\%}-U_C}{Z}=4.34\sim5.34\ (\text{kA})$$

上述计算结果表明，流过避雷器的最大雷电流一般在 5kA 左右。用同样方法，可计算出不同电压等级线路，采用进线段保护之后流过避雷器的最大冲击电流值，见表 6-5。

表 6-5　按图 6-21 计算流过避雷器的冲击电流最大值

额定电压（kV）	避　雷　器	线路绝缘的 $U_{50\%}$（kV）	避雷器电流（kA）
35	FZ－35	350	1.41
110	FZ－110	700	2.67
220	FZ－220J	1200～1400	4.35～5.38
330	FCZ－330J	1645	7.06
500	FCZ－500J	2060～2310	8.63～10

因此，当选用避雷器保护变电所时，一般在电压为 220kV 及以下时用 5kA 下的残压为基准，而在 330kV 及以上时，以 10kA 下残压为基准。

2. 限制雷电侵入波陡度

来自于线路的雷电侵入波在进入到变电所之前必须经过进线段这一段距离。由于出现冲击电晕，从而在传播过程中使过电压波的波前拉长，也就是使其波头陡度降低，根据公式

$$\Delta\tau=\left(0.5+\frac{0.008u}{h}\right)l \tag{6-12}$$

可以估算陡度与传播距离的关系。在假设作用在进线段首端的侵入波具有直角波头的最严重的情况下，传播距离就是进线段的长度，根据上式可求得进入变电所雷电侵入波的陡度 a 为

$$a=\frac{U}{\Delta\tau}=\frac{U}{\left(0.5+\frac{0.008u}{h}\right)l}\quad(\text{kV}/\mu\text{s}) \tag{6-13}$$

计算用陡度 a' 为

$$a'=\frac{a}{v}=\frac{a}{300}\quad(\text{kV/m}) \tag{6-14}$$

以此可算出不同电压等级变电所在不同进线段长度下的侵入波计算陡度 a'，见表 6-6 所列。求得 a'后则可按图 6-7 求得变压器或其他设备到避雷器最大允许电气距离 l_m。

表 6-6　变电所侵入波计算陡度　　单位：kV/m

额定电压	1km 进线段	2km 进线段或全线有避雷线	额定电压	1km 进线段	2km 进线段或全线有避雷线
35	1.0	0.5	220	—	1.5
60	1.0	0.55	330	—	2.2
110	1.5	0.75	500	—	2.5

§6-4　旋转电机的防雷保护

旋转电机是指发电机、电动机及调相机等在正常运行中处于高速旋转状态的电气设备。

其中又以发电机最为重要。一旦遭受雷电过电压发生事故后影响面广，损失严重。

一、旋转电机防雷保护的特点

（1）由于结构和工艺上的特点，在相同电压等级的电气设备中，旋转电机的绝缘水平是最低的，其出厂冲击耐压值仅为变压器的$\frac{1}{2.5}\sim\frac{1}{4}$，这是因为旋转电机不能像变压器等静止设备那样可以利用液体和固体的联合绝缘，而只能依靠固体介质绝缘。

（2）在运行中受到发热、机械振动、臭氧、潮湿等因素的作用使绝缘容易老化。绝缘损坏的累积效应也比较强，特别在导线出槽处，电场极不均匀，在过电压作用下容易受伤，日积月累就可能使绝缘击穿。

（3）保护旋转电机用避雷器的保护性能与电机绝缘水平配合裕度很小。例如，发电机的出厂冲击耐压值仅比保护用的FCD型避雷器3kA残压高出8%～10%，比保护用的金属氧化物避雷器也仅高出25%～30%。

（4）由于电机绕组结构的特点，特别是大容量电机，其匝间电容很小，起不了改善冲击电压分布的作用。为了保证匝间绝缘的安全，必须要将侵入波陡度限制得更低。

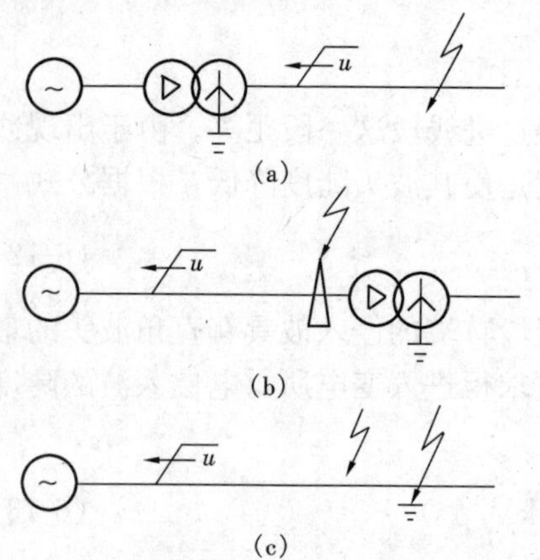

图 6-22　电机绝缘受雷电过电压作用的几种情况

二、旋转电机防雷保护的措施

旋转电机虽处于室内，但也会受到雷电过电压的作用，可能的几种情况如图6-22所示，这里以发电机为例。图6-22（a）为发电机经升压变压器与架空线路相连接的情况。图6-22（b）为发电机与升压变压器低压侧连线较长（大于50m）的情况，此时为使这段连线不受直接雷击，需用避雷针进行保护。图6-22（c）为当发电机与负荷相距较近，无需升高电压输电，就将发电机与架空线路直接相连，这称为直配电机。60MW以上电机不允许采用直配方式。

1. 非直配电机的防雷保护

线路上的雷电侵入波过电压要经变压器高低压绕组之间的静电和电磁耦合后再作用到电机上。对于图6-22（a）的情况，由于变压器低压侧所连接的等值电容比较大，所以一般情况下，电机上不需要装设电容器和避雷器。但在多雷区，对特别重要的发电机以及变压器高压侧的系统标称电压在66kV及以下时，宜在电机出线上装设一组保护电机的金属氧化物避雷器。

对于图6-22（b）的情况，除需对此段连线进行直击雷保护外，还需在电机每相出线上加装不小于0.15μF的电容器或保护电机用的金属氧化物避雷器。

2. 直配电机的防雷保护

作用在直配电机上的雷电过电压有两类，一类是与电机连接架空线路上的感应雷过电压，另一类是由雷直击于与电机连接架空线后在架空线上形成的侵入波过电压。直配电机防雷保护的主要措施为：

（1）在电机出线处或母线上装设保护电机用的金属氧化物避雷器F2，以限制侵入波过电压。

（2）在电机母线上装设并联电容器，电容量为0.25～0.5μF（若有电缆段进线时，电缆段电容包括在内)，对于电机中性点不能引出或双排非并绕绕组的电机，应为 1.5～2μF。同时，电容器宜有短路保护。电容器的作用是降低侵入波的陡度以保护匝间绝缘，同时也可以降低架空线路上的感应雷过电压。

(3) 电机中性点能引出且未直接接地，应在中性点上加装避雷器 F3 保护，避雷器的额定电压不应低于电机最高运行相电压。

(4) 进线段保护。为使保护电机的避雷器正常工作，应限制流过避雷器的电流不超过 3kA，就需设置进线段保护，典型接线如图 6-23 所示。

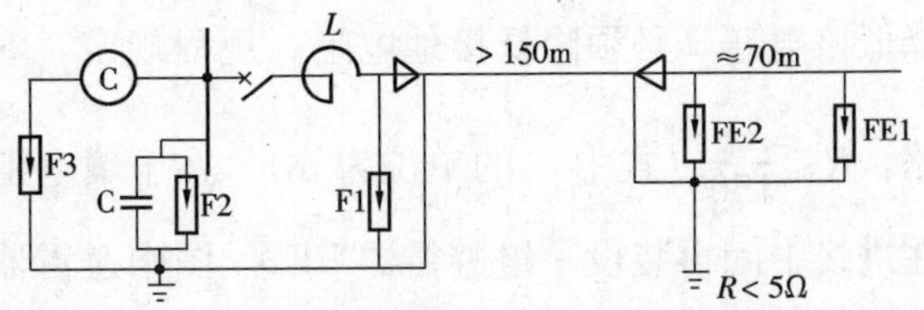

图 6-23　25～60MW 直配电机的保护接线

这里电缆所起的作用不在于电缆具有较小的波阻抗和较大的电容，而是由于在等值频率很高的雷电流作用下，电缆的集肤效应在起作用。当侵入波使电缆首端避雷器 FE2 动作后，相当于把电缆芯和金属护层连在一起并具有同样的对地电压 iR，此压降驱使电流沿电缆芯和电缆金属护层分两路流向电机。由于流过电缆金属护层电流所产生的磁通全部与电缆芯相连，在芯线上感应出反电势阻止沿芯线流向电机的电流，使绝大部分电流如同高频电流集肤效应那样，从电缆金属护层流走，从而减小了流过避雷器（即流过电缆芯线）的电流，使残压降低。

电缆要起到上述作用的必要条件是要保证电缆首端避雷器 FE2 可靠动作，否则上述电缆金属护层的分流及耦合作用就不能完成。由于电缆的波阻抗远低于架空线路，侵入波到达电缆首端后会产生负反射波，使该点电压降低，以致 FE2 不一定动作，从而使电缆起不了作用，为此将避雷器移至 FE1 处。为了增加 FE1 接地引线与导线间的耦合作用以进一步限制流经导线的电流，应将其接地引线平行架设在导线下方，距导线应小于 3m 但大于 2m，并与电缆首端的金属护层在装设 FE2 杆塔处连在一起接地，工频接地电阻不应大于 5Ω。在电缆首端仍保留避雷器 FE2，以便在强雷时其动作来充分发挥电缆作用。

图 6-23 中的 L 为限制工频短路电流用电抗器，非防雷专设，L 前加设一组避雷器 F1，以保护电抗器和电缆端部。因入侵波达到 L 处发生的正反射使电压提高，F1 的动作可使流过 F2 的电流进一步限制。

单机容量为 6～25MW（不含 25MW）的直配电机，保护接线与图 6-23 相同，不过电缆长度可缩短至 100m，但在雷电活动特殊强烈地区，电缆长度仍保持 150m。

单机容量在 1.5～6MW（不含 6MW）的直配电机可采用图 6-24（a）所示的接线，也可采用无电缆段的接线，如图 6-24（b）所示。在图 6-24（b）的接线中，用架空进线段的

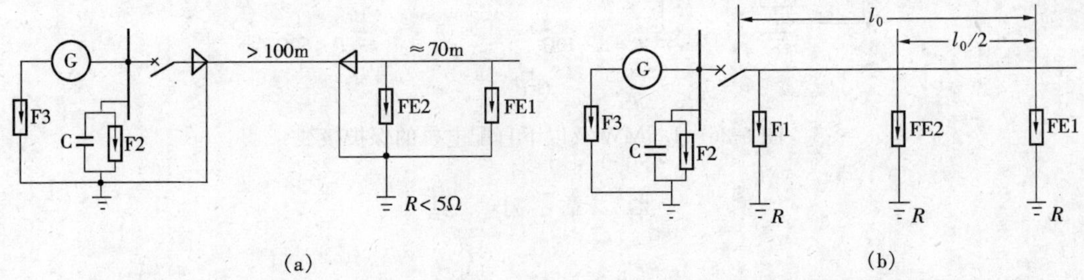

图 6-24　1.5～6MW 直配电机和少雷区 60MW 及以下直配电机的保护接线

电感来代替集中电感 L。架空进线段长度 l_0 一般为 450～600m。此段线路用独立避雷针来保护，避雷针到线路的距离要保证在 50kA 的雷电流击于避雷针时不会向线路发生反击。在进线段首端还应装避雷器 FE1，其作用是当进线段首端外侧附近发生雷击时，FE1 先放电，从而将雷电流大部分由此引入地中，以防止避雷器 F2 的电流超过 3kA。但要注意的是：这时加在线路首端的电压，除了避雷器 FE1 上的压降外，主要是接地电阻 R 上的压降。为了降低该电压，必须降低接地电阻。规程规定，对 3kV 和 6kV 线路，$R\leqslant\frac{l_0}{200}$。对于 10kV 线路，$R\leqslant\frac{l_0}{150}$（式中 l_0 的单位为 m）。在土壤电阻率较高的地区，降低接地电阻若有困难，可在进线中间再装设一组避雷器 FE2。图中避雷器 F1 主要用来保护断路器或隔离开关。在雷季可能断路器开路运行时需装设。

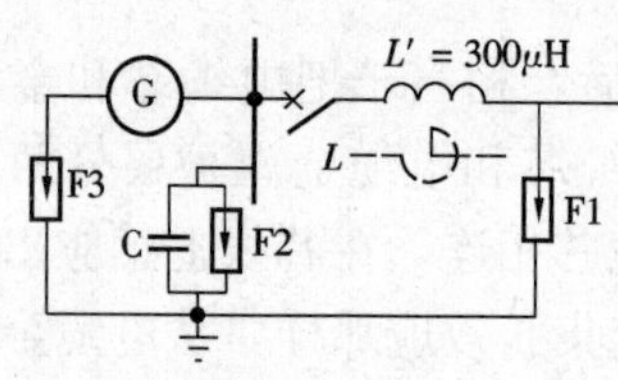

图 6-25　1.5～6MW 直配电机的保护接线

单机容量为 1.5～6MW 的直配电机可采用图 6-25 所示的有电抗线圈 L'或限流电抗器 L 的保护接线。图中 L（或 L'）不但和母线上的电容器 C 构成一串联振荡电路，而且对侵入波在 L 进端处的正反射提高了线路侧的电压，从而加速了避雷器 F1 的动作，限制了进波的幅值。适当选择 L 及 C 的数值，还可以将加到电机绕组上的电压陡度限制到所要求的范围内。

单机容量为 1.5MW 及以下的直配电机，宜采用图 6-26 所示的保护接线，若接线有困难也可用图 6-25 所示的接线。

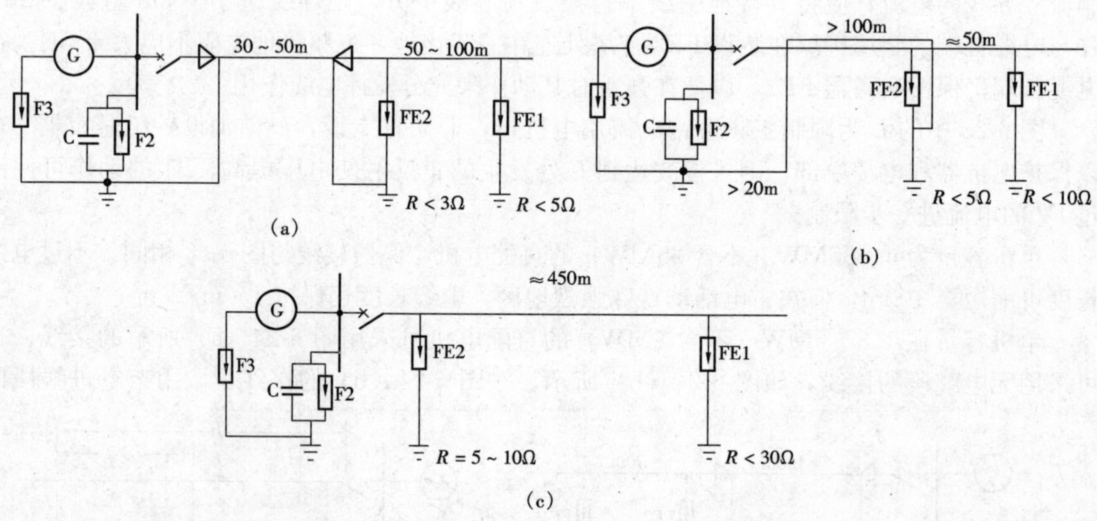

图 6-26　1.5MW 及以下直配电机的保护接线

本 章 小 结

为了防止雷直接击于发电厂、变电所，可以装设避雷针（线）来保护。对于 35kV 及以下的变电所，应架设独立避雷针，且其接地装置与主接地网分开埋设，在空气中距离不应小于 5m，在土壤中的距离不应小于 3m；对于 110kV 及以上的变电所，可以将避雷针架设在配电构架上，但变压器的构架上不允许装避雷针，且要求在装置避雷针的构架附近埋设辅助集中接地装置，避雷针与主接地网的地下连接点至变压器接地线与主接地网的连接点之间的距离不得小于 15m。

变电所中限制雷电侵入波过电压的主要措施是安装避雷器。一般变电所中安装的避雷器离开被保护设备（例如变压器）总有一段距离，当雷电波入侵时，由于避雷器动作后产生的负电压波会在避雷器与变压器之间发生多次反射，会引起变压器上的电压具有振荡性质，其振荡轴为避雷器的残压，振荡的最大峰值与侵入波的陡度、波速和避雷器与变压器的距离有关，因此变电所中变压器距避雷器的距离有一个最大允许值。这个最大允许值除与变压器多次截波耐压值、波速等因素有关外，还与避雷器的 5kA 下的残压和侵入波的陡度有关。为了使避雷器能可靠地保护被保护设备，须设法使流经避雷器的电流幅值不超过 5kA 且保证来波陡度不超过一定的允许值，为此靠近变电所的 1～2km 一段线路上要加强防雷保护措施。

三绕组变压器和自耦变压器在正常运行时，可能出现只有高、中压绕组工作而低压绕组开路的情况，处于开路状态的低压绕组侧由于对地电容较小，应在低压绕组三相出线处加装避雷器。对于自耦变压器可能出现高、低压绕组运行，中压开路的情况，当高压侧有进波电压时，开路的中压侧首端会出现进波电压 $2/k$ 倍（k 为变比）的过电压，因此在中压绕组三相出线处应装设一组避雷器；在中、低压运行，高压开路时，当中压侧有进波电压时，高压侧首端将出现进波电压 $2k$ 倍的过电压，因而在高压绕组出口处之间也必须装一组避雷器；对于与架空线路直接相连的旋转电机，由于绝缘水平较低，因此除了用性能较好的避雷器保护外，还要用电容器、电缆段和电抗器联合保护，以限制流经避雷器中的雷电流使其小于 3kA，限制侵入波陡度和降低感应雷过电压。

复习思考题与习题

6-1　变电所防雷应采取哪两方面的措施?

6-2　变电所直击雷保护要考虑哪些问题，如何防止反击?

6-3　对独立式和构架式避雷针分别有哪些具体规定?

6-4　当用避雷器保护变压器时，避雷器动作后，为什么与之有一定电气距离变压器上的电压会高于避雷器的残压，最大允许电气距离如何估计?

6-5　在敞开式变电所、GIS 变电所、配电变电所中避雷器如何配置?

6-6　保护自耦变压器、三绕组变压器，以及变压器绕组中性点的避雷器如何配置，为什么?

6-7　何谓配电变压器的反变换过电压?

6-8　试述变电所进线保护段接线中各元件的作用。

6-9　试述 25～60MW 直配电机雷电侵入波保护接线中各元件的作用。

第7章 内部过电压

本章提要

本章介绍工频过电压、谐振过电压和操作过电压。学习本章要求领会各种过电压产生的物理过程；要求掌握各种过电压产生的原因、影响过电压大小的因素及限制过电压的措施；要求对空载线路电容效应引起的工频过电压、消弧线圈限制电弧接地过电压以及引起切空载变压器过电压的原理能进行定性分析。

§7-1 内部过电压基本概念和工频过电压

一、内部过电压的分类及特点

内部过电压（简称内过电压）是由电力系统内部原因引起的，根据引起原因的不同，可分为操作过电压和暂时过电压两类。

操作过电压是由于电力系统内发生开关操作、故障、断线等原因导致该处参数突变，引起电网发生电磁暂态过程中出现的过电压。操作过电压与暂时过电压相比，持续时间较短，一般在 0.1s（五个工频周波）之内。常见的操作过电压有空载线路的合闸过电压、空载线路的分闸过电压、中性点不接地系统中的电弧接地过电压和切除空载变压器过电压。

暂时过电压产生的原因很多，但基本上都与电网的稳态相联系，暂时过电压的持续时间相对较长甚至可以持续存在。暂时过电压可以具有电源的频率，也可以具有高次或分次谐波频率。暂时过电压又包括工频过电压和谐振过电压。

由于电力系统中存在储能元件的电感和电容，所以出现内过电压的实质是电力系统内部进行电感磁场能量与电容电场能量的振荡、相互转换与重新分布，在此过程中出现高于系统正常运行条件下最高电压的各种内过电压。既然内过电压的能量来源于电网本身，所以它的幅值与电网的工频电压大致上有一定的倍数关系。一般将内过电压的幅值 U_m 表示成系统的最高运行相电压幅值的倍数 K（即标么值 p.u.），习惯上就用此过电压倍数来表示内过电压的大小，如某空载线路合闸过电压为 1.9 倍。

K 值与电网结构、系统运行方式、操作方式、系统容量的大小、系统参数、中性点运行方式、断路器性能、故障性质等诸多因素有关，并具有明显的统计性。我国电力系统绝缘配合要求内过电压倍数不大于表 7-1 所列的数值。

表 7-1　　内过电压倍数要求限制值

系统电压等级（kV）	500	330	110～220	60 及以下
内过电压倍数 K	2.4	2.75	3	4

二、工频过电压（Power Frequency Overvoltage）概况

电力系统中所出现的幅值超过最大工作电压、频率为工频（50Hz）或接近工频的过电压称为工频过电压，也称工频电压升高，因为此类过电压表现为工频电压下的幅值升高。

工频过电压就其过电压倍数的大小来讲，对系统中正常绝缘的电气设备一般是不构成危险的，但是考虑到下列情况，须对工频过电压予以重视。

（1）工频电压的升高将直接影响操作过电压的实际幅值。伴随工频电压升高，若同时出现操作过电压，那么操作过电压的高频分量将叠加在升高的工频电压之上，从而使操作过电压的幅值达到更高的数值。

（2）工频电压升高的大小影响保护电器的工作条件和保护效果。例如避雷器的最大允许工作电压就是由避雷器安装处工频过电压值的大小来决定的，如果工频过电压较高，那么避雷器的最大允许电压也要提高，这样避雷器的冲击放电电压和残压也将提高，相应被保护设备的绝缘水平亦要随之提高。

（3）工频电压升高持续的时间长（甚至可持续存在），这对设备绝缘及其运行性能有重大影响。例如引起油纸绝缘内部游离、污秽绝缘子闪络、铁芯过热、电晕等。

工频过电压在各电压等级系统中都存在，也都会带来上述三个影响作用，但是对于超高压系统，工频过电压显得尤为重要，这是因为目前超高压系统中，在限制与降低雷电过电压和操作过电压方面有了较好的措施，但由于输电线路较长，工频电压升高相对比较严重。因而持续时间较长的工频电压升高对于决定超高压系统电气设备的绝缘水平将起愈来愈大的作用。

根据引起工频电压升高原因的不同，三种主要的工频电压升高是：

（1）空载长线路电容效应引起的工频电压升高。

（2）不对称短路时，健全相上的工频电压升高。

（3）甩负荷引起的工频电压升高。

三、空载长线路电容效应引起的工频电压升高

在集中参数 L、C 串联的电路中，如果容抗大于感抗，即 $\frac{1}{\omega C}>\omega L$，在电源电压 E 作用下，回路中将流过电容性电流［见图 7-1（a）］，此容性电流在 L 和 C 上产生压降的相位相反［见图 7-1（b）］，此时电容上的电压 U_C 将大于电源电压 E，这称之为电容效应（Ferranti 效应）。

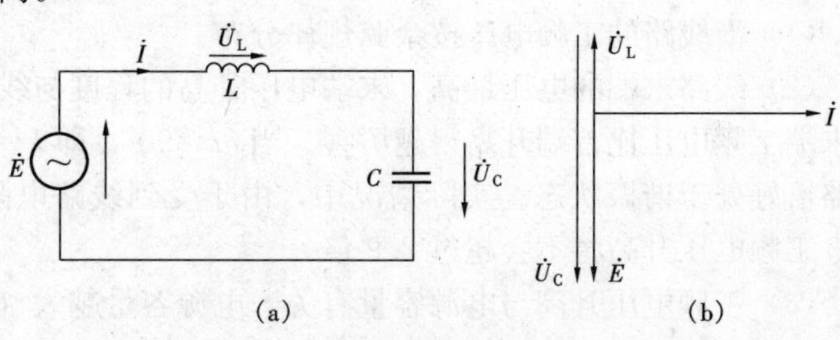

图 7-1　$L-C$ 串联电路中的电容效应

（a）电路图；（b）相量图

空载长线路可看成由无数个串联连接的 L、C 回路组成，在工频电压作用下，线路的总容抗一般远大于导线的感抗，因此线路各点的电压均高于线路首端电压，而且愈往线路末端，电压愈高。图 7-2 为长线路的分布参数链式等值电路。图中 L_0、C_0 分别表示线路单位长度的电感和对地电容，x 为线路上某点到线路末端的距离，$\dot{E}$为系统电源电压，X_S 为系统电源等值电抗。

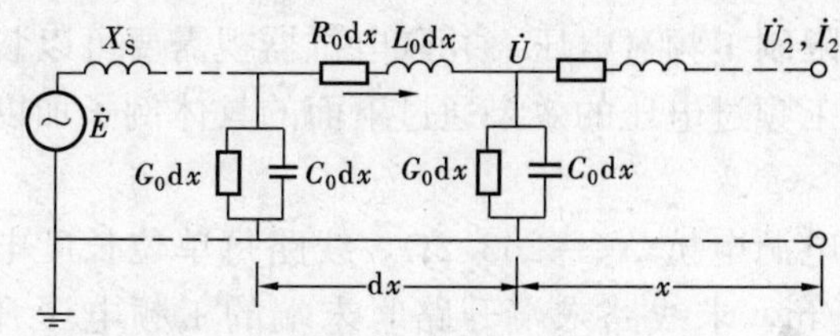

图 7-2　线路分布参数 π 型链式等值电路

若输电线路为无损线路（即图 7-2 中 $R_0=$

0，$G_0=0$)，则可求得线路首、末端电流、电流的关系为

$$\begin{cases}\dot{U}_1=\dot{U}_2\cos\alpha l+\mathrm{j}\,\dot{I}_2 Z\sin\alpha l\\ \dot{I}_1=\mathrm{j}\,\dfrac{\dot{U}_2}{Z}\sin\alpha l+\dot{I}_2\cos\alpha l\end{cases}\tag{7-1}$$

式中　Z——线路的波阻抗，Ω；

α——相位系数，$\alpha=\omega\sqrt{L_0C_0}$（$\omega$ 为电源的角频率），对于架空输电线路，通常 $\alpha\approx 0.06°/\mathrm{km}$；

l——线路的长度，km。

对于末端开路的空载长线路，$\dot{I}_2=0$，由式（7-1）可得

$$U_2=\frac{U_1}{\cos\alpha l}\tag{7-2}$$

$$U_x=\frac{U_1}{\cos\alpha l}\cos\alpha x\tag{7-3}$$

考虑E与U_1之间的关系后可得

$$U_x=\frac{E\cos\theta}{\cos\ (\alpha l+\theta)}\cos\alpha x\tag{7-4}$$

其中　$\theta=\mathrm{arctg}\dfrac{X_S}{Z}$。

由式（7-3）、式（7-4）可见：

（1）沿线路的工频电压按余弦规律分布。

（2）线路末端的电压最高，末端电压升高的程度与线路长度有关，线路长度 l 越长，线路末端工频电压比首端升高得越厉害。当 $\alpha l=90°$，即 $l=1500\mathrm{km}$ 时，理论上 $U_2=\infty$。此时线路恰好处于谐振状态。实际情况中，由于受到线路电阻和电晕损耗的限制，在任何情况下，工频电压升高将不会超过 2.9 倍。

（3）工频电压升高与电源容量有关，电源容量越大（即 X_S 越小），工频电压升高越小。因此为了估计最严重的工频电压升高，应以系统电源最小容量方式为依据。在单电源供电的线路中，应取最小运行方式时的 X_S 为依据。在双端电源的线路中，线路两端断路器的分合闸必须遵循一定的操作程序：线路合闸时，先合电源容量较大的一侧，后合电源容量较小的一侧；线路切除时，先切电源容量较小的一侧，后切电源容量较大的一侧。这样的操作能减小电容效应引起的工频过电压。

既然空载线路工频电压升高的根本原因在于线路中电容性电流流过感抗，那么通过补偿这种电容性电流，从而削弱电容效应，就可以降低这种工频过电压。超高压线路，由于其工频电压升高比较严重，常采用高压并联电抗器来限制工频过电压。并联电抗器视需要可以装设在线路的末端、首端或中部。并联电抗器降低工频过电压的效果通过下面的具体例子加以说明。

【例 7-1】　某 500kV 线路，长度为 250km，电源电抗 $X_S=263.2\Omega$，线路每单位长度电感和电容分别为 $L_0=0.9\mu\mathrm{H/m}$，$C_0=0.0127\mathrm{nF/m}$，求线路末端开路时末端的工频电压升高。若线路末端接有 $X_L=1837\Omega$ 的并联电抗器，求此开路线路末端的工频电压升高。

解
$$Z=\sqrt{\frac{L_0}{C_0}}=\sqrt{\frac{0.9\times10^{-6}}{0.0127\times10^{-9}}}=266.2\ (\Omega)$$

$$\alpha l=0.06\times250=15^\circ$$

不接并联电抗器时，末端线路电压为

$$U_2=\frac{E}{\cos\alpha l-\frac{X_S}{Z}\sin\alpha l}=\frac{E}{\cos15^\circ-\frac{263.2}{266.2}\sin15^\circ}=1.41E$$

并联电抗器起到限制线路空载时工频电压升高的作用，但在平时线路带负载运行时其需消耗系统大量的无功功率，造成不必要的浪费。在过去10年中，出现了一种新型的并联补偿装置，它采用了晶闸管等先进的电子技术。图7-3为静止无功补偿（SVC）装置的示意接线图。它包含三个部分：

(1) 晶闸管开关投切的电容器组（TSC）。

(2) 晶闸管相角控制的电抗器组（TCR）。

(3) 调节系统。

它具有时间响应快、维护简单、可靠性高等优点。

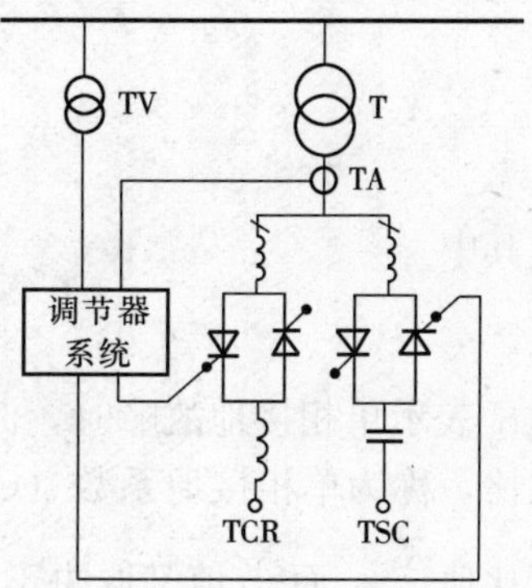

图7-3　静止无功补偿系统的接线示意图

当系统由于某种原因发生工频电压升高时，TSC断开，TCR导通，吸收无功功率，从而降低工频过电压。根据需要，可改变TCR、TCS的导通相角，达到调节系统无功功率，控制系统电压，提高系统稳定性的目的。

四、不对称短路引起的工频电压升高

不对称短路是输电线路最常见的故障形式，短路电流的零序分量也会使健全相电压升高。系统中的不对称短路故障，以单相接地故障为最常见，且引起的工频电压升高也最为严重。

发生单相接地故障时，故障点各相的电压和电流是不对称的。利用对称分量法，可求得当A相接地时，B、C两相的电压为

$$\dot{U}_B=\frac{(a^2-1)\ Z_0+\ (a^2-a)\ Z_2}{Z_0+Z_1+Z_2}\dot{U}_{A0}$$

$$\dot{U}_C=\frac{(a-1)\ Z_0+\ (a^2-a)\ Z_2}{Z_0+Z_1+Z_2}\dot{U}_{A0}$$

上两式中：Z_0、Z_1、Z_2 分别为从故障点看进去的网络正序、负序、零序阻抗；

$\dot{U}_{A0}$ 为正常运行时故障点处的A相电压；$a=e^{j\frac{2}{3}\pi}$，$a^2=e^{-j\frac{2}{3}\pi}$

对于较大电源容量的系统，$Z_1\approx Z_2$，若忽略各序阻抗中的电阻分量（即 $Z_1=X_1$，$Z_0=X_0$），则健全相电压为

$$\dot{U}_B=\left(-\frac{1.5\frac{X_0}{X_1}}{2+\frac{X_0}{X_1}}-j\frac{\sqrt{3}}{2}\right)\dot{U}_{A0}$$

$$\dot{U}_{\mathrm{C}}=\left(-\frac{1.5\dfrac{X_0}{X_1}}{2+\dfrac{X_0}{X_1}}+\mathrm{j}\frac{\sqrt{3}}{2}\right)\dot{U}_{\mathrm{A0}}$$

上述两式的模值，即 B、C 两相的电压大小为

$$U_{\mathrm{B}}=U_{\mathrm{C}}=\sqrt{\left(\frac{1.5\dfrac{X_0}{X_1}}{2+\dfrac{X_0}{X_1}}\right)^2+\frac{3}{4}}U_{\mathrm{A0}}=KU_{\mathrm{A0}} \tag{7-5}$$

其中

$$K=\sqrt{\left(\frac{1.5\dfrac{X_0}{X_1}}{2+\dfrac{X_0}{X_1}}\right)^2+\frac{3}{4}} \tag{7-6}$$

K 表示单相接地故障时，健全相的对地最高工频电压有效值与故障前故障相对地有效值之比，称为单相接地系数（Grounding Coefficient）。由式（7-6）可知接地系数的大小决定于比值$\dfrac{X_0}{X_1}$，而$\dfrac{X_0}{X_1}$值又取决于系统中性点的接地方式。图 7-4 给出了 A 相接地故障时，B、C 两相工频电压升高倍数 K 与$\dfrac{X_0}{X_1}$的关系曲线，同时也给出了零序电阻 R_0 的影响（图中给出$\dfrac{R_0}{X_1}=0$，0.5，1 时的三种情况），正序电阻 R_1 一般可忽略。

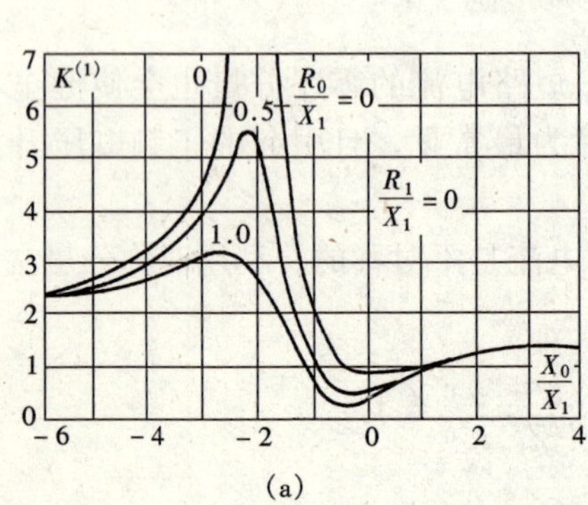

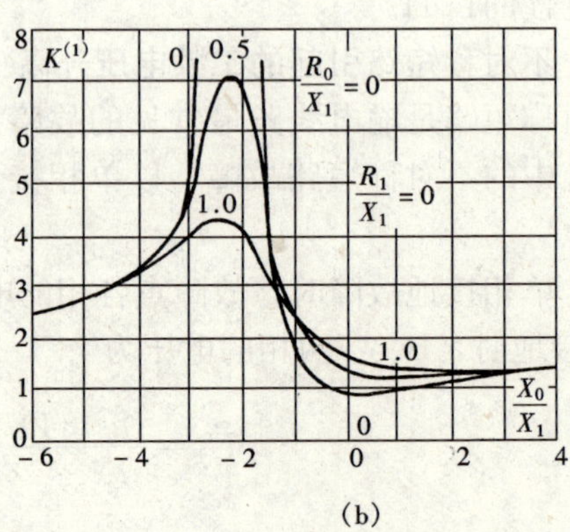

图 7-4　A 相接地故障时健全相的工频电压升高

(a) B 相；(b) C 相

系统中的正序电抗 X_1 包括发电机的次暂态电抗、变压器漏抗及线路的感抗等，它一般是电感性的，为正值。而零序电抗 X_0 在系统中性点不同接线方式下有较大的差别：

（1）中性点不接地系统。通常 3、6、10kV 系统采用这种运行方式。此时 X_0 由线路容抗决定，所以为负值。这样，$\dfrac{X_0}{X}$为负值。这些电压等级的线路不会太长，$\dfrac{X_0}{X_1}$值在（$-20\sim-\infty$）的范围内。以$\dfrac{X_0}{X_1}=-20$ 代入式（7-6）可得

$$K=\sqrt{\left[\frac{1.5\times(-20)}{2+(-20)}\right]^2+\frac{3}{4}}=1.88=\sqrt{3}\times1.086\leqslant\sqrt{3}\times1.1$$

显然，此时健全相上的工频电压升高不会超过系统额定电压（线电压）的 1.1 倍。若系统中采用阀式避雷器，则选避雷器的灭弧电压为 110%系统额定电压，这种避雷器称为“110%避雷器”。

(2) 中性点经消弧线圈接地。通常 35～60kV 系统采用这种运行方式。此时 X_0 为线路容抗与消弧线圈感抗的并联值，又因为消弧线圈一般采取过补偿方式，X_0 为很大的感抗（很大的正值）。以 $\frac{X_0}{X_1}\to\infty$ 代入式（7-6）可得

$$K=\sqrt{(1.5)^2+\frac{3}{4}}=\sqrt{3}$$

显然，此时健全相上工频电压升高不会超过系统最高运行电压。若系统中采用阀式避雷器，则选避雷器的灭弧电压为 100%系统额定电压，这种避雷器称为“100%避雷器”。

(3) 中性点直接接地系统。通常 110kV 及以上系统采用这种运行方式。此时 X_0 为不大的感抗，是正值，$\frac{X_0}{X_1}$ 一般不超过 3（称之为有效接地）。以 $\frac{X_0}{X_1}=3$ 代入式（7-6）可得

$$K=\sqrt{\left(\frac{1.5\times3}{2+3}\right)^2+\frac{3}{4}}=1.25=\sqrt{3}\times0.72\leqslant\sqrt{3}\times0.8$$

显然，此时健全相上工频电压升高不会超过系统额定电压的 0.8 倍。若系统中采用阀式避雷器，则选避雷器的灭弧电压为 80%系统额定电压，这种避雷器称为“80%避雷器”。对于超高压系统，由于输电线路较长，考虑到空载长线路的电容效应，线路型避雷器应选“90%避雷器”。

在中性点直接接地系统中，采用良导体地线后可降低零序电抗 X_0，进而达到限制工频过电压的目的。

五、甩负荷引起的工频电压升高

带负载运行的输电线路由于各种原因使线路末端断路器突然跳闸而甩掉负荷，也会造成线路上工频电压升高。这种工频电压升高的原因主要有：

(1) 线路输送相当大的有功和感性无功时，电源电势高于母线电压。在甩负荷之后，根据磁链守恒原理，发电机励磁绕组中的磁通来不及变化，与其相对应的电源电势在短时间内仍维持高于母线电压的数值。

(2) 线路末端从带负荷变为末端开路，出现空载长线的电容效应。

(3) 原动机调速器和制动设备的惯性，使得在短时间内输入原动机的功率来不及减少，从而使发电机转速增大，造成电源电势的升高和频率的上升。

对于突然甩负荷引起的工频过电压，常在发电机上采用快速强迫灭磁保护加以限制。

§7-2　谐 振 过 电 压

一、谐振过电压的一般概念

电力系统中有许多电感性元件，如电力变压器、互感器、电抗器、发电机；也有许多电容性元件或等值电容，如补偿电容器，线路、设备的对地电容与相间电容。它们的组合可以

构成一系列不同自振频率的振荡回路。由于设计时已考虑到避免出现谐振的参数配合，所以正常运行时不可能产生严重的振荡。但这并不能排除在系统中发生故障、操作、接线方式改变或甩负荷时不会不出现谐振。发生谐振时，常常引起持续时间很长的谐振过电压，这是因为谐振是一种稳态现象，谐振过电压要稳定持续到谐振条件被破坏（如进行新操作）时为止。

电力系统可构成一系列不同自振频率的振荡回路，而电源中也可能存在有不同频率的谐波，因此只要某部分电路的自振频率与电源基波或谐波的频率之一相等（或接近）时，这部分电路就会发生谐振，就会出现谐振过电压（Resonance Overvoltage）。因此，谐振过电压的频率可以是工频 50Hz，也可以是高于工频的高次频率，也可以是低于工频的分次频率。

电力系统中的有功负荷是阻尼振荡和限制谐振过电压的有利因素，这也就可解释为什么在空载或轻载时易出现谐振过电压了。但是，对因中性点出现位移电压，同时零序回路参数配合不当而出现的谐振现象，系统的有功负荷将不起作用。

电力系统中的电容一般可看作为线性参数，而电感则可以是线性、非线性或周期性变动的参数，它们与电容参数配合就构成了三种不同性质的谐振：

(1) 线性谐振。这种谐振出现于振荡回路中电感元件为不带铁芯的电感（如线路电感和变压器漏感）或励磁特性接近线性的有铁芯电感（如消弧线圈，其铁芯中通常有空气隙）。发生线性谐振的条件是等值回路的自振频率等于或接近于电源频率。前面所讨论的空载线路电容效应只是等值回路处于非谐振状态且容抗大于感抗时出现的情况。线性谐振过电压只受到回路中损耗（电阻）的限制。但有些情况下，由于谐振时电流的急剧增加，回路中的铁磁元件趋向饱和，使系统自动偏离谐振状态而限制了过电压的幅值。在实际电力系统中，这种线性谐振很少见，因为设计与运行都考虑到了避开这种谐振条件。

(2) 铁磁谐振（Ferro-Resonance）。当振荡回路中的电感元件为带有铁芯的电感时，电感不再是常数。这种含有非线性电感元件的电路，在满足一定条件时，发生的谐振称为铁磁谐振。电力系统中发生铁磁谐振的机会是相当多的。国内外运行经验表明，它是电力系统某些严重事故的直接原因。与线性谐振比较，铁磁谐振具有完全不同的特点。

(3) 参数谐振。系统中某些元件的电感参数在某种情况下会发生周期性的变化，例如电机旋转时，电感的大小随着转子位置的不同而周期性地变化。当电机接有电容性负荷，如一段空载线路，当参数配合不当时，就可能产生这种参数谐振现象。参数谐振时出现的过电压也称为自励磁或自激过电压。参数谐振所需能量来源于改变参数的原动机，不需要单独电源，一般只要有一定的剩磁或电容上的残余电荷，参数处在一定范围内，就可以使谐振得到发展。

发电机投入电网运行前，设计部门要进行自激的校验，因此，一般正常情况下，参数谐振是不会发生的。

二、铁磁谐振过电压

1. 铁磁谐振的基本概念

铁磁谐振仅发生于含有铁芯电感的电路中。铁芯电感的电感值随电压、电流的大小而变化，不是一个常数，所以铁磁谐振又称为非线性谐振。

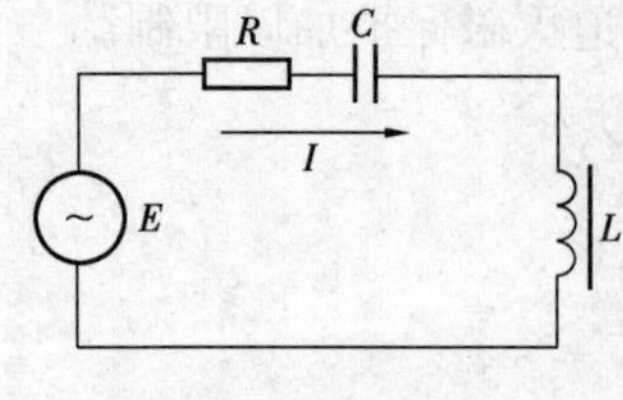

图 7-5 串联铁磁谐振回路

图 7-5 为最简单的 R、C 和铁芯电感 L（L 是非定值）的串联电路。假设在正常运行条件下，其初始状态是感抗大于容抗，即

$\omega L_0 > \frac{1}{\omega C}$，此时不具备线性谐振条件。但当铁芯电感两端电压有所升高时，或电感线圈中出现涌流时，就有可能使铁芯饱和，其感抗随之减小。当降至 $\omega L = \frac{1}{\omega C}$（即 $\omega = \omega_0 = \frac{1}{\sqrt{LC}}$）满足串联谐振条件时，发生谐振，且在电感和电容上形成过电压，这种现象称为铁磁谐振现象。

因为谐振回路中电感不是常数，故回路没有固定的自振频率（即 ω_0 非定值）。当谐振频率 f_0 为工频（50Hz）时，回路的谐振称为基波谐振；当谐振频率为工频的整数倍（如 3 倍、5 倍等）时，回路的谐振称为高次谐波谐振；同样的回路中也可能出现谐振频率为分次（如 1/3 次，1/5 次等）的谐振，称为分次谐波谐振。因此，具有各种谐波谐振的可能性是铁磁谐振的重要特点，此特点是线性谐振所没有的。

2. 铁磁谐振产生的物理过程

图 7-6 中 U_L、U_C 为串联铁磁谐振回路中铁磁电感 L 和线性电容 C 上的压降，都为有效值。显然 U_C 应是一根直线（$U_C = \frac{I}{\omega C}$）。对于铁芯电感，在铁芯未饱和前，U_L 基本上是一直线（见图中 U_L 的起始部分），它具有未饱和的电感值 L_0，当铁芯饱和以后，电感值减小，U_L 不再是直线。前面已分析过，正常运行条件下，铁芯电感的感抗要大于回路中的容抗，才有可能在铁芯饱和之后，由于电感值的下降而出现感抗等于容抗的谐振条件，即未饱和时电感值 L_0 应满足 $\omega L_0 > \frac{1}{\omega C}$，这是产生铁磁谐振的必要条件但不是充分条件。只有满足上述条件，伏安特性 U_L、U_C 才有可能相交。从物理意义上可理解为：当满足以上条件时，电感未饱和时电路的自振频率低于电源频率。而随铁芯的饱和，铁芯线圈中电流的增加，电感值下降，使得在某一电流值（或电压）下，回路的自振频率正好等于或接近电源频率，见 U_L、U_C 两伏安特性曲线的交点。

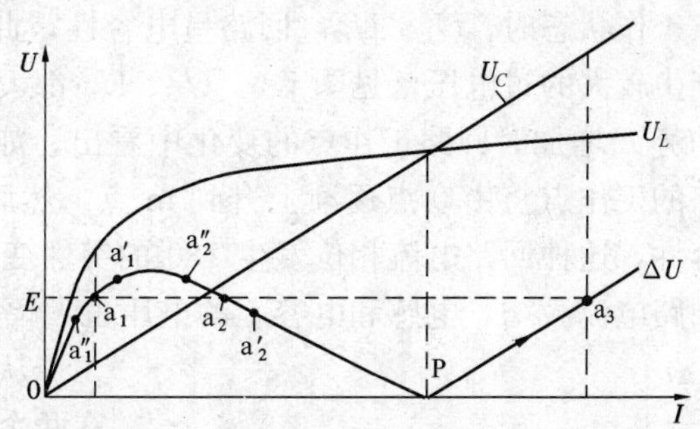

图 7-6　串联铁磁谐振回路的伏安特性

若忽略回路电阻，则回路中 L 和 C 上的压降之和应与电源电动势相平衡，即 $\dot{E} = \dot{U}_L + \dot{U}_C$，由于 $\dot{U}_L$ 与 $\dot{U}_C$ 相位相反，故此平衡方程变为 $E = \Delta U$，而 $\Delta U = |U_L - U_C|$。在图 7-6 中也画出了 ΔU 曲线。从图中可看到 ΔU 曲线与 E 线（虚线）在三处（a_1、a_2、a_3）相交，这三点都满足电压平衡条件 $E = \Delta U$，称为平衡点。根据物理概念：平衡点满足电压的平衡条件，但不一定满足稳定条件，而不满足稳定条件的点就不能成为实际的工作点。通常可用“小扰动”来考察某平衡点是否稳定，即假定有一个小扰动使回路状态离开平衡点，然后分析回路状态能否回到原来的平衡点，若能回到平衡点，则说明该平衡点是稳定的，能成为回路的实际工作点；否则，若小扰动以后，回路状态越来越偏离平衡点，则该平衡点是不稳定的，不能成为回路的实际工作点。

根据这个原则，就可判断平衡点 a_1、a_2、a_3 中哪个是稳定的，哪个是不稳定的。对 a_1 点来说，若回路中的电流由于某种扰动而有微小的增加，ΔU 沿曲线偏离 a_1 点到 a_1' 点，此时 $E < \Delta U$，即外加电动势小于总压降，使电流减小，使回路工作状态从 a_1' 又回到 a_1；相

反，若扰动使电流有微小的下降，ΔU 沿曲线偏离 a_1 点到 a_1'' 点，此时 $E>\Delta U$，即外加电动势大于总压降，使得电流增大，使回路工作状态从 a_1'' 又回路 a_1。根据以上判断，可见 a_1 点是稳定的。用同样方法可以判断 a_3 点也是稳定的。对 a_2 点来说，若回路中的电流由于某种扰动而有微小的增加，从 a_2 偏离至 a_2' 点，此时外加电动势 E 将大于 ΔU，这使得回路电流继续增加，直致达到新的平衡点 a_3 为止；反之，若扰动使电流稍有减小，ΔU 沿曲线从 a_2 点偏离至 a_2'' 点，此时外压电动势 E 不能维持总压降 ΔU，这使回路电流继续减小，直到稳定的平衡点 a_1 为止。可见平衡点 a_2 不能经受任何微小的扰动，是不稳定的。

由此可见，在一定外加电动势 E 的作用下，铁磁谐振回路稳定时可能有两个稳定工作状态，即 a_1 点与 a_3 点。在 a_1 点工作状态时，$U_L>U_C$，整个回路呈电感性，回路中电流很小，电感上与电容上的电压都不太高，不会产生过电压，回路处于非谐振工作状态。在 a_3 点工作状态时，$U_L<U_C$，回路呈电容性，此时不仅回路电流较大，而且在电感电容上都会产生较大的过电压（见图 7-6，U_C、U_L 都大大超过 E）。串联铁磁谐振现象，也可从电源电动势 E 增加时回路工作点的变化中看出。如图 7-7 所示，当电动势 E 由零逐渐增加时，回路的工作点将由 0 点逐渐上升到 m 点，然后跃变到 n 点，同时回路电流将由感性突然变成容性，这种回路电流相位发生 180°的突然变化的现象，称为相位反倾现象。在跃变过程中，回路电流激增，电感和电容上的电压也大幅度地提高，这就是铁磁谐振的基本现象。

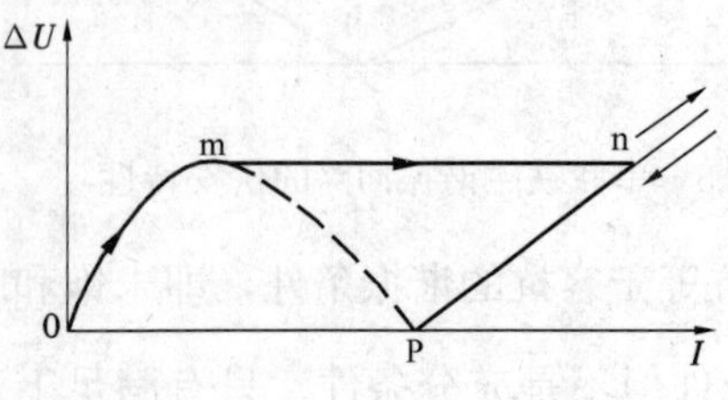

图 7-7 铁磁谐振中的跃变现象

从图 7-6 可以看到，当电动势 E 不大时，回路存在两个可能的工作点 a_1、a_3，而当 E 超过一定值以后，只可能存在一个工作点（图 7-6 中 a_3 点右移）。当存在两个工作点时，若电源电动势没有扰动，则只能处在非谐振工作点 a_1。为了建立起稳定的谐振（工作于 a_3 点），回路必须经过强烈的过渡过程，如电源的突然合闸等。这时到底工作在非谐振工作点 a_1 还是谐振工作点 a_3，取决于过渡过程的激烈程度。这种需要经过过渡过程来建立谐振的现象，称为铁磁谐振的激发。但是谐振一旦激发（即经过渡过程之后工作于 a_3），则谐振状态可能“自保持”（因为 a_3 点属于稳定工作点），维持很长时间而不衰减。

我们再来看图 7-6 中的 P 点，在该点，$U_C=U_L$，这时回路发生串联谐振（回路的自振角频率 ω_0 等于电源角频率 ω）。但 P 点不是平衡点故不能成为工作点，由于铁芯的饱和，随着振荡的发展，在外界电动势作用下，回路将偏离 P 点，最终稳定于 a_3 或 a_1 点。而在 a_3 工作点时出现铁磁谐振过电压，正因如此，a_3 点是谐振点而 P 点不是。

综上所述，可以总结铁磁谐振的几个主要特点：

（1）发生铁磁谐振的必要条件是谐振回路中 $\omega L_0>\dfrac{1}{\omega C}$，$L_0$ 为在正常运行条件下，即非饱和状态下回路中铁芯电感的电感值。这样，对于一定的 L_0 值，在很大的 C 值范围内（即 $C>\dfrac{1}{\omega^2 L_0}$）都可能产生铁磁谐振。

（2）对于满足必要条件的铁磁谐振回路，在相同的电源电动势作用下，回路可能有不止一种稳定工作状态（如就基波而言，就有非谐振状态和谐振状况两种稳定工作状态）。回路究竟是处于谐振工作状态还是处于非谐振工作状态要看外界激发引起过渡过程的情况。在这种激发过程中，伴随电路由感性突变成容性的相位反倾现象，且一旦处于谐振状态下，将产生过电流与过电压，谐振也能继续保持。

（3）铁磁谐振是由电路中铁磁元件铁芯饱和引起的。但铁芯的饱和现象也限制了过电压的幅值。此外，回路损耗（如有功负荷或电阻损耗）也使谐振过电压受到阻尼和抑制。当回路电阻大到一定数值，就不会产生强烈的铁磁谐振过电压。这就说明为什么电力系统中的铁磁谐振过电压往往发生在变压器处于空载或轻载的时候。

三、断线引起的谐振过电压

电力系统中的铁磁谐振过电压常发生在非全相运行状态中，其中断线过电压是较为常见的一种。这里所说的“断线”是泛指导线因故障折断、断路器非全相操作及熔断器一相或二相熔断等非全相运行。只要电源侧和受电侧中任一侧中性点不接地，那么非全相运行时都可能出现谐振过电压。一般常采用戴维南法则，将断线（非全相运行）的不同情况，简化成图 7-5 那样的简化串联谐振回路，然后用图解法求解各节点电压及分析产生谐振的条件。

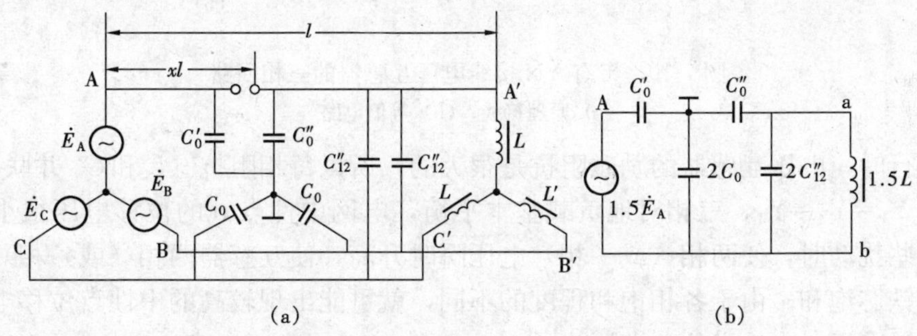

图 7-8　中性点不接地系统一相断线时的电路
（a）三相电路图；（b）单相等值电路

如图 7-8（a）所示的中性点绝缘系统，线路末端接有空载变压器，A 相导线断线。由于电源三相对称，且当 A 相断线后，B、C 相在电路上完全对称，因而图 7-8（a）所示的电路可以简化成图 7-8（b）所示的单相等值电路，这个电路可应用戴维南定理进一步简化成如图 7-9 所示的等值串联谐振电路。此等值电路中的等值电动势 $\dot{E}$ 就是图 7-8（b）中 a、b 两点间的开路电压，而等值电容 C 就是 a、b 间的入口电容。

由图 7-9 串联谐振电路可求出不发生断线基波铁磁谐振过电压的条件

$$\omega C \leqslant \frac{1}{1.5\omega L}$$

以及计算出断线时可能产生基波铁磁谐振的电容值（与线路长度有关）范围。

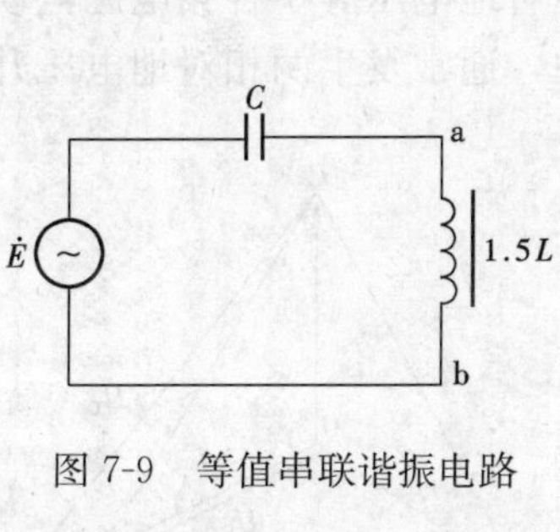

C
a
$\dot{E}$
1.5L
b

图 7-9　等值串联谐振电路

这种断线铁磁谐振过电压的出现可能会通过静电和电磁耦合传递至绕组的另一侧，即所谓传递过电压，对电力系统运行影响很大。

为了防止和限制断线过电压，除了加强线路巡视和检修，避免发生断线外，常采取的措施有：①不采用熔断器和减少三相断路器的不同期操作，尽量使三相同期；②在中性点有效接地系统中，操作时应将原来不接地的负载变压器中性点临时接地，以破坏形成铁磁谐振的条件。

四、电磁式电压互感器饱和引起的谐振过电压

在中性点不接地系统中，为了监视三相对地电压，在发电厂变电站的母线上常接有 Y_N 接线的电磁式电压互感器，如图 7-10（a）所示。$L_1=L_2=L_3=L$ 为电压互感器各相的励磁电感，$\dot{E}_A$、$\dot{E}_B$、$\dot{E}_C$ 为三相电源电动势，C_0 为各相导线对地电容。

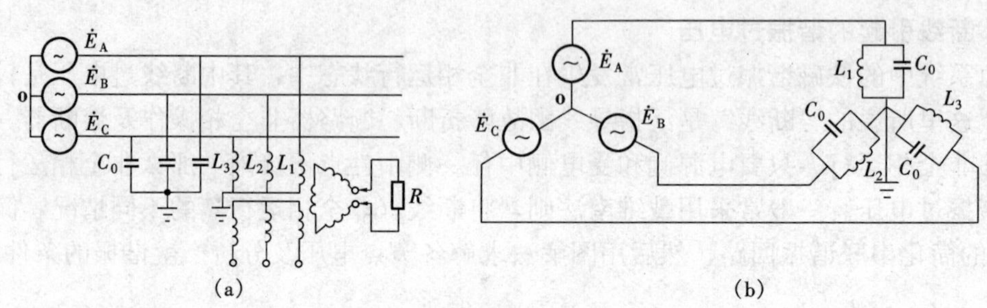

图 7-10 带有 YN 接线电压互感器的三相回路

（a）原理接线；（b）等值电路

正常运行时，电压互感器的励磁阻抗是很大的，所以每相阻抗（L 和 C_0 并联）呈容性，对应的导纳 $Y_1=Y_2=Y_3$，三相对地负载基本平衡，电网中性点 o 的位移电压很小。但当电网中出现某些扰动时，使两相（或一相）电压瞬时升高，使互感器两相（或一相）励磁电流突然增大，铁芯饱和。由于各相饱和程度的不同，就可能出现较高的中性点位移电压，可能激发起谐振过电压。中性点位移电压为

$$U_0=\frac{E_A Y_1+E_B Y_2+E_C Y_3}{Y_1+Y_2+Y_3} \tag{7-7}$$

如果在正常状态下各相导纳呈容性，那么由于扰动的结果，假定使 B 相和 C 相对地电压瞬时升高，L_2 和 L_3 将减小，电感电流增大，可能使 B、C 两相的导纳变成电感性的，结果使总导纳 $Y_1+Y_2+Y_3$ 显著减小，从而使位移电压 U_0 大大增加。如果参数配合不当，恰好使总导纳接近于零，就将产生串联谐振现象，使中性点位移电压急剧上升。此时，三相导线对地电压等于各相电源电动势和中性点位移电压的相量和，如图 7-11 所示。在电网运行中，通常发生两相对地电压升高，一相对地电压降低，这与系统内出现单相接地时的现象相仿，但实际上并不是单相接地，所以称为“虚幻接地”现象。显然，中性点位移电压 U_0 越高，相对地的过电压也越高。

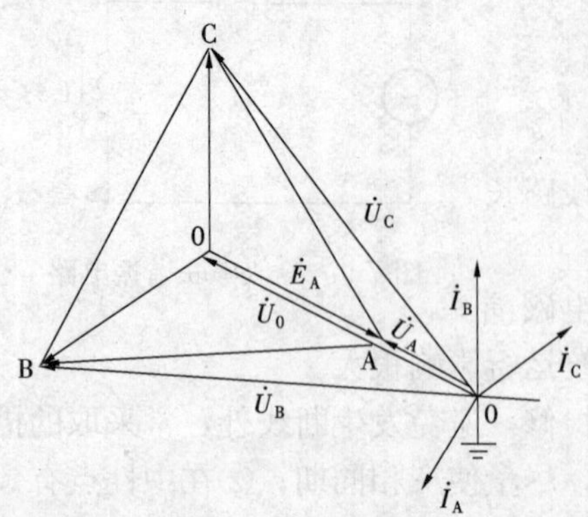

图 7-11 中性点位移时三相电压相量图

由于回路参数及外界激发条件的不同，可能造成分频、工频或高频不同形式的铁磁谐振过电压。若是基波谐振，则可能出现两相对地电压升高；若是谐波谐振，则可能导致三相对地电压同时升高，或引起“虚幻接地”现象。在分频谐波谐振时可能导致相电压以低频（每秒一次左右）摆动。此时电压互感器的励磁电抗低，且由于铁磁非线性特性，使励磁电流大为增加，可高达额定励磁电流的几十倍甚至上百倍以上，

虽此时分频过电压一般不超过 2p. u.，但此极大的励磁电流会烧坏熔丝或引起互感器严重过热，进而冒油、烧损或爆炸。

为了限制和消除这种铁磁谐振过电压，可以采取下列措施：

(1) 选用励磁特性较好的电磁式电压互感器或改用电容式电压互感器。

(2) 在电压互感器开口三角形绕组中短时接入阻尼电阻，或者在电压互感器一次绕组中性点对地接入电阻以阻尼振荡。

(3) 在有些情况下，可在 10kV 及以下的母线上装设一组三相对地电容器，或用电缆段代替架空线，以增大对地电容，从参数搭配上避免谐振。

(4) 特殊情况下，可将系统中性点临时经电阻接地或直接接地，或投入消弧线圈，也可以按事先规定投入某些线路或设备以改变电路参数，消除谐振过电压。

§7-3　空载线路的合闸过电压

合闸空载线路是电力系统中常见的一种操作。空载线路的合闸有两种情况，即正常合闸和自动重合闸。就合闸空载线路所引起的合闸过电压可达到的最大值而言，重合闸过电压要高于正常合闸过电压。在超高压电网中，空载线路的合闸过电压已成为最重要的操作过电压，因为它对电网中设备的绝缘水平起着决定性的作用。

一、产生合闸过电压的物理过程

1. 正常合闸

这种操作常出现于线路检修后的试送电（称为线路充电）。此时线路上不存在任何异常（如接地），线路电压的初始值为零。若假设三相线路完全对称（通过换位），且合闸时三相同期合闸，则可通过一相进行分析。

进行定性分析时，为简化分析过程，忽略线路损耗，线路用集中参数 T 形电路来等值，则空载线路的合闸过程就可用图 7-12（b）的简化等值电路来分析。图中 L_S 为电源的等值电感，U 为电源相电压，L_T、C_T 分别为线路的等值电感和电容，$L=L_S+\frac{1}{2}L_T$。断路器合闸后，电源电压通过 L 向 C_T 充电。由此电路建立微分方程，并根据初始条件，可求得电容上的电压为

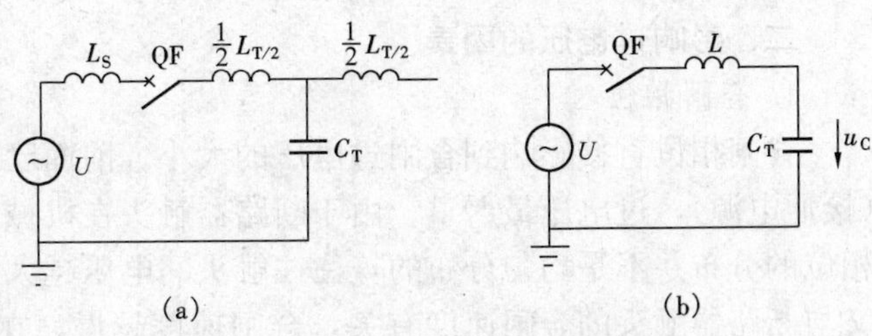

图 7-12　空载线路合闸时的集中参数

(a) 等值电路；(b) 简化等值电路

$$u_C(t)=U_C(\cos\omega t-\cos\omega_0 t)$$

$$U_C=\frac{E_m}{1-\left(\frac{\omega}{\omega_0}\right)^2}$$

$$\omega_0=\frac{1}{\sqrt{LC_T}}$$

式中　ω——电源 $U=E_m\cos\omega t$ 的角频率；

U_C——电容 C_T 上电压的振幅；

ω_0——等值回路自振频率。

若 ω_0 远大于电源频率 ω，并且电源电压达到峰值时合闸，可以认为在振荡初期电源电压保持幅值不变，这样电容上电压可达 $2E_m$。

2. 自动重合闸

自动重合闸是线路发生故障跳闸后，由自动装置控制而进行的合闸操作，这是中性点直接接地系统中经常遇到的一种操作。如图 7-13 所示，当 C 相接地后，断路器 QF2 先跳闸，然后断路器 QF1 跳闸。在断路器 QF2 跳开后，流过断路器 QF1 中健全相的电流是线路电容电流，断路器 QF1 跳闸后当电流为零，电压达最大值时（两者相位差 90°）熄弧。但由于系统内存在单相接地，健全相的电压将为(1.3～1.4)E_m，因此断路器 QF1 跳闸熄弧后，线路上残余电压也将为此值。在断路器 QF1 重合前，线路上的残余电荷将通过线路泄漏电阻入地，使线路残余电压有所下降，残余电压下降的速度与线路绝缘子污秽情况、气候条件有关。经 Δt 时间间隔后，QF1 将重新合闸，此时假定线路残余电压已经降低了 30%，即为 $0.7\times(1.3\sim1.4)E_m=(0.91\sim0.98)E_m$。

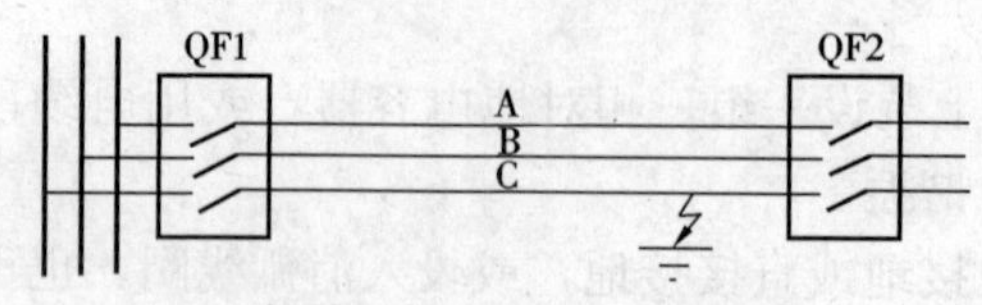

图 7-13 自动重合闸示意图

考虑过电压最严重的情况，即重合闸时电源电压恰好与线路残余电压极性相反且为峰值 $-E_m$，则重合闸时暂态过程中最大过电压为 $-E_m+[-E_m-(0.91\sim0.98)E_m]=(-2.91\sim-2.98)E_m$。在实际情况下，由于在重合闸时刻的电源电压不一定恰好在峰值，也并不一定与线路残余电压极性相反，这时过电压还要低些。

若线路不采用三相重合闸，而是采用单相重合闸，则重合闸过电压与计划性合闸过电压相同，因为重合的故障相上无残余电压。

二、影响过电压的因素

1. 合闸相位

合闸相位直接影响到合闸过电压的大小。前面已经分析了当电源达幅值时合闸真正合上(接通电源)，过电压最严重。由于断路器触头在机械上闭合以前可能发生预击穿，所以合闸相位的分布并不是均匀分布的，往往触头间电压越大则越易发生预击穿，另外预击穿的发生又与断路器触头的合闸速度有关，合闸速度越慢，在幅值附近（约±30°范围内）合闸的几率就越大。

2. 线路上残余电压的衰减快慢

重合闸过电压的大小与重合闸时线路上残余电荷的数量和极性有关。当线路侧接有电磁式电压互感器时，线路上残余电荷可通过互感器泄放而使重合闸过电压降低。另外线路上残余电荷的泄放快慢还与线路绝缘的污秽情况和气候条件等因素有关。

3. 三相断路器合闸的不同期

当断路器因合闸的不同期，一相或两相触头先合上，通过相间的耦合使未合上相导线上感应得到同极性的电压，就造成该相后来合上时的反极性合闸情况，导致合闸过电压增大。合闸的三相不同期一般可使合闸过电压高出 10%～30%。

由于操作过电压是暂态电压分量叠加在稳态电压之上，所以工频过电压的大小也直接影响到操作过电压的绝对值。

三、限制过电压的措施

1. 采用带有合闸电阻的断路器

带并联合闸电阻 R 的断路器如图 7-14 所示。线路的合闸操作分两步进行。辅助触头 S2 先闭合，电阻 R 的串入对回路中的振荡过程起阻尼作用，使过渡过程中过电压降低，电阻越大阻尼作用越强，过电压也就越低。经 1.5～2 个工频周期左右，主触头 S1 闭合，将合闸电阻 R 短接，完成合闸操作。由于 S1 闭合前主触头两端的电位差即 R 上的压降，而 R 上压降由于之前的振荡被阻尼而较低，所以 S1 闭合之后的过电压也就较低。很明显，此时 R 越小，S1 闭合后过电压越低。从以上分析可见，辅助触头 S2 闭合时要求合闸电阻 R 要大，而主触头 S1 闭合时要求合闸电阻要小，两者同时考虑时，可以找到某一电阻值（对于 500kV 线路一般为 400～600Ω），在此电阻值下，可将合闸过电压限制到最低（500kV 线路的合闸过电压可被限制到不超过 2 倍）。

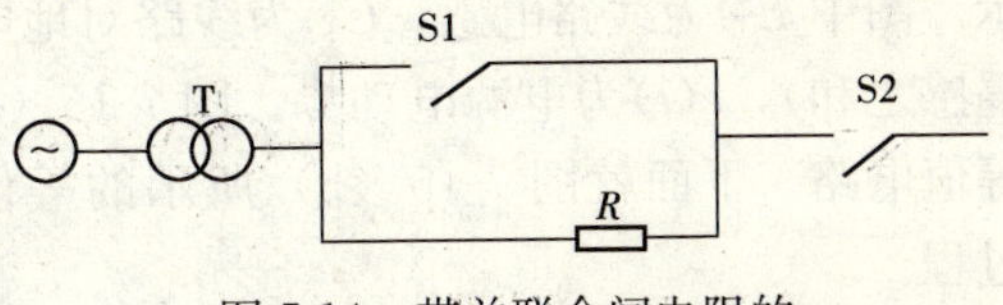

图 7-14 带并联合闸电阻的断路器以限制合闸过电压

2. 选相（位）合闸

通过一些电子装置来控制断路器的动作时间，使断路器在触头间电位差接近于零时完成合闸操作，从而将合闸过电压降至尽可能低的程度。

3. 采用单相自动重合闸

这是超高压线路都采取的有效措施，以此降低重合闸过电压。

4. 装氧化锌避雷器

这种避雷器仅作为限制合闸过电压的后备措施以避免出现避雷器的频繁动作。

§7-4 空载线路的分闸过电压

一、过电压产生原因

空载线路的分闸（切除空载线路）是电网中最常见的操作之一。对于单端电源的线路，正常或事故情况下，在将线路切除时，一般总是先切除负荷，后断开电源，那么后者的操作即为切除空载线路。而对于两端电源的线路，由于两端的断路器分闸时间总是存在一定的差异（一般约为 0.01～0.05s），所以无论哪一端先断开，后断开的操作即为空载线路的分闸。运行经验表明，在 35～220kV 电网中，都曾因为切除空载线路时出现过电压而引起多次绝缘闪络和击穿。经统计，切除空载线路时出现的过电压（空载线路分闸过电压）不仅幅值高，而且持续时间长，可达 0.5～1 个工频周期以上。所以在确定 220kV 及以下电网绝缘水平时，空载线路分闸过电压是最重要的操作过电压。空载线路分闸过电压是空载线路分闸后，在空载线路上出现的过电压，初看起来，线路既已与电源断开，最多是有残余电压而无过电压。但问题是断路器分闸后，断路器触头间可能会出现电弧的重燃，电弧重燃又会引起电磁暂态的过渡过程，从而产生这种切空载线路过电压。所以，产生这种过电压的根本原因是断路器开断空载线路后断路器触头间出现电弧重燃。切除空载线路时，流过断路器的电流为线路的电容电流，其比起短路电流要小得多。但是能够切断巨大短路电流的断路器却不一定能够不重燃地切断空载线路，这是因为断路器分闸初期，触头间恢复电压值较高，断路器触头间抗电强度耐受不住高幅值恢复电压而引起电弧重燃。

二、过电压产生的物理过程

空载线路是容性负载，定性分析时可用T形集中参数电路来等值，如图7-15（a）所示。图中L_T为线路电感，C_T为线路对地电容，L为电源系统等值电感（即发电机、变压器漏感之和），$e(t)$为电源电动势。图7-15（a）的电路可以进一步简化成图7-15（b）所示的等值电路。下面就图7-15（b）所示的等值电路来分析空载线路分闸过电压的形成与发展过程。

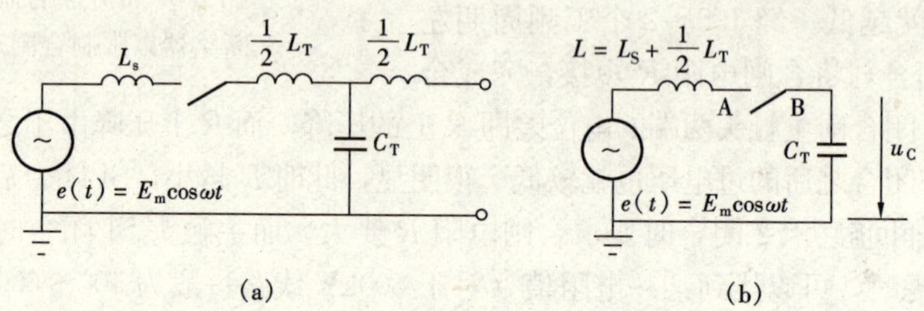

图7-15 切除空载线路时的等值电路

（a）等值电路；（b）简化后的等值电路，$L_S=L+L_T/2$

设电源电动势

$$e(t)=E_m\cos\omega t \tag{7-8}$$

则电流

$$i(t)=\frac{E_m}{X_{C_T}-X_L}\cos(\omega t+90°) \tag{7-9}$$

因此电流$i(t)$超前电源电压$e(t)$90°。

在空载线路分闸过程中，电弧的熄灭和重燃具有很大的随机性，在以下分析过程中，以产生过电压最严重的情况来考虑。

1. $t=t_1$时，发生第一次熄弧

如图7-16所示，$t=t_1$时，$e(t)=E_m$，由于电流超前电源电压90°，所以此时流过断路器的工频电流恰好为零。此时断路器分闸，断路器断口A、B间第一次断弧。实际上，若断路器不在t_1时刻分闸，比如在t_1前工频半周内任何一个时刻分闸，只要不发生电流的突然截断现象，断路器断口间电弧也总是要等到电流过零，即也在$t=t_1$时才会熄灭。

断路器分闸后，线路电容C_T上的电荷无处泄漏，使得线路上保持这个残余电压E_m。即图7-15中断路器断口B侧对地电压保持E_m。然而断路器断口A侧的对地电压在t_1之后仍要按电源作余弦规律的变化（见图7-16中的虚线），断路器触头间（即断口间）的恢复电压u_{AB}为

$$u_{AB}=e(t)-(E_m)=-E_m(1-\cos\omega t) \tag{7-10}$$

$t=t_1$时，$u_{AB}=0$，随后恢复电压u_{AB}越来越高，在$t=t_2$（再经过半个周期）时达到最大为$2E_m$。

在t_1之后若断路器触头间去游离能力很强，触头间抗电强度的恢复超过恢复电压的升高，则电弧从此熄灭，线路被真正断开，这样无论在母线侧（即断口A侧）或线路侧（即断口B侧）都不会产生过电压。但若断路器断口间抗电强度的恢复赶不上断口间恢复电压的升高，断路器触头间（即断口间）可能发生电弧重燃。

2. $t=t_2$时发生第一次重燃

电弧重燃时刻具有强烈的统计性，从而使这种过电压的数值大小也具有统计性。考虑过电压最严重的情况，即恢复电压 u_{AB} 达到最大时发生电弧重燃，也即在图 7-16 中 $t=t_2$ 时发生第一次电弧重燃。此刻电源电压 $e(t)$ 通过重燃的电弧突然加在 L_S 和具有初始值 E_m 的线路电容 C_T 上，因此回路是一振荡回路，所以电弧重燃后将产生暂态的振荡过程，在振荡过程中就会产生过电压。振荡回路的固有频率 $f_0=\dfrac{1}{2\pi\sqrt{L_S C_T}}$ 要比工频 50Hz 大得多，因而 $T_0=\dfrac{1}{f_0}$ 要比工频周期 0.02s 小得多，这样可以认为在暂态高频振荡期间电源电压 $e(t)$ 基本保持 t_2 时的值 $-E_m$ 不变，若不计及回路损耗所引起的电压衰减，则线路上的过电压幅值估算为

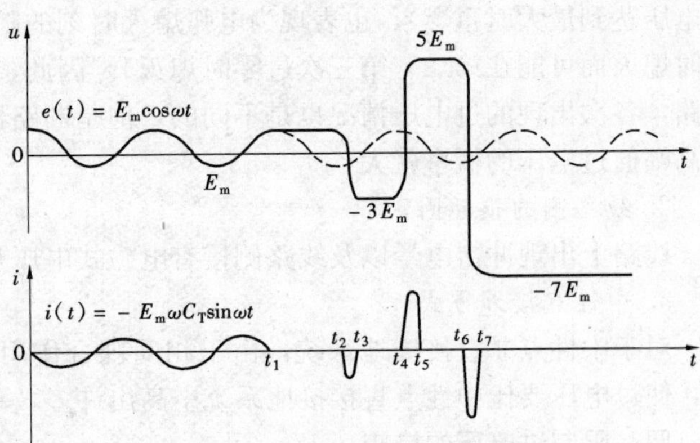

图 7-16 空载线路分闸过电压的产生过程

t_1—第一次熄弧；t_2—第一次重燃；t_3—第二次熄弧；t_4—第二次重燃；t_5—第三次熄弧

$$过电压幅值=稳态值+(稳态值-初始值)=-E_m+(-E_m-E_m)=-3E_m$$

3. $t=t_3$ 时发生第二次熄弧

当线路上电压（即 C_T 上电压）振荡达到最大值 $-3E_m$ 瞬间，由于振荡回路中流过的是电容性电流，故此瞬间断路器中流过的高频振荡电流恰好为零，此时（t_3 时刻）电弧第二次熄灭（断路器试验的示波图表明，电弧几乎全部都在高频振荡电流第一次过零瞬间熄灭）。电弧第二次熄灭后，线路对地电压保持 $-3E_m$，而断路器断口 A 侧的对地电压在 t_3 之后又要按电源作余弦规律的变化（见图 7-16 中的虚线），断路器触头间恢复电压 u_{AB} 越来越高，再经半个工频周期将达最大（$4E_m$）。

4. $t=t_4$ 时发生第二次重燃

考虑过电压最严重的情况，恢复电压 u_{AB} 达到最大 $4E_m$ 时发生电弧第二次重燃。电弧重燃后又要发生暂态的振荡过程，在此振荡过程中，C_T 上电压的初始值为 $-3E_m$，振荡过程结束后的稳态值为 E_m，所以产生的过电压幅值为

$$稳态值+(稳态值-初始值)=E_m+[E_m-(-3E_m)]=5E_m$$

假若继续每隔半个工频周期电弧重燃一次，则过电压将达 $-3E_m$、$5E_m$、$-7E_m$、…，愈来愈高，直到触头已有足够的绝缘强度，电弧不再重燃为止。

三、影响过电压的因素

上述所分析的过电压产生过程是理想化的、考虑最为严重的情况。在实际系统中过电压幅值会受到许多因素的制约。

1. 断路器的灭弧性能及电弧过程的随机性

既然断路器触头间电弧重燃是造成空载线路分闸过电压的根本原因，因此，断路器分断电容性空载小电流时的灭弧性能以及电弧过程的随机性是影响这种过电压的主要因素。电弧过程的随机性表现为是否出现电弧重燃和出现电弧重燃时刻的随机性（即不一定在触头间恢

复电压达到最大时重燃），也表现为电弧熄灭时刻的随机性（即不一定在高频电流第一次过零时熄灭而可能在第二、第三次过零时熄灭）。因此，即便是同一台断路器切除同一条空载线路，各次出现的过电压情况也是不同的，但是断路器灭弧性能差，出现重燃次数就多，发生高幅值过电压的概率就大。

2. 线路侧的损耗因素

线路上出现冲击电晕以及线路侧接有电磁式电压互感器对降低过电压是有利的。

3. 中性点接地方式

对于中性点非直接接地系统，由于相间耦合作用以及断路器及电弧过程的三相不同期性，使过电压要比中性点直接接地系统中高出许多，一般可高20%左右。

四、限制过电压的措施

1. 采用灭弧性能强的断路器

近年来随着压缩空气断路器、带有压油活塞的少油断路器尤其是 SF_6 断路器的采用，断路器的灭弧性能，特别是分断小电流时的灭弧性能大大提高，使出现电弧重燃的概率大大降低。实测表明，110～220kV 线路采用空气断路器后出现 2.6 倍分闸过电压的概率可降至 0.73%。

2. 采用带分闸电阻的断路器

这也是降低触头间恢复电压，避免电弧重燃的有效措施，在超高压系统中常被采用。带并联分闸电阻（一般为数千欧）断路器的接线与图 7-14 相同。线路的分闸操作分两步进行。主触头 S1 先打开，此时 S2 仍闭合，由于 R 串在回路中从而抑制了 S1 断开后的振荡。而这时 S1 触头两端间的恢复电压只是电阻 R 上的压降，其值较低，故主触头间电弧不易重燃。经 1.5～2 个工频周期，辅助触头 S2 打开，由于串入电阻后，线路上的稳态电压降低，线路上残余电压较低，故 S2 触头间的恢复电压不高，也就不易出现电弧重燃。即使 S2 触头间发生电弧重燃，由于电阻 R 的阻尼作用及对线路残余电荷的泄放作用，过电压也会显著下降。

另外，可以采用氧化锌避雷器限制过电压或采取合理的操作方式，使有利因素（如多条出线运行等）发挥作用。

§7-5 中性点不接地系统中的电弧接地过电压

一、电弧接地过电压的产生原因

运行经验表明，电力系统中大部分（60%以上）故障是单相接地故障。在中性点不接地（也称中性点绝缘）系统中发生单相接地故障时，流过故障点的电流是数值不大的电容电流（10kV、35kV 线路的接地电容电流约为 0.03A/km 和 0.1A/km）。这时故障相的对地电压变为零，而非故障相（健全相）的对地电压升高至线电压，但三相电源电压仍维持对称，不影响对用户继续供电，所以不要求立即切除故障线路，允许在单相接地故障下运行一段时间（一般为 1.5～2h），以便运行人员查明故障，进行处理，所以，中性点不接地系统具有较高的供电可靠性。另外，对 35kV 及以下电压等级的系统而言，相对地绝缘要求的提高也不会显著增加绝缘上的投资。因此，我国 35kV、10kV 系统均采用中性点不接地的运行方式。

图 7-17（a）为中性点不接地系统发生单相接地故障时的等值电路图。图中 C_1、C_2、C_3

分别为各相导线的对地电容。设 $C_1=C_2=C_3=C$，则正常情况下中性点电位为零，即 $U_N=0$。当A相接地时，中性点电位升至相电压，$\dot{U}_N=-\dot{U}_A$，非故障相导线对地电位升至 $\dot{U}_{BA}$、$\dot{U}_{CA}$，非故障相对地电容电流 $\dot{I}_2$、$\dot{I}_3$ 分别超前 $\dot{U}_{BA}$、$\dot{U}_{CA}$ 90°，如图7-17（b）所示。$\dot{I}_2$、$\dot{I}_3$ 的绝对值为

$$I_2=I_3=\sqrt{3}\omega CU_{ph} \tag{7-11}$$

U_{ph}为相电压值。这样，根据图7-17（b）的相量图可得流过故障点的电容性接地电流为

$$I_d=\sqrt{3}I_2=3\omega CU_{ph} \tag{7-12}$$

电力系统中出现的大多数接地故障都伴有电弧发生。在中性点不接地系统中发生单相电弧性接地时，流过故障点的电弧电流就是上述分析的电容性电流。当10kV电网中线路总长度（所有线路长度总和）超过1000km，35kV电网中线路总长度超过100km时，接地电弧电流可分别超过30A和10A，此时接地电弧既不会自行熄灭，又不稳定持续（因为这种电容电流还不足够大），而是表现为接地电流过零时电弧暂时性熄灭，随后在恢复电压作用下又重新出现电弧——电弧重燃，而后又过零暂时熄灭，又……，即出现电弧熄灭时重燃的不稳定状态，这种电弧称之为间歇性电弧。每次电弧熄灭和重燃的同时，将引起电磁暂态的振荡过渡过程，在过渡过程中会出现过电压，这种过电压就是电弧接地过电压。所以，在中性点不接地系统中出现电弧接地过电压的根本原因是接地电弧的间歇性熄灭与重燃。而出现这种间歇性电弧的条件：一是出现电弧性接地；二是接地电流超过某数值。

电弧接地（Arc Grounding）过电压的幅值可能超过绝缘水平（见下面的分析），持续的时间又较长（因允许单相接地故障下运行1.5～2h），出现的概率也相当大，所以对这种过电压需予以充分重视。

二、过电压产生的物理过程

下面通过讨论伴随间歇性电弧熄灭重燃时所发生的过渡过程来说明电弧接地过电压的形成与发展过程。

1. 等值电路图

中性点不接地系统的等值电路如图7-17（a）所示。C_1、C_2、C_3 为各相对地电容，$C_1=C_2=C_3=C$，设A相对地发生电弧接地，以k表示故障点发弧间隙。u_A、u_B、u_C 为三相电源电压，u_1、u_2、u_3 为三相线路对地电压，即 C_1、C_2、C_3 上的电压。U_{xg} 为电源相电压幅值。

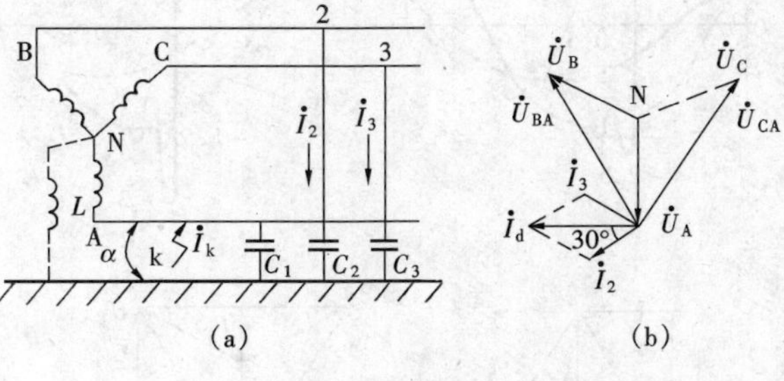

图7-17 单相接地电路图及相量图

（a）电路图；（b）相量图

2. $t=t_1$ 时A相电弧接地

假定在A相电压达到最大值时A相电弧性接地（考虑过电压最严重的情况），则A相电弧接地前瞬间 $t=t_1^-$ 时，$u_1=U_{xg}$，$u_2=-0.5U_{xg}$，$u_3=-0.5U_{xg}$。

在 t_1 瞬间，A相电弧接地，即图中间隙d发弧导通，A相电容 C_1 上电荷通过间隙电弧泄放入地，其电压 u_1 突降为零，即电压幅值改变了 $-U_{xg}$（从 U_{xg} 变至0）。相应B、C相电容 C_2、C_3 上电压 u_2、u_3 的幅值也应改变 $-U_{xg}$，即从 $-0.5U_{xg}$ 变至 $-1.5U_{xg}$。而 u_2、u_3 电

压的这种改变是要由电源线电压U_{BA}、U_{CA}经电源电感对C_2、C_3的充电来完成的，这个过程是一个高频振荡过程，高频振荡过程结束后C_2、C_3上的电压将达到$-1.5U_{xg}$。对高频振荡过程而言，振荡过程发生前瞬时值为初始值，振荡过程结束后应达到的值为稳态值，而过电压就出现于从初始值发展至稳态值的振荡过程中，过电压的最大幅值可按下面公式来估算

过电压幅值=稳态值+(稳态值-初始值)

在振荡的过渡过程中，C_2、C_3上出现的过电压幅值见表7-2。

表7-2 **C_2、C_3上出现的过电压幅值**

	C_2	C_3
振荡过程开始前初始值	$-0.5U_{xg}$	$-0.5U_{xg}$
振荡过程结束后应达到值	$-1.5U_{xg}$	$-1.5U_{xg}$
振荡过程中过电压幅值	$-2.5U_{xg}$	$-2.5U_{xg}$

过渡过程结束后u_2、u_3按u_{BA}、u_{CA}而变化，如图7-18所示。

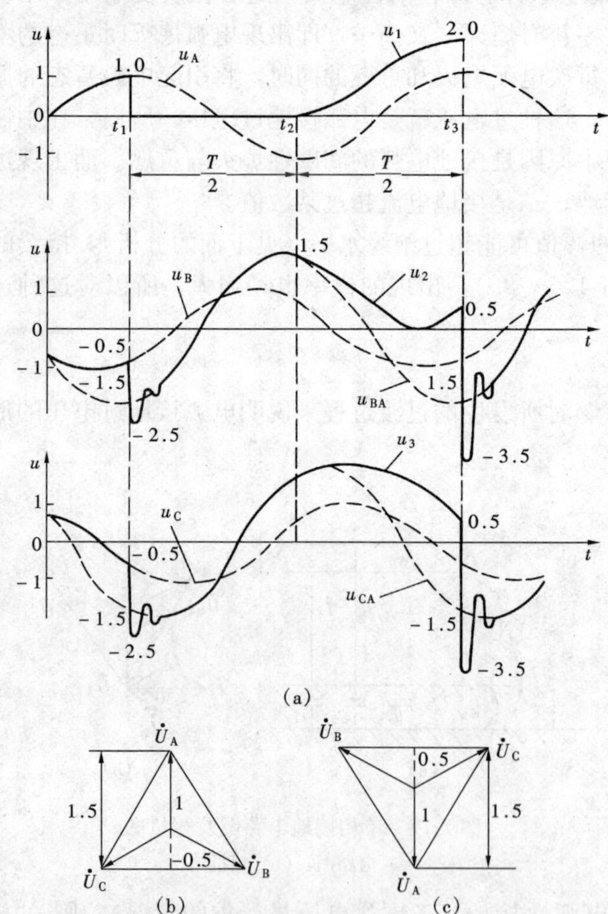

图7-18 工频电流过零时熄弧的电弧接地过电压发展过程

(a) 过电压发展过程；(b) t_1瞬间电压相量图；(c) t_2瞬间电压相量图

$u_A=U_{xg}\sin\omega t$；$u_B=U_{xg}\sin(\omega t-120°)$；$u_C=U_{xg}\sin(\omega t+120°)$；

$u_{BA}=\sqrt{3}U_{xg}\sin(\omega t-150°)$；$u_{CA}=\sqrt{3}U_{xg}\sin(\omega t+150°)$

3. $t=t_2$时，A相接地电弧第一次熄灭

故障点的电弧电流中包含工频分量$\dot{I}_B+\dot{I}_C$和逐渐衰减的高频分量。假定高频分量过零时电弧不熄灭，而后高频分量衰减至零，电弧电流就是工频电流$\dot{I}_B+\dot{I}_C$，其相位与$\dot{U}_A$差90°[见图7-17(b)所示]。那么经过半个工频周期，在$t=t_2$时，$u_A=-U_{xg}$，$u_B=0.5U_{xg}$，$u_C=0.5U_{xg}$。由于$\dot{U}_A$达到负的幅值，所以工频电弧电流过零，电弧第一次熄灭。

在熄弧瞬间$t=t_2^-$时，$u_1=0$，$u_2=1.5U_{xg}$，$u_3=1.5U_{xg}$。熄弧后B、C相线路上储有电荷$q=2C_0\times1.5U_{xg}=3C_0U_{xg}$，这些电荷无处泄漏，于是在三相对地电容间平均分配，其结果使三相导线对地有一个电压偏移$\frac{q}{3C_0}=U_{xg}$。接地电弧第一次熄灭后，作用在三相导线对地电容上的电压为三相电源电压叠加此偏移电压，即在熄弧后瞬间$t=t_2^+$时，$u_1=-U_{xg}+U_{xg}=0$，$u_2=0.5U_{xg}+U_{xg}=1.5U_{xg}$，$u_3=0.5U_{xg}+U_{xg}=1.5U_{xg}$，这样第一次

熄弧瞬间 $t=t_2^-$ 时的电压值与 $t=t_2^+$ 时的电压值相同，熄弧后不会引起过渡过程。

4. $t=t_3$ 时电弧重燃

熄弧后 A 相对地电压逐渐恢复，再经过半个工频周期，在 $t=t_3$ 时，A 相对地电压幅值达 $2U_{xg}$（见图 7-18）。如果此时再次发生电弧（称电弧重燃），u_1 再次降为零，u_2、u_3 的电压将再次出现振荡。振荡过程中 C_2、C_3 上出现的过电压幅值见表 7-3。

表 7-3　　振荡过程中 C_2、C_3 上出现的过电压幅值

	C_2	C_3
振荡过程开始前初始值	$0.5U_{xg}$	$0.5U_{xg}$
振荡过程结束后应达到值	$-1.5U_{xg}$	$-1.5U_{xg}$
振荡过程中过电压幅值	$-3.5U_{xg}$	$-3.5U_{xg}$

以后发生的隔半个工频周期的熄弧与再隔半个周期的电弧重燃，过渡过程与上面完全重复，且过电压的幅值也与之相同。从上分析可看到，中性点不接地系统中发生间歇性电弧接地时，非故障相上最大过电压为 3.5 倍，而故障相上的最大过电压为 2.0 倍。

长时期来的试验和研究表明：工频过零熄弧与高频振荡过零熄弧都是可能的；故障相的电弧重燃也不一定在最大恢复电压值时发生，并具有很大的分散性。因而电弧接地过电压大小也具有很强烈的随机统计性质；目前普遍认为，电弧接地过电压的最大值不超过 3.5 倍，一般在 3 倍以下。

三、影响过电压的因素

影响电弧接地过电压大小的因素主要有：

（1）电弧熄灭与重燃时的相位。这种因素具有很大的随机性。上述分析中得到 3.5 倍过电压的电弧熄灭和重燃时相位是过电压最严重情况时的相位。

（2）系统的相关参数。比如在同样情况下，考虑线间电容时的这种过电压比不考虑线间电容时要低。还有，在振荡过程中过电压幅值的估算值由于实际线路的损耗而也达不到此数值。

（3）中性点接地方式。电弧接地过电压仅存在于中性点不接地系统中。若将中性点直接接地，一旦发生单相接地，此时就是单相对地短路，接地点将流过很大的短路电流，不会出现间歇性电弧，从而彻底消除电弧接地过电压。此时，由于接地点流过很大的短路接地电流，稳定的接地电弧不能自行熄灭，必须由断路器跳闸将其尽快熄灭来切除短路电流而造成操作次数增多，既由此增加许多设备，又影响供电的连续性，所以在单相接地故障较为频繁的低电压等级（35kV 及以下）的系统中仍不采用中性点直接接地。

四、消弧线圈及其对限制电弧接地过电压的作用

在中性点不接地系统中限制间歇电弧接地过电压的有效措施就是中性点经消弧线圈接地。消弧线圈（Arc Suppression Coil）是一个铁芯有气隙的电感线圈，其伏安特性相对来说不易饱和。消弧线圈接在中性点与地之间。下面分析消弧线圈是如何限制（降低）间歇电弧接地过电压的。在原中性点不接地系统的中性点与地之间接上一消弧线圈 L，如图 7-19（a）所示。同样假设 A 相发生电弧接地。A 相接地后，流过接地点的电弧电流除了原先的非故障相通过对地电容 C_2、C_3 的电容电流相量和（$\dot{I}_B+\dot{I}_C$）之外，还包括流过消弧线圈 L

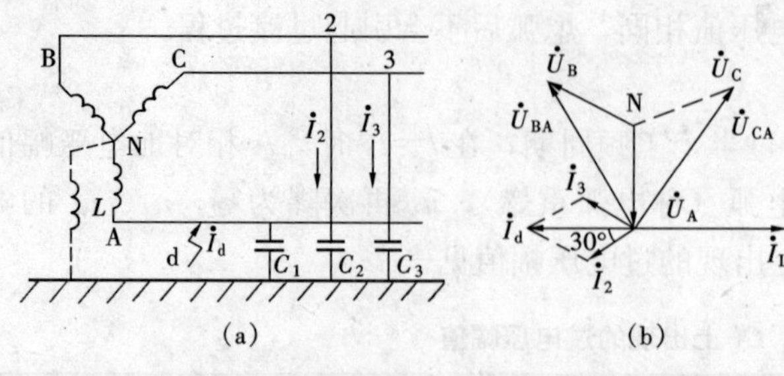

图 7-19 中性点经消弧线圈接地后的电路图及相量图
(a) 电路图；(b) 相量图

的电流 $\dot{I}_L$（A 相接地后，消弧线圈上的电压即为 A 相电源电压），根据图 7-19（b）所示的相量图分析，$\dot{I}_L$ 与 $\dot{I}_B+\dot{I}_C$ 相位反向，所以适当选择消弧线圈的电感量 L 值，亦即适当选择电感电流 $\dot{I}_L$ 的值，可使得接地电流 $\dot{I}_d=\dot{I}_L+(\dot{I}_B+\dot{I}_C)$ 的数值（称经消弧线圈补偿后的残流）减小到足够小，使接地电弧能很快熄灭，并使弧道的恢复电压上升速率下降而不易重燃，从而限制（降低）了电弧接地过电压。

通常把消弧线圈电感电流补偿系统对地电容电流的百分数称为消弧线圈的补偿度（又称调谐度），用 K 表示；而将 $1-K$ 称为脱谐度，用 ν 表示，即

$$K=\frac{I_L}{I_C}=\frac{U_{xg}/\frac{1}{\omega L}}{\omega(C_1+C_2+C_3)U_{xg}}=\frac{1}{\omega^2 L(C_1+C_2+C_3)}$$

$$=\frac{\left(\frac{1}{\sqrt{L(C_1+C_2+C_3)}}\right)^2}{\omega^2}=\frac{\omega_0^2}{\omega^2}$$

$$\omega_0=\frac{1}{\sqrt{L(C_1+C_2+C_3)}}$$

$$\nu=1-K=1-\frac{I_L}{I_C}=\frac{I_C-I_L}{I_C}=1-\frac{\omega_0^2}{\omega^2}$$

式中 ω_0——电路的自振角频率。

根据补偿度（或脱谐度）的不同，消弧线圈可以处于三种不同的运行状态：

(1) 欠补偿。$I_L<I_C$，表示消弧线圈的电感电流不足以完全补偿电容电流，此时故障点流过的电流（残流）为容性电流。欠补偿时，$K<1$，$\nu>0$。

(2) 全补偿。$I_L=I_C$，表示消弧线圈的电感电流恰好完全补偿电容电流。此时消弧线圈与并联后的三相对地电容处于并联谐振状态，流过故障点的电流（残流）为非常小的电阻性泄漏电流。全补偿时，$K=1$，$\nu=0$。

(3) 过补偿。$I_L>I_C$，表示消弧线圈的电感电流不仅完全补偿电容电流而且还有数量超出。此时流过故障点的电流（残流）为感性电流。过补偿时，$K>1$，$\nu<0$。

消弧线圈的脱谐度不能太大（补偿度不能太小）。脱谐度太大时，故障点流过的残流增大，且故障点恢复电压增长速度加大，不利于熄弧。脱谐度愈小，故障点恢复电压增长速度减小，电弧愈容易熄灭。但脱谐度也不能太小，当 ν 趋近于零时，在正常运行时，中性点将发生很大的位移电压。分析如下：对于图 7-19 所示的电路，略去三相对地电导以及消弧线圈的电导时，接有消弧线圈时的中性点位移电压 $\dot{U}_N$ 为

$$\dot{U}_N=-\frac{\dot{U}_A Y_A+\dot{U}_B Y_B+\dot{U}_C Y_C}{Y_A+Y_B+Y_C+Y_N}$$

将 $Y_A = j\omega C_1, Y_B = j\omega C_2, Y_C = j\omega C_3, Y_N = j\omega L$ 代入得

$$\dot{U}_N = -\frac{\dot{U}_A C_1 + \dot{U}_B C_2 + \dot{U}_C C_3}{(C_1 + C_2 + C_3) - \frac{1}{\omega^2 L}} \tag{7-13}$$

当消弧线圈的脱谐度 $\nu=0$ 时，$\omega=\omega_0$ 即

$$\omega = \frac{1}{\sqrt{L(C_1 + C_2 + C_3)}}$$

$$\omega^2 = \frac{1}{L(C_1 + C_2 + C_3)}$$

$$C_1 + C_2 + C_3 = \frac{1}{\omega^2 L}$$

又由于 $C_1 \neq C_2 \neq C_3$，所以使得 $\dot{U}_N$ 表达式中分子不为零，而分母为零，由此中性点位移电压将达到很高数值。

为了避免危险的中性点电压升高，最好使三相对地电容对称。因此在电网中要进行线路换位。但由于实际上对地电容电流受各种因素影响是变化的，且线路数目也会有所增减，很难做到各相电容完全相等，为此要求消弧线圈处于不完全调谐（全补偿）工作状态。

通常消弧线圈采用过补偿5%～10%运行（即 $\nu=-0.05\sim-0.1$）。之所以采用过补偿是因为随着电网发展可以逐渐发展成为欠补偿运行，不至于出现采用欠补偿时随着电网的发展而导致脱谐度过大，失去消弧作用；其次是若采用欠补偿，在运行中因部分线路退出而可能形成全补偿，产生较大的中性点电压偏移，有可能引起零序网络中产生严重的铁磁谐振过电压。中性点经消弧线圈接地后，在大多数情况下能够迅速地消除单相的接地电弧而不破坏电网的正常运行，且接地电弧一般不重燃，从而把单相电弧接地过电压限制到不超过2.5倍数的数值。

§7-6　切除空载变压器过电压

一、切除空载变压器过电压产生的原因

切除空载变压器也是电网中常见的操作之一。正常运行时，空载变压器表现为一个励磁电感。因此，切除空载变压器实质上就相当于切除一个电感性负荷。与此类似的还有切除消弧线圈、并联电抗器、大型电动机等。

经验表明，用断路器切断大于100A以上交流电流时，断路器分闸后触头间的电弧是在工频电流过零（即自然零点）时断弧，在这种情况下，等值电感中储藏的磁场能量为零，因此在切除过程中不会产生过电压。但切除空载变压器时，所切除的是变压器的空载电流，其值仅为额定电流的0.5%～4%，一般只有几安到几十安。断路器的灭弧能力相对于这种电流显得异常

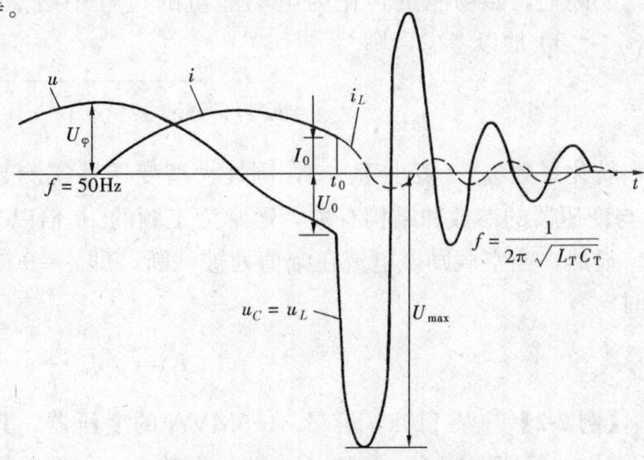

图7-20　切除空载变压器过电压

的强大，从而使空载电流未到零之前就因强制熄弧而切断，也就是发生空载电流的突然“截断”。截流后，等值电感中储藏的磁场能量全部转变为等值电容的电场能量，从而产生了切空载变压器过电压。

二、过电压产生的物理过程

图 7-21 为切除空载变压器的等值电路，图中 L_T 为空载变压器的励磁电感，C_T 为变压器的等值对地电容，L_S 为电源的等值电感，QF 为断路器。

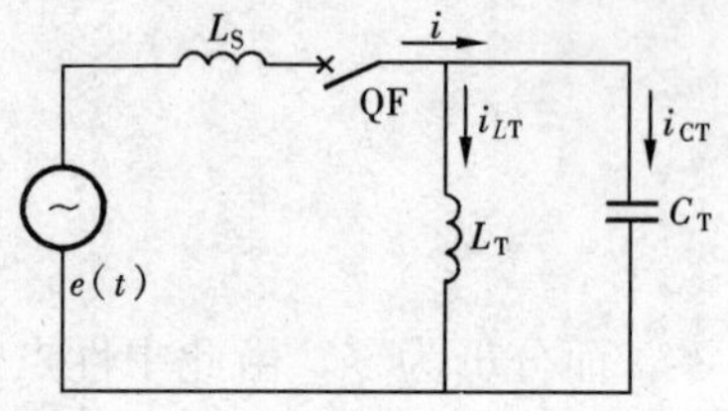

图 7-21 切除空载变压器等值电路

由于 $X_{C_T} \gg X_{L_T}$，空载变压器切除前，流过空载变压器的电流（空载电流）几乎就是流过励磁电感的电流。

设空载电流在 $i=I_0$ 时发生截断（即由 I_0 突降至零），设此时 $I_0=I_m\sin\alpha$（α 为截流时的相角）电源电，$U_0=U_m\sin(\alpha+90°)=U_m\cos\alpha$（空载励磁电流滞后电源电压 90°）。截流前瞬时，回路总能量为

$$\frac{1}{2}L_T I_0^2+\frac{1}{2}C_T U_0^2=\frac{1}{2}L_T I_m^2\sin^2\alpha+\frac{1}{2}C_T U_m^2\cos^2\alpha$$

电流截断瞬时，L_T 中能量全部转变成电容 C_T 中的能量，此时电容上电压达到最大（设为 U_C），则根据能量守恒得

$$\frac{1}{2}C_T U_C=\frac{1}{2}L_T I_0^2+\frac{1}{2}C_T U_0^2$$

$$U_C=\sqrt{U_m^2\cos^2\alpha+\frac{L_T}{C_T}I_m^2\sin^2\alpha} \tag{7-14}$$

考虑到 $I_m \approx \frac{U_m}{2\pi f L_T}$，$f_0=\frac{1}{2\pi\sqrt{L_T C_T}}$（自振频率）

$$U_C=U_m\sqrt{\cos^2\alpha+\left(\frac{f_0}{f}\right)^2\sin^2\alpha} \tag{7-15}$$

过电压倍数

$$K=\frac{U_C}{U_m}=\sqrt{\cos^2\alpha+\left(\frac{f_0}{f}\right)^2\sin^2\alpha} \tag{7-16}$$

实际上，磁场能量转化为电场能量的过程中必然有损耗，这可通过引入一转化系数 η_m（$\eta_m<1$）加以考虑，则

$$K=\sqrt{\cos^2\alpha+\eta_m\left(\frac{f_0}{f}\right)^2\sin^2\alpha} \tag{7-17}$$

转化系数 η_m 一般小于 0.5，国外大型变压器实测数据约在 0.3～0.45 之间，自振频率 f_0 与变压器的参数和结构有关，通常为工频的 10 倍以上，但超高压变压器则只有工频的几倍。显然，当空载励磁电流在幅值处被截断，即 $\alpha=90°$时，过电压数值达到可能的最大值，此时

$$K=\sqrt{\eta_m}\,\frac{f_0}{f} \tag{7-18}$$

【例 7-2】 某 110kV 容量 31.5MVA 的变压器，其铁芯材料为热轧硅钢片，励磁电流 $I_m=4\%$，等值电容 $C=3000$pF，转化系数 $\eta_m=0.3$，求切空载变压器过电压的最大倍数。

解

$$\omega L = \frac{U_e^2}{S_0 \times 4\%} = \frac{110^2 \times 10^6}{31.5 \times 10^6 \times 0.04} = 9603(\Omega)$$

$$L = \frac{9603}{2\pi \times 50} = 30.5(\mathrm{H})$$

$$f_0 = \frac{1}{2\pi\sqrt{LC}} = 526.3(\mathrm{Hz})$$

$$K = \sqrt{0.3}\,\frac{526.3}{50} = 5.77$$

【例 7-3】 某 500kV 容量为 750MVA 自耦变压器，其铁芯材料为冷轧硅钢片，空载电流 0.5%，对地电容 C=5000pF，η_m=0.45，求切空载变压器过电压最大倍数。

解

$$L = \frac{U_N^2}{100\pi S_N \times 0.5\%} = \frac{550^2 \times 10^6}{314 \times 750 \times 10^6 \times 0.005} = 257(\mathrm{H})$$

$$f_0 = \frac{1}{2\pi\sqrt{LC}} = \frac{1}{2\pi\sqrt{257 \times 5000 \times 10^{-12}}} = 140.5(\mathrm{Hz})$$

$$K = \sqrt{0.45}\,\frac{140.5}{50} = 1.885$$

由以上两例比较可见，空载电流大小对此种过电压的大小影响很大，开断空载电流很小的空载变压器时，过电压很低，一般不会对绝缘造成危害。

三、影响过电压的因素及限压措施

1. 影响因素

从上述分析可看出，切除空载变压器过电压的大小与空载电流截断值以及变压器的自振频率 f_0 有关。空载电流的截断值与断路器的灭弧性能有关，切断小电流电弧时性能差的断路器（尤其是多油断路器），由于截流能力不强，切空载变压器过电压较低，而切除小电流电弧时性能好的断路器（如空气断路器、六氟化硫断路器），由于截流能力强，切空载变压器过电压反而较高。另外，当断路器去游离作用不强时（由于灭弧能力差），截流后在断路器触头间可引起电弧重燃，而这种电弧的重燃使变压器侧的电容电场能量向电源释放，从而可降低了这种过电压。

断路器相同（即截流情况相同）时，当变压器引线电容较大（如空载变压器带有一段电缆或架空线），使得等值电容 C_T 加大，也可降低这种过电压。

我国对切除 110～220kV 空载变压器做过不少试验，实测结果表明，在中性点直接接地的电网中，这种过电压一般不超过 3 倍相电压；在中性点不接地电网中，一般不超过 4 倍相电压。

2. 限压措施

目前，限制切除空载变压器的主要措施是采用避雷器。切空载变压器过电压虽然幅值较高，但由于其持续时间短，能量小（要比阀型避雷器允许通过的能量小一个数量级），故可用阀式避雷器或氧化锌避雷器加以限制。用来限制切空载变压器过电压的避雷器应接在断路器的变压器侧，否则在切除时将使变压器失去避雷器的保护。另外，这组避雷器在非雷雨季节也不能退出运行。如果变压器高、低压侧电网中性点接地方式一致，那么可不在高压侧而只在低压侧装阀型避雷器，这就比较经济方便。如果高压侧中性点直接接地，而低压侧电网中性点不是直接接地的，只在变压器低压侧装避雷器时，应装氧化锌避雷器。

本 章 小 结

内部过电压由电力系统内部原因引起，就电路分析而言，可分为稳态过电压和暂态过电压。稳态过电压的产生机理是电感—电容效应或三相电路中阻抗不一致引起的电压偏移；暂态过电压的产生机理是电路参数突变引起的过渡过程，是由电容电荷、电感磁链在参数突变前后的稳态值不相同而引起的。

输电线路空载时，由于线路的容抗大于线路的感抗，使线路末端工频电压高于首端工频电压，这是由电容效应造成的。首、末端电压之比为 $\cos\alpha l$。空载线路末端工频电压升高程度不仅与线路长度有关，而且还与电源容量大小有关，电源容量越小，末端电压升高越多。限制这种工频电压升高的有效措施是线路对地接高压并联电抗器以补偿线路的容抗。

不对称短路时，短路电流的零序分量使健全相出现工频电压升高。发生单相接地故障时，健全相上出现的最高工频过电压与接地方式有关，对于中性点不接地、中性点经消弧线圈接地和中性点直接接地的系统，分别可达到额定线电压的 1.1、1.0 和 0.8 倍。

谐振过电压是由于电路达到谐振条件发生谐振时出现的。根据电感元件为线性电感、非线性铁磁电感和电感参数呈现周期性变化三种不同情况，可分为线性谐振、铁磁谐振和参数谐振三种谐振。发生铁磁谐振的必要条件是正常状态下回路中的感抗要大于容抗，而外界激发因素使感抗降低并达到满足谐振条件是发生铁磁谐振的充分条件。断线和电磁式电压互感器饱和是铁磁谐振过电压的主要引起原因。

操作过电压出现在由于“操作”所引起的暂态过程中。所谓“操作”，包括正常的分、合闸操作，也包括接地故障、断线等，但“操作”的结果都使该处的状态发生突变，从而引起暂态的过渡过程。空载线路合闸过电压出现于合闸后达到新稳态前的暂态过程中；空载线路分闸过电压存在于分闸后断路器触头间出现电弧重燃引起的暂态过程中；电弧接地过电压出现于电弧间歇性熄灭、重燃引起的暂态过程中；切空载变压器过电压出现于空载电流突然“截断”后电磁场能量转变的暂态过程中。断路器的灭弧性能影响到切空载线路过电压和切空载变压器过电压的大小；断路器合闸时电源的相位角影响到合空载线路过电压的大小。断路器的并联电阻对暂态过程有抑制作用从而可用于限制切、合空载线路过电压；限制电弧接地过电压的主要措施是中性点对地接消弧线圈；限制切空载变压器的主要措施是采用避雷器。

复习思考题与习题

7-1 同为内过电压的暂时过电压与操作过电压有何不同之处？

7-2 引起工频电压升高有哪三种原因？为何对工频电压升高应予以重视？

7-3 定性分析空载长线路电容效应引起工频电压升高。

7-4 某 330kV 线路全长 540km，电源阻抗 $X_s=115\Omega$，线路参数为 $L_0=1.0\text{mH/km}$，$C_0=0.0115\mu\text{F/km}$，设电源电势为 $E=1.0\text{p.u.}$，求线路空载时首末端的电压。

7-5 何为接地系数？单相接地时，在不同的中性点接地方式下，接地系数可达多大？

7-6 铁磁谐振过电压是怎样产生的？铁磁谐振与线性谐振相比，有何不同的特点？

7-7 限制和消除由断线和电磁式电压互感器饱和引起的谐振过电压的措施分别是什么?

7-8 空载线路合闸过电压产生的原因及影响因素是什么?

7-9 切除空载线路与切除空载变压器时产生过电压的原因有何不同?断路器灭弧性能对这两种过电压有何影响作用?

7-10 带并联电阻的断路器为何可限制空载线路合闸过电压和分闸过电压?分、合闸时如何操作?

7-11 用等值电路及相量图分析说明消弧线圈的作用并说明为何通常采用过补偿的补偿度?

7-12 一台220kV、120MVA的三相电力变压器,其空载励磁电流 I_L 等于额定电流 I_N 的2%,高压绕组每相对地电容 $C=5000\text{pF}$,转化系数 $\eta_m=0.4$,求切除空载变压器过电压的最大倍数。

7-13 为何阀式避雷器可用来限制切空载变压器过电压而不能用来限制其他操作过电压?

第 8 章 电力系统的绝缘配合

本 章 提 要

本章介绍电力系统中电气设备、线路的绝缘水平与电力系统中各种作用电压（包括过电压）间的配合。学习本章要求掌握绝缘配合、绝缘水平、试验电压的基本概念，要求了解绝缘配合的原则和绝缘水平、试验电压确定的基本方法。

§8-1 绝缘配合的基本概念和绝缘配合的原则

一、绝缘配合（Insulation Co-ordination）

电力系统中的绝缘包括发、变电所中电气设备的绝缘和线路的绝缘。它们在运行中除了长期承受额定工频电压（工作电压）作用之外，还会受到波形、幅值、持续时间不同的各种过电压（暂时过电压、操作过电压和雷电过电压）的作用。如何确保绝缘能耐受各种电压，尤其是耐受过电压的作用，是保证电力系统可靠运行的一个非常重要的方面，因为绝缘的击穿是造成电力系统停电的主要原因之一。

在设计电力网和电气设备时，要确定各带电部分的绝缘水平（即绝缘强度）。在某一额定电压下，所选择的绝缘水平越低，则投资越省，但是在过电压和工频电压作用下，太低的绝缘水平会导致频繁的闪络和绝缘击穿事故，不能保证电网的安全运行；反过来，绝缘水平过高将使投资大大增加，造成浪费。另一方面，降低和限制过电压可以降低对绝缘水平的要求，降低设备的投资，但过电压保护设备方面的投资将增加。因此，采用何种过电压保护措施和过电压保护设备，使之在不增加过多投资的前提下，既限制了可能出现的高幅值过电压以保证设备安全，使系统可靠地运行，又降低了对输变电设备的绝缘水平的要求和减少了主要设备的投资费用，这就需要处理好过电压、限压措施、绝缘水平三者之间的协调配合关系。

绝缘配合就是根据设备在电力系统中可能承受的各种电压（正常工作电压及过电压），并考虑过电压的限制措施和设备的绝缘性能后，确定设备的绝缘水平（绝缘耐受强度），以便把作用于电气设备上的各种电压所引起的绝缘损坏降低到经济上和运行上能接受的水平。

绝缘配合不仅要在技术上处理好各种电压、各种限压措施和设备绝缘耐受能力三者间的配合关系，还要在经济上协调好投资费用、维护费用和事故损失等三者之间的关系。同时，因为系统中可能出现的各种过电压与电网结构、地区气象条件和污秽条件等密切相关，并具有随机性，而电气设备的绝缘性能以及限压和保护设备的性能也有随机性，因此绝缘配合是一个相当复杂的问题，不可孤立地、简单地以某一种情况作出决定。

二、绝缘配合的原则

第一，电压等级不同的电力系统，绝缘配合原则也有所不同。在各种电压等级的系统中，正常运行条件下的工频电压不会超过系统的最高工作电压，所以系统最高工作电压是绝缘配合的基本参数。然而，其他作用电压在绝缘配合中所起的作用在不同电压等级系统中是不同的，因此在高压电力系统与在超高压电力系统中的绝缘配合具体原则及绝缘耐压试验也有所不同。

对于 220kV 及以下系统，要求把大气过电压限制到低于内过电压的数值是很不经济的，因此在这些系统中电气设备的绝缘水平主要由大气过电压来决定。也就是说，对于 220kV 及以下系统，具有正常绝缘水平的电气设备应能承受内过电压的作用，因此一般不专门采用限制内过电压的措施。限制大气过电压的主要装置是避雷器，这样，绝缘配合时以避雷器的保护水平为基础确定设备的绝缘水平，并保证输电线路具有一定的耐雷水平。

在超高压系统中，操作过电压的幅值因电压等级较高而达到更高的数值，逐渐成为要限制的主要对象。在超高压系统中一般都采取了限制内过电压的措施，如并联电抗器、带并联电阻的断路器及氧化锌避雷器。由于对过电压限制措施的要求不同，绝缘配合就有两种不同的原则。一种以前苏联为代表，主要采用复合型避雷器和氧化锌避雷器限制操作过电压，绝缘配合时以避雷器在操作过电压下的保护特性为基础确定设备的绝缘水平；另一种以美国、日本、法国等为代表，通过改进断路器性能（如并联电阻）将操作过电压限制到规定水平，避雷器作为操作过电压的后备保护以免出现避雷器的频繁动作。这样，设备绝缘水平由避雷器在大气过电压下保护特性为基础确定的。我国采用后一种原则。

第二，绝缘配合时在技术上要力求做到作用电压与设备绝缘全伏秒特性的配合。这可通过避雷器伏秒特性与设备绝缘伏秒特性的配合来实现将过电压限制在设备绝缘耐受强度以下。图 8-1 是变压器与避雷器全伏秒特性绝缘配合的示意图。实际的绝缘耐压试验只能在某几种波形的电压下进行，因此所谓全伏秒特性配合，实际上是在伏秒特性曲线上的某几点进行协调。

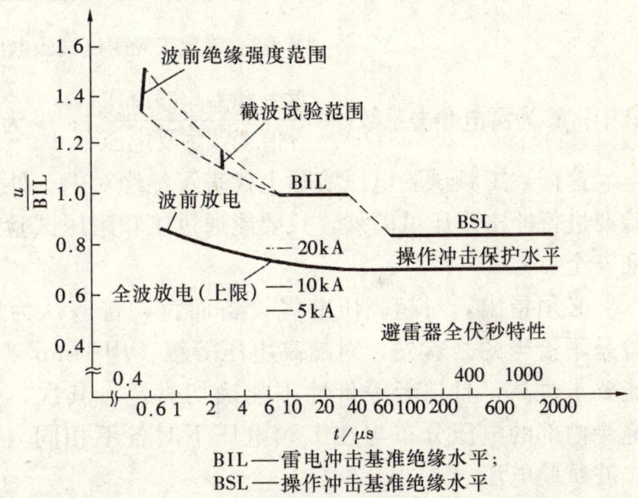

图 8-1　超高压避雷器与变压器全伏秒特性配合示意图

第三，为了兼顾到设备造价、运行费用和停电损失等综合经济效益，绝缘配合的具体实施也要因系统结构、地区、发展阶段的不同而有所差异。过电压的大小与系统结构密切相关，而且同一系统中不同地点的过电压水平亦有差异，造成事故的后果也是不同的。因此，从经济方面考虑，对同一电压等级，不同地点，不同类型的设备，允许选择不同的绝缘水平。不同的发展阶段也允许根据实际情况选择不同的绝缘水平。

第四，对于输电线路的绝缘水平，一般不需要考虑其与变电所绝缘水平的配合。例如，若降低线路绝缘水平以与变电所绝缘水平相配合则会使线路事故大增。

三、绝缘水平（Insulution Level）

所谓某一电压等级电气设备的绝缘水平，就是指该设备可以承受（不发生闪络、击穿或其他损坏）的试验电压标准。这些试验电压标准在各国的国家标准中都有明确的规定。考虑到电气设备在运行时要承受运行电压、工频过电压、大气过电压及内部过电压的作用，在试验电压标准中分别规定了各种电气设备绝缘的工频试验电压（1min）（对外绝缘还规定了干闪、湿闪电压）、雷电冲击试验电压及操作冲击试验电压。考虑到在运行电压和工频过电压作用下绝缘的老化和外绝缘的污秽性能，还规定了某些设备的长时间工频试验电压。

对 220kV 及以下电压等级的电气设备，往往用 1min 工频耐压试验代替雷电冲击与操作冲击耐压试验。之所以能用 1min 工频试验电压作用来代替操作过电压及大气过电压的作用，这是因为：

（1）工频试验电压作用时间长，对设备绝缘的考验更严格。

（2）试验方便。

（3）工频耐压试验电压值是按图 8-2 所示流程确定的。

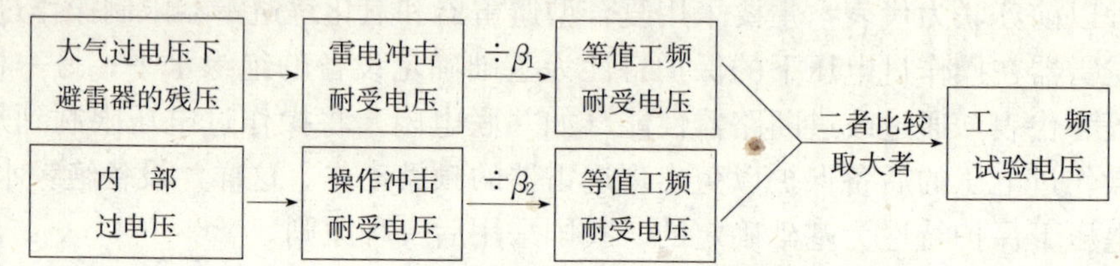

图 8-2 确定工频耐压试验电压值的流程图

其中，β_1 为雷电冲击系数$\left(=\dfrac{\text{雷电冲击耐受电压}}{\text{等值工频耐受电压}}\right)$；$\beta_2$ 为操作冲击系数$\left(=\dfrac{\text{操作冲击耐受电压}}{\text{等值工频耐受电压}}\right)$。

这样，工频试验电压实际上代表了绝缘对内、外过电压的总耐受水平。一般除了型式试验要进行冲击耐压试验外，只要能通过工频耐压试验就认为在运行中遇到内外过电压都能保证安全。

必须指出，对超高压电气设备而言，普遍认为用工频耐压试验代替操作冲击耐压试验是不恰当的。首先，对超高电压等级，用 1min 工频试验电压代替操作过电压对绝缘可能要求过高，且二者等价性不能确切肯定，其次，操作波对绝缘的作用有其特殊性，在绝缘内部的电压分布与在工频电压下时各不相同。因此，对超高压电气设备还规定了操作波试验电压。

§8-2 绝缘水平的确定

一、确定绝缘水平的方法

绝缘配合的核心问题是要确定电气设备、线路的绝缘水平。确定绝缘水平有惯用法、统计法和简化统计法三种方法。惯用法是按作用在绝缘上的“最大过电压”和“最小绝缘强度”的概念进行配合的。即首先确定设备或线路上可能出现的最危险的过电压，然后根据运行经验乘上一个考虑各种因素影响和一定裕度的系数，确定出绝缘应耐受的电压水平，即绝缘水平。由于过电压幅值及绝缘强度都是随机变量，很难找到一个严格的规则去估计它们的上限和下限，因此，用惯用法确定绝缘水平常有较大裕度，也无法预估绝缘的故障率。惯用法对自恢复绝缘和非自恢复绝缘都是适用的，是目前除了超高压系统自恢复绝缘部分之外主要采用的方法。统计法根据过电压幅值和绝缘强度都是随机变量的实际情况，在已知过电压幅值和绝缘闪络电压统计特性的前提下，用计算方法求出绝缘闪络的概率和线路跳闸率，在技术、经济比较的基础上，确定合理的绝缘水平。统计法的主要困难在于随机因素较多，而且某些随机因素的统计规律还有待于资料的累积与认识。简化统计法则对过电压和绝缘特性的统计规律做一些通常是允许的假定，如假定为正态分布并已知其标准偏差。根据这些过电压及绝缘特性的概率分布曲线，过电压及绝缘耐受电压就与概率一一对应，在此基础上就可以计算出绝缘的故障率。统计法和简化统计法至今只能用于自恢复绝缘，主要用于输变电设备的外绝缘。

二、线路绝缘水平的确定

线路绝缘所处的情况与变电所内的电气设备不同。线路上发生的事故主要是绝缘子串的沿面放电和导线对杆塔或导线与导线间空气间隙的击穿。在确定线路绝缘水平时，就要确定线路绝缘子串的长度和确定导线间及导线与杆塔间的空气间隙。

线路绝缘子串每串的绝缘子个数（根据机械负载先选定绝缘子的型式）是按工作电压下所要求的泄漏距离来确定的。然后再按内、外过电压的要求进行校验。计算时常用到单位泄漏距离，即泄漏比距 S

$$S=\frac{n\lambda}{U_{\mathrm{N}}}\quad(\mathrm{cm/kV}) \tag{8-1}$$

式中　n——每串绝缘子的个数；

λ——每片绝缘子的泄漏距离，cm；

U_{N}——线路的额定电压，kV。

确定每串绝缘子个数时，必须使 $S \geqslant S_0$（最小泄漏比距），否则闪络事故严重。而 S_0 则根据地区污秽等级的不同有不同的规定值，见表 8-1。对一般非污秽地区取 $S_0 \geqslant 1.6$cm/kV。

表 8-1　不同污秽等级下的最小泄漏比距 S_0

外绝缘污秽等级	最小泄漏（爬电）比距（cm/kV）		外绝缘污秽等级	最小泄漏（爬电）比距（cm/kV）	
	线　路	电站设备		线　路	电站设备
0	1.39	1.48	3	2.5	2.5
1	1.6	1.6	4	3.1	3.1
2	2.0	2.0			

由 $S \geqslant S_0$ 可得出每串的绝缘子个数

$$n \geqslant \frac{S_0 U_{\mathrm{N}}}{\lambda} \tag{8-2}$$

表 8-2 给出了海拔 1000m 以下，非污秽地区线路选用 X-4.5 型悬式绝缘子时，每串绝缘子个数的计算结果，从表中可以看出在非高海拔的清洁地区，按不同要求所决定的每串绝缘子的个数基本上是相同的。

表 8-2　不同要求下每串绝缘子需用绝缘子数量

线路额定电压（kV）	35	66	110	154	220	330
中性点接地方式	不直接接地		直接接地			
按工作电压下泄漏比距要求决定	2	4	6～7	9	13	19
按内部过电压下湿闪要求决定	3	5	7	9	12～13	17～18

续表

按大气过电压下耐雷水平要求决定	3	5	7	9	13	19
实际采用值	3	5	7	9	13	19

我国500kV线路绝缘子串每串绝缘子个数是按操作过电压决定的，要求在内过电压下不应引起绝缘闪络。

线路的空气间隙主要有导线对大地、导线对导线、导线对避雷线、导线对杆塔和横担。导线对地面的高度主要是考虑穿越导线下面的最高物体与导线间的安全距离，在超高压下，还应考虑地面物体的静电感应问题。导线间的距离主要是考虑导线弧垂的最低点在风力的作用下，当发生导线摇摆时的最小间隙应能耐受工作电压。因这种极端的摇摆现象很少发生，所以在电压等级较低时，就以不碰线为原则来决定。导线与避雷线的间隙是以雷击避雷线档距中央不引起对导线的空气间隙击穿的原则来决定的。因此，线路上的空气间隙主要是确定导线与杆塔的间距问题。

三、电气设备试验电压的确定

电气设备包括电机、变压器、电抗器、断路器、互感器等，这些设备的绝缘包括内绝缘和外绝缘两部分。内绝缘是指密封在箱体内的部分，它们与大气隔离，其耐受电压值基本上与大气条件无关，但应注意内绝缘中所使用的固体绝缘，在过电压的多次作用下会出现累积效应而使绝缘强度下降，故在决定其绝缘水平时须留有裕度。外绝缘指暴露于空气中的绝缘(如套管表面)，其耐受电压与大气条件有很大的关系。

变电所内电气设备的绝缘水平与过电压保护设备（避雷器）的性能、接线方式和绝缘配合原则有关。避雷器对电气设备的保护可以有两种方式：

(1) 避雷器只用来保护大气过电压而不用来保护内部过电压。我国对220kV及以下电压等级的系统采用这种方式。在这些系统中，内过电压对正常绝缘无危险，避雷器在内过电压下不动作。

(2) 避雷器主要用来保护大气过电压，但也用作内过电压的后备保护，我国对超高压系统采用这种方式。在这些系统中，依靠改进断路器的性能（如并联分、合闸电阻）将内过电压限制到一定水平，在内过电压作用下，避雷器一般不动作，只在极少情况下，内过电压值超过规定的水平时，避雷器才动作，此时避雷器对内过电压而言，作为后备保护用。

电气设备绝缘耐受大气过电压（即雷电冲击电压）的能力称为电气设备的基本冲击绝缘水平（BIL)。电气设备绝缘耐受操作过电压（即操作冲击电压）的能力称为电气设备的操作冲击绝缘水平（SIL)。它们分别是设备绝缘能耐受的雷电和操作冲击电压值，也分别是耐压试验时的雷电冲击耐压试验电压值和操作冲击耐压试验电压值。上面已指出，对220kV及以下的电气设备，其操作冲击绝缘水平是用等值工频试验电压，即工频绝缘水平来代替的，并且，这种工频试验电压实际上是由电气设备的基本冲击绝缘水平和操作冲击绝缘水平共同决定的总的绝缘水平。电气设备的各种耐压试验电压都是以避雷器在雷电冲击电压与操作冲击电压下的残压为基础来决定的。

根据我国电力系统发展情况及电器制造水平，结合我国运行经验，并参考国际电工委员会（IEC）推荐的绝缘配合标准，我国国家标准对各电压等级电气设备的试验电压作了具体规定，见表8-3。

表 8-3　3～500kV 输变电设备的基准绝缘水平

额定电压	最高工作电压	额定操作冲击耐受电压		额定雷电冲击耐受电压		额定短时工频耐受电压	
（kV，有效值）	（kV，有效值）	（kV，峰值）	相对地过电压（p. u.）	（kV，峰值）		（kV，有效值）	
				Ⅰ	Ⅱ	Ⅰ	Ⅱ
3	3.5	—	—	20	40	10	18
6	6.9	—	—	40	60	20	23
10	11.5	—	—	60	75	28	30
15	17.5	—	—	75	105	38	40
20	23.0	—	—	—	125	—	50
35	40.5	—	—	—	185/200	—	80
110	126.0	—	—	—	450/480	—	185
220	252.0	—	—	—	850	—	360
		—	—	—	950	—	395
330	363.0	850	2.85	—	1050	—	(460)
		950	3.19	—	1175	—	(510)
500	550.0	1050	2.34	—	1425	—	(630)
		1175	2.62	—	1550	—	(680)

本　章　小　结

绝缘配合就是要协调好过电压与绝缘（强度）这一对矛盾以达到系统可靠经济运行的目的。绝缘配合在技术上要协调好可能出现的各种电压（包括过电压）、过电压限制措施、设备和线路绝缘耐受电压三者之间的关系，使设备的绝缘水平与作用电压之间要有一定的配合，两者之比为配合系数（大于 1）。绝缘配合在经济上要协调好投资成本、维护成本和事故损失成本三者之间的关系，使总的成本最低。我国采用的绝缘配合原则是以避雷器在大气过电压下的保护水平为基础来确定绝缘水平。高压系统与超高压系统绝缘配合考虑限压措施时的不同之处在于：高压系统中无需采取措施限制内过电压，避雷器只限制大气过电压；而超高压系统中须采取措施限制内过电压，避雷器只作为限制内过电压的后备措施。电气设备的绝缘水平就是绝缘耐受各种电压的能力，也就是耐压试验时的试验电压。电气设备绝缘耐受雷电过电压和耐受操作过电压的能力分别用基本冲击绝缘水平（BIL）和操作冲击绝缘水平（SIL）表示，其值也就是雷电冲击耐压和操作冲击耐压时的试验电压值。在高压电力系统中一般都用工频交流耐压试验替代雷电和操作冲击耐压试验，所以工频交流耐压的试验电压值兼顾到这种替代作用。线路绝缘水平的确定主要是确定绝缘子串和确定线路的一些空气间隙间距，达到防止绝缘子串的沿面闪络和空气间隙的闪络。

复习思考题与习题

8-1　何为绝缘配合？何为电气设备的绝缘水平？

8-2　我国采用的绝缘配合原则是什么？

8-3　电气设备的各种试验电压是如何确定的？

8-4　根据哪些方面的考虑来确定线路的绝缘子串和空气间隙的间距？

参 考 文 献

［1］ 朱子述．电力系统过电压．上海：上海交通大学出版社，1995．

［2］ 张纬钹，何金良，高玉明．过电压防护及绝缘配合．北京：清华大学出版社，2000．

［3］ 张一尘．高电压技术．2版．北京：中国电力出版社，2009．

［4］ 周　浩．高电压技术自学辅导．杭州：浙江大学出版社，2001．

［5］ 邱毓昌，施围，张文元．高电压工程．西安：西安交通大学出版社，1995．

［6］ 周泽存．高电压技术．3版．北京：中国电力出版社，2009．

［7］ 唐兴祚．高电压技术．重庆：重庆大学出版社，1991．

［8］ 解广润．电力系统过电压．北京：水利电力出版社，1985．

［9］ 电力工业部．中国电力行业标准 DL/T 620—1997《交流电气装置的过电压保护和绝缘配合》，1997．